肉蛋奶无公害生产技术丛书

ROUDANNAI WUGONGHAI SHENGCHAN JISHU CONGSHU

肉羊

无公害高效养殖

编著者 薛慧文
刘　宁
李拥军
王玉琴

主　审　赵有璋

金盾出版社

内 容 提 要

本书内容包括：肉羊无公害生产概述，产地环境要求，主要肉用绵羊、山羊品种及生产性能，常用饲料及加工技术，肉羊的繁育、饲养管理与常见病的防治，无公害羊肉的加工与安全质量监控。本书比较系统全面地反映了国家有关法规政策及国内外最新研究进展情况，内容新颖，语言通俗易懂，技术科学实用。可供从事肉羊无公害生产的技术人员、养殖企业或专业户、畜牧兽医工作者使用，也适合农业院校畜牧、兽医和食品加工专业师生参阅。

图书在版编目(CIP)数据

肉羊无公害高效养殖/薛慧文等编著.—北京：金盾出版社，2003.12(2014.5 重印)

(肉蛋奶无公害生产技术丛书)

ISBN 978-7-5082-2749-8

Ⅰ.①肉… Ⅱ.①薛… Ⅲ.①肉用羊-饲养管理-无污染技术 Ⅳ.①S826.9

中国版本图书馆 CIP 数据核字(2003)第 091621 号

金盾出版社出版、总发行

北京太平路 5 号(地铁万寿路站往南)
邮政编码：100036 电话：68214039 83219215
传真：68276683 网址：www.jdcbs.cn
彩色印刷：北京盛世双龙印刷有限公司
黑白印刷：双峰印刷装订有限公司
装订：双峰印刷装订有限公司
各地新华书店经销
开本：850×1168 1/32 印张：12.125 彩页：8 字数：292 千字
2014 年 5 月第 1 版第 6 次印刷
印数：33 001～37 000 册 定价：20.00 元

序言 XUYAN

1962年,美国生物学家切尔·卡逊(Rachel Carson)出版了《寂静的春天》一书。她用大量的事实阐述了使用农药破坏生态平衡的事例,引起了世界各国政要和科学家的重视,也强烈地震撼了广大民众。发出了为人们的安全和健康,生产无公害食品的第一个绿色信号。40多年过去了,随着社会的发展和科学技术进步,食品安全已成为全社会的热点话题,并引起了世界各国的重视与关注。

工业化的推进和现代农业的发展,化肥、农药、兽药、饲料添加剂的使用,为农牧业生产的发展和食品数量的增长发挥了极其重要的作用;同时,也给食品安全带来了隐患。由于环境污染,饲料中农药的残留,不合理使用或滥用兽药和药物添加剂,导致许多有毒有害物质直接或通过食物链进入动物体内,造成残留物超标。动物性食品安全问题已成为我国畜牧业发展的一个主要矛盾。

为了解决农产品和动物性食品的质量安全问题,农业部从2001年开始在全国范围内组织实施了"无公害食品行动计划"。该计划以全面提高农产品质量安全水平为核心,以"菜篮子"产品为突破口,以市场准入为切入点,通过对农产品实行"从农田到餐桌"全过程质量安全控制,用5年的时间,基本实现主要农产品生产和消费无公害。

动物性食品无公害生产是个系统工程,必须从动物的品种选育、饲养环境、饲料生产、疫病防治、加工及流通进行全程质量控制。在生产动物性食品时,要选择良好的环境条件,防止大气、土壤和水质的污染。在不断提高养殖户的生态意识、环境意识、安全意识的同时,还应对动物性食品无公害生产技术进行汇总和推广应用。

为达到上述目的,金盾出版社同部分农业院校的有关专家共同策划出版了"肉蛋奶无公害生产技术丛书"。"丛书"包括猪、肉牛、肉羊、肉兔、肉狗、肉鸡、蛋鸡、奶牛等8个分册。该"丛书"紧紧围绕无公害生产技术展开,比较系统全面地介绍了当前动物性食品无公害生产技术的最新成果和信息,先进性、科学性和实用性强,实为指导当前动物性食品生产不可多得的重要参考书。可以预计,这套书的出版问世,对我国动物性食品无公害生产将产生极大的推动作用。

中国畜牧兽医学会养羊学分会理事长

甘肃农业大学教授、博士研究生导师　　赵有璋

2003 年 7 月于兰州市

羊是适应外界环境能力最强的家畜之一,由于其食性广、耐粗饲、抗逆性强,因此,在全球养殖业中占有很大的比重。饲养肉羊投资少、周转快、效益稳、回报率高。近年来,随着国内肉类消费结构的变化和国际市场的恢复,羊肉的市场需求空间较大,产品价格较高且稳中有升,为肉羊产业的发展提供了巨大空间。生产效益良好,发展潜力大,使肉羊生产正在成为一个黄金产业。同时,各级政府将加快发展优质草食家畜作为畜牧业结构调整的重点,从而使我国肉羊生产进入了良性增长期,羊肉产量逐年增加。据农业部最新资料显示,2002年我国羊存栏数和出栏数、羊肉产量均有较大幅度的增加,羊出栏率已接近世界平均水平。

然而,从总体情况来看,我国肉羊生产技术仍然比较落后,生产力水平不高。同时,由于环境污染、饲料中农药残留以及不合理使用或滥用兽药和药物添加剂,导致许多有毒有害物质直接或通过食物链进入羊的体内,造成残留物超标;羊肉在生产加工中,可能被微生物或有害化学物质污染,从而严重影响了我国羊肉产品的出口。因此,为了适应新形势下农业和农村经济结构的战略性调整和加入世界贸易组织(WTO)的需要,全面推进"无公害食品行动计划",加速肉羊生产向规范化和无公害方向发展,保证羊肉的卫生质量和食用安全,我们编写了《肉羊无公害高效养殖》一书。

全书共分八章,简要叙述了肉羊无公害生产的概念和意义,养殖场的环境条件要求,适于我国肉羊无公害生产的主要绵羊、山羊品种及其生产性能;详细叙述了肉羊无公害生产的饲料生产与调制技术,饲养与繁育技术,肉羊常见疾病的诊断与防治技术及监控措施,兽药使用和兽医防疫准则;系统介绍了无公害羊肉产品的生产、加工、贮藏、运输、卫生质量标准及检验技术规范,无公害羊肉生产加工的安全控制体系,以及无公害羊肉的产地认定、产品认证和监督管理。

本书编写分工如下:

刘 宁(湛江海洋大学) 第一章第三节、第四节,第五章;

李拥军(扬州大学) 第二章第二节,第四章,第六章;

王玉琴(甘肃农业大学) 第三章,审校第一至第六章;

薛慧文(甘肃农业大学) 第一章第一节、第二节,第二章第一节、第三节,第七章,第八章,附录,附图,并负责对全书统一修改、补充和定稿。

在编写过程中,作者始终遵循编写的科学性、系统性、操作性和实用性,力求内容新颖全面,技术简明实用,语言通俗易懂,并能充分反映国家有关的法规政策及国内外最新研究进展情况。因此,本书既有理论论述,又有操作技能,具有指导和实用价值,可供从事肉羊无公害生产的技术人员、养殖企业或专业户、监督管理人员、畜牧兽医工作者使用,也适合农业院校畜牧、兽医和食品加工专业师生参阅。

在编写过程中,得到了业师赵有璋教授的大力支持和具体指导,他提供了大量图片,为此倾注了极大的热情并提出许多宝贵意见,在此致以衷心感谢! 同时,参阅和引用了国家法规标准和有关行业标准以及许多学者的有关论著的相关内容,在此谨向有关出版社和作者深表谢忱!

由于推行肉羊无公害生产的时间短，许多生产技术仍在不断地研究与完善之中，加之作者水平所限，疏漏、不足与欠妥之处在所难免，恳请专家、读者批评指正。

编著者

2003 年 7 月

目录 *MULU*

第一章　肉羊无公害生产概述

第二章　肉羊无公害生产的产地环境要求

第三章　主要肉用绵羊、山羊品种及生产性能

第六章 肉羊无公害生产的繁育技术

第七章　肉羊无公害生产疾病预防与监控技术

第八章　无公害羊肉的加工与安全质量监控

附　　录

第一章 肉羊无公害生产概述

随着我国国民经济的快速发展,人民生活水平的不断提高,人们对优质、安全的动物性食品的需求量逐年增加。羊肉以其营养价值高、无污染、口感好而备受人们的青睐。羊肉的价格高,市场前景好,有力地促进了肉羊生产的快速发展,并且取得了巨大的经济效益和社会效益。在国内许多经济相对落后的地区,肉羊生产已经成为当地农业生产的支柱产业和农村经济新的增长点。发展和推进肉羊无公害生产既是提高肉羊产品安全质量和保护环境的必由之路,又是保持现代养羊业健康发展、优化养羊业产业结构的重要内容,也是农牧民脱贫致富奔小康的重要途径之一。

第一节 肉羊无公害生产及相关概念

一、肉羊无公害生产的概念

(一)无公害

无公害是指对环境和人的健康无损害。即要求生产无污染、无药残的农产品、畜产品、蜂产品和水产品及其制品,以及生产和加工的任何环节,均不对环境造成任何污染与危害。

(二)肉羊无公害生产

肉羊的无公害生产是现代肉羊生产发展的必然趋势,其特点是规范化、无污染、无公害,其产品优质、安全、无污染。肉羊的无公害生产,必须从产地环境质量控制、饲料卫生安全、羊肉卫生、兽医防疫、兽药使用以及疾病的控制等方面,均要遵循无公害农产品

· 1 ·

生产的国家标准或有关行业标准的要求(见附录一至附录九)。其产地必须得到省级农业行政主管部门的认定,获得无公害农产品产地认定证书,其产品必须经认证合格,方可使用无公害农产品的标志。

二、无公害羊肉及相关概念

在国内外,类似的无公害安全食品的类型很多,主要有无公害食品、绿色食品和有机食品。这些食品的生产加工,从原料的产地环境到农药、化肥、兽药、饲料添加剂等农业生产资料的使用,从食品品质、卫生安全到包装、贮藏、运输及销售等方面,都采用了严于普通食品的生产加工技术、标准和要求,即实施"从农田(牧场)到餐桌"全过程质量安全控制体系,而且实行产地认定、产品认证以及标志管理。

(一)无公害羊肉

无公害羊肉是指经省级农业行政主管部门认证,允许使用无公害农产品标志,无污染、无残留、对人体健康无损害的羊肉。

(二)无公害农产品

按照《无公害农产品管理办法》所做的定义,无公害农产品是指产地环境、生产过程和产品质量符合国家有关标准和规范的要求,经认证合格获得认证证书并允许使用无公害农产品标志的未经加工或者初加工的食用农产品。其特点在于:产地必须具备良好的生态环境;对产品实行全程质量控制;生产过程中必须科学合理地施用限定的兽药、药物饲料添加剂,禁止使用对人体和环境造成危害的化学物质;食品中微生物和有毒有害物质含量必须在国家法律、法规以及国家或有关行业标准规定的安全允许范围内;对产地和产品实行认证管理。

（三）绿色食品

绿色食品是指遵循可持续发展原则,按照绿色食品标准生产,经专门机构认定,许可使用绿色食品标志的无污染、安全、优质、营养类食品。绿色食品原料产地必须具备良好的生态环境,即各种有害物质的残留量符合有关标准规定,生产加工中不施用任何有害化学合成物质,或限量使用限定的化学合成物质,按特定的操作规程生产、加工,产品质量及包装经检验符合特定产品标准。

1.AA级绿色食品 指产地的环境质量符合《绿色食品 产地环境质量标准》的规定,生产过程中不施用化学合成的肥料、农药、兽药、饲料添加剂、食品添加剂和其他有害于环境和身体健康的物质,按有机农业生产方式生产,产品质量符合绿色食品产品标准,经专门机构认定,许可使用AA级绿色食品标志的产品。

2.A级绿色食品 指产地的环境质量符合《绿色食品 产地环境质量标准》的要求,生产过程中严格按照绿色食品生产资料使用准则和生产操作规程要求,限量使用限定的化学合成生产资料,产品质量符合绿色食品产品标准,经专门机构认定,许可使用A级绿色食品标志的产品。

（四）有机食品

有机食品又称生态食品或天然食品,是指根据有机农业和有机食品生产、加工标准而生产出来的,经过有机食品颁证组织颁发证书供人们食用的一切食品,包括粮食产品、蔬菜、水果、畜禽产品、水产品、蜂产品、野生天然食品等及其加工产品。有机食品要求原料必须来自有机农业生产体系,生产和加工过程中不能使用任何人工合成的农药、化肥、促生长剂、兽药、添加剂等物质,不采用辐照处理,也不使用基因工程生物及其产品。

三、无公害农产品、绿色食品、
有机食品之间的区别

无公害农产品、绿色食品、有机食品都是符合一定标准的安全食品，但它们的质量标准水平、认证体系和生产方式不完全相同。

(一)质量标准水平不同

无公害农产品、绿色食品和有机食品都属于安全食品，但三者的标准不同。若用金字塔来比喻的话，无公害农产品位于底部，绿色食品居中，有机食品居于顶端。

1. 无公害农产品　质量标准等同于国内普通食品卫生质量标准，部分指标略高于国内普通食品卫生标准。

2. 绿色食品　分为 AA 级和 A 级，其质量标准参照联合国粮农组织和世界卫生组织食品法典委员会(CAC)标准、欧盟质量安全标准，高于国内同类标准水平。

3. 有机食品　质量标准采用相当于欧盟和国际有机运动联合会(IFOAM)的有机农业和产品加工基本标准，与 AA 级绿色食品质量标准基本相同。

(二)认证体系不同

这三类食品都必须经过专门机构认定，许可使用特定的标志，但是认证体系有所不同。

1. 无公害农产品　认证体系由农业部牵头正在组建，目前部分省、市政府部门已制定了地方认证管理办法。

2. 绿色食品　由中国绿色食品发展中心(CGFDC)负责认证。中国绿色食品发展中心在各省、市、自治区及部分计划单列市设立了 40 个委托管理机构，负责本辖区的有关管理工作，有统一商标的标志在中国内地、香港和日本注册使用。

3. 有机食品 在国际上一般由政府管理部门审核、批准的民间或私人认证机构认证,全球范围内无统一标志,各国标志呈现多样化,我国有代理国外认证机构进行有机食品认证的组织。

(三)生产方式不同

1. 无公害农产品 必须在良好的生态环境条件下,遵守无公害农产品技术规程生产,可以科学、合理地使用化学合成物。

2. 绿色食品 是将传统农业技术与现代常规农业技术相结合生产,从选择、改善农业生态环境入手,限制或禁止使用化学合成物及其他有毒有害生产资料,并实施"从土壤到餐桌"全程质量控制。

3. 有机食品 采用有机生产方式,即在认证机构监督下,完全按有机生产方式生产 1~3 年(转化期)。被确认为有机农场后,可在其产品上使用有机标志或"有机"字样上市。

第二节 羊肉的污染与安全

近些年来,各国工农业以空前的速度发展,创造了巨大的财富,极大地提高了人类的生活水平,但同时也造成了生态破坏和环境污染,引起世界性公害,导致许多有毒有害物质直接或通过食物链富集于羊的体内,使羊肉产品卫生质量下降。农药和化肥、兽药、饲料和饲料添加剂、动植物激素等农业投入品的使用不断增加,为农牧业生产的发展发挥了积极作用,但与此同时,羊肉产品污染问题日益突出。在肉羊生产和羊肉加工与流通中,有许多因素影响其安全质量,尤其是肉羊疫病和不合理使用兽药与药物添加剂,引起产品中病原体污染和有毒有害物质残留,不仅严重影响羊肉的安全质量,损害消费者的合法权益,而且影响羊肉产品出口,有损于我国的国际形象。

羊肉污染是指羊肉中污染的或者加工时人为添加的生物性、放射性或化学性物质,其共同特点是对人体健康有急性或慢性的危害。有些污染物能引起传染病和食物中毒等急性疾病,有些则为具有长期慢性效应的食源性危害,甚至影响食用者后代的健康。

一、生物性污染及其危害

生物性污染主要是指微生物、寄生虫的污染。污染方式和途径有两种:一种是内源性污染,即肉羊在生长过程中受到的污染,又称一次污染;另一种是外源性污染,即羊肉在加工过程和流通环节中的污染,又称二次污染。

通过接触病羊或其产品传播的疫病主要有大肠杆菌病、沙门氏菌病、李氏杆菌病、巴氏杆菌病、布鲁氏菌病、弯曲菌病、结核病、口蹄疫、痒病和弓形虫病等,其中危害严重的有布鲁氏菌病、口蹄疫和痒病等。有些疫病特别是人兽共患病是影响羊肉安全卫生的主要问题之一。当肉羊患有这些疾病时,不仅能引起其死亡和产品质量降低,而且通过羊肉及其产品可将疾病传播给人,引起食物中毒、人兽共患病等食源性疾病的发生与流行,严重影响食用者的身体健康。此外,微生物污染羊肉,还可引起肉的腐败变质。

二、化学性污染及其危害

化学性污染指有毒有害化学物质的污染。许多化学污染物性质稳定,半衰期长,在环境中不易降解,且在肉羊体内代谢缓慢,不但影响肉羊的生长发育与健康,而且可通过食物链进入人体,对食用者构成慢性潜在性危害。

(一)兽药和药物添加剂残留

兽药和药物添加剂残留是指动物产品的任何可食部分所含兽药与药物添加剂的母体、代谢产物以及与兽药有关的杂质残留。

目前,动物性食品的兽药和药物添加剂残留对人类的健康构成的威胁,已成为全球范围内的共性问题和一些国际贸易纠纷的起因。随着农区圈舍养羊业的迅速发展,兽药和药物添加剂的使用范围及用量可能不断增加,在提高了肉羊生产性能和产品质量的同时,也带来了羊肉中兽药残留,尤其是不遵守休药期规定、超量使用或滥用常导致羊肉产品中兽药残留量超标。常见的兽药和药物添加剂有抗生素、磺胺类、呋喃类、苯并咪唑类、激素、β-兴奋剂及其他促生长调节剂,特别是抗生素、激素和β-兴奋剂的残留不容忽视。抗生素对食用者的健康有慢性损害,并可助长耐药性微生物的生长和耐药菌株出现,使正常菌群失调,尤其在动物饲料中添加非治疗剂量的抗生素所产生的危害性更大。某些硝基呋喃类药物也可引起耐药菌株产生,并有致癌作用。激素生长促进剂多为雌激素,可在肝脏造成很高的残留,有些还有致癌性,如己烯雌酚等。

(二)农药残留

农药残留是指农药使用后残存于环境、生物体和食品中的农药母体、衍生物、代谢物、降解物和杂质的总称。

农药是农业生产中重要的生产资料之一,包括有机合成农药、生物源农药和矿物源农药三大类。有机农药按其结构可分为有机氯、有机磷、氨基甲酸酯、拟除虫菊酯等,其应用最广,但毒性较大。农药的使用,可以有效地控制病虫害,消灭杂草,提高农作物及饲草的产量与质量。然而,许多农药在生产和施用中带来了环境污染和食品农药残留问题。肉羊可食组织中残留的农药,主要来自饲草饲料,也可来自被污染的饮用水和空气。当羊肉中农药残留量超过最大残留限量时,则会对食用者产生不良影响。

(三)环境污染物

环境污染物种类多、来源广、数量大、危害重,主要来自工业生产中排放的"三废"、农业生产中施用的农药和化肥、人类生活中排出的垃圾和污水。常见污染物有汞、铅、砷、铬和镉等有害金属，氟化物、氰化物等无机物，有机氯、有机磷等农药，多氯联苯、二恶英和多环芳烃类等。这些污染物可通过饲料、饮水和呼吸进入肉羊体内，残留于可食组织中，引起食用者急性或慢性中毒，有些具有致癌、致畸、致突变作用。

(四)其他有害物质

在羊肉制品加工中，若护色剂使用不当，可引起亚硝酸盐残留。用熏、烤、炸等方法加工羊肉时，因温度过高或时间过长而产生的多环芳烃、亚硝基化合物、杂环胺类等，对人体均有毒性作用。

三、放射性污染及其危害

由于外在原因，肉羊吸附或吸收外来的放射性物质，使其体内或者产品中放射性高于自然放射性本底时，称为放射性污染。放射性污染的几率较小。核试验、核工业、核动力以及放射性核素在工业、农业、医学和科研等领域中的应用，有时泄漏，向外界环境排放一定量的放射性物质，尤其是半衰期较长的核素对环境、食品及羊肉安全性影响很大。

四、食品卫生安全与羊肉安全

1984年，世界卫生组织在题为《食品安全在卫生和发展中的作用》一文中，曾把食品卫生与食品安全作为同一语，定义为"生产、加工、储存、分配和制作食品过程中确保食品安全可靠，有利于健康并且适合人类消费的种种必要条件和措施"。1996年，世界卫生组织在《加强国家级食品安全性计划指南》一文中，则把食品卫生与食品安全作为两个概念加以区别，将食品卫生(food sanitation)定义为"为确保食品安全性和适用性在食物链的所有阶段必须采取的一切条件和措施"。而将食品安全(food safety)解释为"对食品按其原定用途进行制作和食用时不会对消费者受害的一种担保"。由此可见,两者不是同一概念,具有不同的内涵。

羊肉安全是指在规定的使用方法和用量的条件下长期食用,对食用者不产生不良反应的实际把握。不良反应既包括一般毒性和特异性毒性,也包括由于偶然摄入所导致的急性毒性和长期微量摄入所导致的慢性毒性。

第三节 肉羊无公害生产的意义

为了防止因农业生产滥用农药造成的公害与"农残"、不合理使用兽药引起的"药残",全面提高我国农产品质量安全水平和市场竞争力,农业部决定在全国范围内推进"无公害食品行动计划"。该计划以全面提高我国农产品质量安全水平为核心,以农产品质量标准体系和卫生质量监测检验体系的建设为基础,通过对农产品实施"从农田到餐桌"全过程的质量安全监控,以逐步实现我国主要农产品的无公害生产、加工和消费。

一、保护和改善生态环境,走农牧业可持续发展之路

在肉羊无公害生产中,要求尽可能不用或少用化学合成的农业投入品,不仅可以有效地减少有害化学物质在羊肉产品中的残留,同时最大限度地减少了有害化学物质在环境中的排放与污染。随着科学技术的进步和现代工业的发展,许多化学合成物质被应用到农牧业生产中,有些产品对于促进农牧业生产的发展起到了明显的推动作用;但是,有些却对环境造成了极大的威胁。这种状况已引起了许多国家的政府、国际机构及科学家的高度重视。因此,只有采取有效措施,发展肉羊无公害生产,才能尽可能地减少化学合成物质对环境的污染,以保护和改善生态环境,实现在高水平生产条件下,保持农牧业的可持续发展。

二、提高养羊生产的科技水平

肉羊的无公害生产对产地的生态环境、羊的饲养管理技术水平要求很高,是一种由现代畜牧科技作支撑的规模化、集约化、规范化的大生产。肉羊生产全过程的科技含量高,体现出现代畜牧业生产的"高投入、高产出、优质高效、安全卫生"的特点,这是传统的粗放和分散型养羊生产方式所不能达到的。采用肉羊的无公害生产模式,可以明显地提高羊肉产品的商品档次和市场竞争力,提高养羊业的经济效益。

三、适应羊肉产品国际市场的需要

据农业部畜牧兽医局资料显示,2002年我国羊存栏和出栏数量以及羊肉产量均比上年有较大幅度的增加,羊出栏率已接近世界平均水平,国际市场羊肉价格呈现明显上涨趋势,羊肉产品进出口均大幅度增加,出口增幅大于进口。因此,在我国发展肉羊生产具有很大的潜力和国际市场。然而,我国出口羊肉也存在诸如质量差、档次低的问题,有时因为有害物质残留量超标而出现贸易纠纷。因此,只有加快肉羊的无公害生产,才能提高我国羊肉产品的安全质量,有利于冲破国际市场中正在构建的非关税贸易壁垒,即绿色壁垒,从而提高我国羊肉产品在国际市场中的竞争力。

第四节 肉羊无公害生产现状、问题与对策

一、肉羊无公害生产现状

随着经济的发展和人类生活水平的提高,人们对羊肉食品的数量、种类和质量也提出了更高的要求。加之肉品冷藏和运输技术的不断发展,解决了羊肉长期贮藏和远距离运输的问题,缩小了

农牧区与城市之间的距离,进一步扩展了羊肉的消费市场,羊肉的消费量快速增加,价格上涨,市场稳定,肉羊生产的效益已远高于羊毛生产。这不仅调动了农牧民发展肉羊生产的积极性,同时也有效地促进了养羊业产业结构的调整,为农业的可持续发展开拓了新的领域。

从20世纪60年代以来,在世界范围内兴起的羔羊肉生产的热潮,使专业化、集约化肥羔生产成为现代养羊业的重要标志。到20世纪70年代,养羊业发达的国家已完成了由毛用向肉毛兼用或肉用转变的产业结构调整。英国、法国、美国与新西兰等国家经过长期、系统的品种培育,养羊业已实现了肉羊品种良种化,建立了适合本国特色的具有优质高效特点的肉羊生产繁育体系。肉羊品种的培育和引进、经济杂交利用、集约化肉羊生产模式的研究和应用等,成为近30年来绵羊、山羊的科研和养羊业生产发展的热点。

世界肉羊出栏数、羊肉产量逐年增加(表1-1)。澳大利亚等国的养羊数量虽然减少,然而肉羊的平均胴体重增加、羊肉的总产量上升。1988年全世界肉羊出栏数为64 139.5万只,到1998年增加到80 186.1万只,增加幅度为250%;1988年羊肉产量为874.1万吨,到1998年为1 119.9万吨,增加幅度为28.1%;1988年人均占有羊肉量为1.71千克,到1998年达1.9千克,增加幅度为11.8%;1999年全世界羊的存栏量为178 154万只,比1978年增长19.91%;1999年全世界羊的平均出栏率45.22%,比1978年上升了9.94%。这一增长势头仍在持续。尽管如此,全世界羊肉供求之间的差距仍然很大,矛盾十分突出。

表1-1 1988~2001年世界肉羊出栏数和羊肉产量

地 区	肉羊出栏数(万只)			羊肉产量(万吨)		
	1988年	2001年	增减(%)	1988年	2001年	增减(%)
全世界	64139.5	78892	+23.0	874.1	1129.6	+29.23
亚 洲	25621.4	43881	+71.27	320.3	612.9	+91.35
非 洲	11154.9	15031	+34.75	142.3	201.4	+41.53
大洋洲	7382.4	6594	-10.68	121.0	124.1	+2.56
欧 洲	9698.4	9923	+2.32	141.6	137.6	-2.82
南美洲	2385.4	2500	+4.80	32.7	33.4	+2.14
北美洲	1155.1	962	-16.72	23.9	20.2	-15.48

从20世纪80年代后期开始,我国的肉羊生产有了长足的发展,尤其在我国北方的省、市、自治区,羊的暖棚肥育和季节性放牧肥育技术的推广应用,有效地促进了肉羊生产的发展,取得了明显的经济效益和环境生态效益。目前,我国已有15个省、市、自治区相继建立或正在建立省级的肉用种羊繁育中心,饲养的引进品种有萨福克羊、无角陶赛特羊、德国美利奴羊、杜泊羊、德克塞尔羊、夏洛莱羊和波尔山羊等,为当地的肉羊生产提供服务。

不少地区在建立肉羊良种繁育中心的基础上,积极开展了绵羊、山羊胚胎移植工作。目前,部分省、自治区均已建立了羊的胚胎移植中心,积极开展良种肉羊的胚胎移植工作,对尽快形成肉羊生产的区域化布局和专业化生产奠定了良好的基础。

根据屠宰时间及肥育方式的不同,羊肉可分为成年羊肉(18月龄以上)、羔羊肉(6~12月龄)和肥羔肉(4~10月龄,经强度肥育)。在各类羊肉产品中,肥羔肉的产量增长迅速。经过一定时间强度肥育所生产的优质肥羔肉具有膻味轻、瘦肉多、脂肪少、肌肉纤维细嫩、味美多汁和易消化等特点,深受人们的喜爱。同时,羔羊早期生长增重快、饲料报酬高、饲养成本低、周转期短、经济效益高;肥羔当年屠宰后可减少对冬春草场的占用,有利于草场合理利用和草地资源的保护,加速畜群周转,防止草场退化,也有利于冬春期间繁殖母羊和后备母羊的合理饲养。近几十年来,许多发达国家的肥羔生产已实现了专业化和工厂化,形成了完整的肥羔生产体系。美国和英国每年上市的羊肉中,90%以上是羔羊肉,新西兰、澳大利亚和法国的羊肉总产量中羔羊肉占70%以上(赵有璋,2001)。

无公害羊肉具有无污染、安全、优质、营养价值高等特点,已引起全球的广泛关注,受到消费者的青睐。据资料介绍,1999年全世界的猪、牛、羊、禽肉的产量分别为8 826.1万吨、5 878.2万吨、1 128.4万吨和6 036.8万吨,分别占肉类总产量的39.16%、26.08%,5.01%,27.98%,羊肉所占比例最小,因此,发展肉羊无公害生产具有很大的潜力。

二、肉羊无公害生产中存在的问题

改革开放二十多年来,随着先进的科学技术成果的推广应用,养羊业的产业结构得到了优化调整,肉羊生产快速发展,羊肉产品种类更加丰富,产品质量不断提高。不仅丰富了人们的菜篮子,也增加了农牧民的收入。实践已经证明,发展无公害肉羊产业,可增加羊肉产品的附加值,是农牧区群众脱贫致富的有效途径之一。但是,与肉羊业比较发达的国家相比,我国肉羊无公害生产处于刚刚起步的阶段,发展潜力大,存在的困难和问题多,总体效益不高。

(一)缺乏优良的肉羊品种和科学配套的繁育体系

我国的养羊产业自新中国建产以来有了快速的发展,目前拥有绵羊、山羊约3亿只,绵羊和山羊的数量均稳居世界第一位。从20世纪80年代后期到现在,养羊业一直保持快速增长的发展趋势,山羊数量的增长速度高于绵羊。但是,我国肉用绵羊和山羊品种的良种化程度低,品种结构不合理,有些品种产肉性能低,肉品质不好,远不能适应现代化养羊业发展的要求。

近十多年来,我国从国外引进了许多优良的绵羊、山羊品种(如萨福克羊、夏洛莱羊、无角陶赛特羊、德克塞尔羊、波德代羊、波尔山羊等)。由于引进的时间短、数量少、饲养分散,许多品种在全面推广应用之前,还需要进行系统的适应性研究和杂交改良效果研究。尤其是如何建立适合于我国国情或不同省情的绵羊、山羊繁育体系,以及覆盖养羊生产全过程的社会化科技服务体系,既是我国发展现代化肉羊生产所面临的长期而艰巨的任务,又是目前我国养羊生产存在的较为突出的问题。优良种源不足的问题,在较长的一个时期内,仍将是制约我国肉羊无公害生产的重要因素。

(二)饲养分散,规模小

我国的养羊生产仍然以千家万户的小规模分散饲养为主,生产技术水平低,饲养管理粗放,劳动生产率和经济效益都比较低。在一些经济相对比较发达的地区,养羊业在农业经济中的比重下降,肉羊生产的发展没有受到应有的重视。即使在我国绵羊和山羊的主产区,肉羊业的发展既受到经济基础和自然条件的制约,也受到落后思想观念的束缚,科技水平和管理水平有待于进一步提高。因此,规范化、集约化养羊生产模式的建立和推广应用,是我国肉羊无公害生产必须解决的课题。

(三)社会化科技服务体系不够健全

近年来,随着我国国民经济的快速发展和科技水平的不断提高,出现了一些以"公司＋农户"为主要组织形式,以"产、学、研"相结合为主要科技支撑手段的农业龙头企业,对促进养羊业产业结构调整,提高劳动生产率和农业生产科技水平,提高农业生产的经济效益,都起到了积极的作用。但是,从总体上讲,我国养羊生产的科技应用水平还比较低,饲养管理总体上属于粗放型。具有发展养羊生产潜力的大多数地区,自然环境条件较差,经济发展和科技水平相对落后。因此,加快建立和完善社会化科技服务体系具有更加重要的意义。通过建立完善的社会化科技服务体系,加大政府在养羊生产中的科技、人才和资金的投入,才能更加有效地促进和引导肉羊无公害生产的发展。

三、肉羊无公害高效养殖的发展对策

肉羊的无公害生产只有依据无公害生产技术规范对肉羊的生产实行全程质量控制标准体系,通过加强产地环境、农业投入品、生产加工过程、包装标识和市场准入等5个方面的管理,以及加强羊肉安全质量标准、检测检验、质量认证、行政执法监督、生产科学技术推广和市场信息服务工作等六大体系的建设,同时加大无公害养羊技术研究与推广的力度,不断完善肉羊无公害生产的相关规范和标准,加强宣传培训,增加生态环保意识,培育肉羊无公害生产产业化龙头企业,以"公司＋基地＋农户"的形式推动肉羊无公害生产的发展,才能全面提高我国羊肉的品质和安全卫生。

第二章 肉羊无公害生产的
产地环境要求

为了促进肉羊的无公害生产,要求肉羊饲养场必须达到无公害畜禽肉生产的产地环境质量标准。同时生产基地有可持续发展生产的能力,有广泛的种植业结构,强调走农牧结合之路,以保护产地环境来推动肉羊无公害生产向规模化、产业化方向发展。

第一节 产地环境质量要求

一、养殖场基本要求

生产无公害羊肉的肉羊养殖场,选址应在生态环境条件良好,没有或不直接受工业"三废"及城镇生活、医疗废弃物污染的区域。与水源有关的地方病高发区,也不能作为羊肉无公害的生产基地。

养殖场的选择应执行国家标准或相关行业标准的规定,避开风景名胜区、人口密集区和水源防护区等环境敏感区,符合环境保护、兽医防疫要求。养殖区周围 500 米以内、水源上游没有对环境构成威胁的污染源,包括工业"三废"、医院污水及废弃物、城市垃圾和生活污水、畜禽养殖废弃物等。羊场周围 3 000 米范围内无采矿场、大型化工厂、造纸厂、皮革厂、肉品加工厂、屠宰场或畜牧场等污染源。羊场应距离主干线公路、铁路、城镇、居民区和公共场所 1 000 米以上,远离高压电线。羊场周围有围墙或防疫沟,并应建立绿化隔离带。

养殖地应设置防止渗漏、径流、飞扬且具一定容量的专用贮存设施和场所,设有粪尿污水处理设施。养殖废弃物经无害化处理后应达到国家标准或相应行业标准的规定后方可排放。饲养和加工场地应设有与生产相适应的消毒设施、更衣室、兽医室等,并配备工作所需的仪器设备。产地的环境空气、饲草灌溉水、饮用水以及土壤中环境污染物的浓度,不得超过国家颁布的《农产品安全质量》和农业部颁布的无公害食品的产地环境条件所规定的浓度限值。

二、空气质量要求

肉羊饲养场环境空气质量应符合《农产品安全质量 无公害畜禽肉产地环境要求》(GB/T 18407.3)中规定的空气质量标准(见附录一)。

(一)生产加工环境空气质量

生产加工环境空气质量应符合表 2-1 的要求。

表 2-1 生产加工环境空气质量指标

项 目	日 平 均	1 小时平均
总悬浮颗粒物(标准状态,毫克/立方米)	≤0.30	
二氧化硫(标准状态,毫克/立方米)	≤0.15	≤0.50
氮氧化物(标准状态,毫克/立方米)	≤0.12	≤0.24
氟化物(微克/升·天)	≤3(月平均)	
铅(标准状态,微克/立方米)	季平均≤1.50	

注:①日平均为任何 1 日的平均浓度
②1 小时平均指任何 1 小时的平均浓度

(二)羊场空气环境质量

肉羊饲养场空气环境中氨气、硫化氢、二氧化碳、恶臭以及可吸入颗粒、总悬浮颗粒物等含量均应符合 GB/T 18407.3 的规定要求。

三、水质要求

羊场应具有清洁、无污染的水源。肉羊饮用水的色、混浊度、臭和味、肉眼可见物等感官指标,pH 值、总硬度、溶解性总固体、氯化物、硫酸盐、氟化物、氰化物、砷、汞、铅、镉、铬、硝酸盐等理化指标,以及总大肠菌群均应符合《无公害食品　畜禽饮用水水质》(NY5027)规定的要求(见附录二)。当水源中含有农药时,其浓度不应超过 NY5027 附录所规定的限量。

四、土壤质量要求

土壤是建场的立地之体,也是高产无公害、优质饲草料的基本保证。羊场土壤的卫生条件,必须符合安全食品的生产条件,重金属和农药等有害物质及病原体不得超标,不属于地方病高发区。种植无公害饲料原料和牧草,则应根据牧草生长习性,选择具备自然肥力水平高、土层深厚、土体疏松、耕性良好、不积水、腐植质含量高、营养丰富而平衡的土壤。种植无公害牧草时,其土壤的质量要求可参照农业部颁布的无公害蔬菜产地环境条件中所规定的土壤质量标准。肉羊养殖中,人工种植牧草对土壤的具体要求详见第四章第二节。

五、防疫和消毒要求

防疫要求和消毒要求应符合 GB/T 18407.3, NY 5149, NY/T 5151 的有关规定(见第七章第一节,附录一、附录四和附录六)。

第二节　场舍建设

一、场址选择及场区布局

(一)场址选择

场址选择关系到养羊成败和经济效益,也是羊场建设遇到的首要问题。所以,选择场址除考虑饲养规模外,应符合当地土地利用规划的要求,充分考虑羊场的饲草饲料条件,还要符合肉羊的生活习性及当地的社会条件和自然条件。较为理想的场址应具备下述基本条件。

1.地势高燥平坦 建造羊舍的场地,要求地势较高,地下水位应在地表2米以下,在寒冷地区和山区则应选择背风向阳、面积较宽敞的缓坡地建场。且舍外运动场具有50°~100°的坡度。这种场地排水良好,可避免地表积水,舍内、舍外容易干燥,符合羊喜干厌湿的生活习性。如果肉羊长期生活在低洼潮湿的地方,就容易发生寄生虫和腐蹄病,人常说的"水马旱羊"就是这个道理。土质粘性过重,透水、透气性差,不易排水,不适于建场。凡低洼涝地、山谷与冬季风口等地,都不宜选建羊场。

2.水质良好,水源充足 选择场址前,应考察当地有关地表水、地下水资源的情况,了解是否有因水质问题而出现过某种地方性疾病等。另外,还需考察在拟建羊场附近有无屠宰场和排放污水的工厂。尽可能建场于工厂和城镇的上游,以保持水质干净。肉羊饮用水中的大肠杆菌数、固体物总量、硝酸盐和亚硝酸盐的总含量,都要符合无公害畜禽饮用水水质标准。同时,应注意保护水源不受羊场养殖所污染。

3.交通方便 放牧肥育羊场多设在牧区,要求有广阔的草场,优良的牧草。舍饲肥育羊场大多数设在农区、半农半牧区,要求交通方便,便于饲草运输,但不能在车站、码头或交通要道的附近建场。

4.便于防疫 选择场址时要充分了解当地和四周的疫情,不能在疫区建场,羊场周围的居民和牲畜应尽量少些,以便发生疫情时进行隔离封锁。

(二)羊场布局

1.羊场总体布局 羊场通常分为3个区:①生活行政管理区,包括与经营管理有关的建筑物及职工生活福利建筑物与设施等;

②生产区,包括羊舍、饲料贮存与加工调制等建筑物;③病羊区,包括隔离舍、兽医室以及粪尿处理场地。各区间距在300米以上,各区的排列次序,应考虑到与社会接触的频繁程度、主风向及地势等。管理区安排在最高处,其他依次为生产区、病羊区,羊舍的布局次序应是种公羊、母羊、羔羊、肥育羊。

为了减轻劳动强度,给劳动生产创造条件,应尽量做到建筑物紧凑地配置,以保证最短的运输、供电和供水线路,并便于机械化操作。集约化羊场生产过程的机械化有三大系统:①饲养系统,包括饲料加工、贮存和分发,这三部分应按流水作业线布置,把它放在中心位置;②供水系统,包括提水、贮水、送水、自动饮水等;③除粪、排水系统,包括舍内清除粪尿、粪沟中清除粪尿。要求有关建筑物适当集中配置,使有关生产环节保持最紧凑的联系。

2. 运动场与道路 舍外运动场应选择在背风向阳的地方。一般是以前排羊舍的后墙和后排羊舍的前墙之间的空地作为运动场。运动场应有坡度,以便排水和保持干燥,四周设置围栏或墙,其高度均为1.2米。运动场面积每只羊平均为2平方米。

场内主干道应与场外运输线路连接,宽度为5～6米,支干道为2.5～3米。路面坚实,排水良好。道路两侧应有排水沟,并植树。场内净道与污道分开,互不交叉。

3. 公共卫生设施 为避免羊场一切可能的污染和干扰,保证防疫安全,应建立必要的环境卫生设施。

(1)场界的防护 场界要划分明确,四周应建较高的围墙或坚固的防疫沟,以防止外界人员及其他动物进入场区。羊场大门及各羊舍入口处,应设置消毒池或喷雾消毒室、更衣室和紫外线灭菌灯等。

(2)给水设施 给水方式有分散式给水和集中式给水。分散式给水是指各排羊舍内可打一口浅水井。但地表水一般比较浑浊,细菌含量较多,必须采用混凝沉淀及砂滤净化法和消毒法来改善水质。集中式给水,通常为自来水。把统一由水源取来的水,集中进行净化、消毒处理,然后通过配水管网将清洁水送到羊场各用水点。集中给水的水源主要以水塔为主,在其周围设有卫生保护措施,防止水源受到污染。

(3)排水设施 场内排水系统多设置在各种道路的两旁及运动场周边,一般采用大口径暗管埋在冻土层以下,以免受冻。如果距离超过200米,应增设深井,以减少杂物污染及人、畜损坏。

4.贮粪场(池) 贮粪场应设在生产区的下风向处,与羊舍保持100米的卫生间距,并便于运往农田。定期将羊舍内的粪便清除,运往贮粪场堆放,利用微生物发酵腐熟,作为肥料出售或肥田,也可利用羊粪生产有机复合肥料。

5.绿化带 场界林带的设置,应在场界周边种植乔木和灌木混合林带。如属于乔木的有小叶杨、旱柳、垂柳、榆树及常绿针叶树等。属于灌木的有河柳、紫穗槐、刺榆等。宽度10米以上,起到防风阻沙作用。场区隔离林带的设置,主要用以分隔场内各区及防火。在生产区、生活区及生产管理区的四周都应有这种隔离带。绿化带具有改善场区小气候、净化空气、减少尘埃的作用。另外,绿化还可以减少噪音、美化环境。所以,要加强场区的绿化建设。

二、羊舍类型及羊舍建筑

羊舍是供羊休息、生活的地方。羊舍条件的好坏直接影响着肉羊的健康、繁殖、生长发育。因此,发展肉羊无公害生产,应建立规模化、科学化羊舍。

(一)羊舍设计原则

修建羊舍的目的是为了给羊创造适宜的生活环境,保障肉羊的健康和生产的正常运行。这样才能实现投资小、效益高的目标。为此,设计羊舍应掌握以下原则。

1.为羊创造适宜的环境 一个适宜的环境可以充分发挥肉羊

的生产潜力,提高饲料利用率。一般来说,家畜的生产力 20% 取决于品种,40% ~ 50% 取决于饲料,20% ~ 30% 取决于整体环境。例如,不适宜的温度可使家畜的生产力降低 10% ~ 30%。此外,即使喂给全价饲料,如果没有适宜的环境,饲料也不能最大限度地转化为畜产品,从而降低了饲料利用率。由此可见,修建羊舍时必须符合肉羊对各种环境条件的要求,既包括温度、湿度、通风、光照和空气等,为肉羊创造适宜的环境。羊舍的环境质量要求应符合 GB/T 18407.3 的要求(见附录一)。

2. 符合生产工艺要求 生产工艺是指畜牧生产上采取的技术措施和生产方式,既包括本场羊群的组成、周转、送草料、饲喂、饮水、清粪等,又包括称重、防疫注射、采精输精、接产护理等技术措施。修建羊舍必须与本场生产工艺相结合,否则,必将给生产造成不便,甚至使生产无法进行。

3. 严格卫生防疫 疫病对羊场具有威胁,造成巨大经济损失。通过合理修建羊舍,将会防止或减少疫病发生。修建羊舍时应特别注意卫生要求,以利于兽医防疫制度的执行。例如,根据防疫要求合理地进行场地规划和建筑物布局,确定羊舍的朝向和间距,设置消毒设施,合理安置污物处理设施。

4. 经济合理,技术可行 在满足以上三项要求的前提下,羊舍修建还应尽量降低工程造价和设备投资,以降低生产成本,加快资金周转。因此,羊舍修建要尽量利用自然界的有利条件(如自然通风、自然光照等),尽量就地取材,采用当地建筑施工习惯,适当减少附属用房面积。

(二)羊舍类型

1. 分类方法

(1)按羊舍四周墙壁通风情况分 有密闭式、开放式与半开放式及棚舍等类型。

①密闭式:为四周墙壁完整,保温性能好,适合寒冷地区采

用。

②开放式与半开放式：开放式为三面有墙，一面无墙；半开放式为三面有墙，一面有半截墙。开放式与半开放式羊舍保温性能较差，但通风采光好，适合于温暖地区，是我国较普遍采用的类型。

③棚舍：只有屋顶而没有墙壁，防太阳辐射强，适合于炎热地区，也可用作夏季凉棚。

目前的发展趋势是将羊舍建成组装式，即墙、门、窗可根据1年内气候的变化，进行拆卸和安装，组装成不同类型的羊舍。

(2)按羊舍屋顶的形式分　可分为单坡式、双坡式、拱式、钟楼式、双折式等类型。单坡式羊舍，跨度小，自然采光好，适于小规模羊群和简易羊舍选用。双坡式羊舍，跨度大，保暖性能强，但自然采光、通风差，适合于寒冷地区采用，是最常用的一种类型。在寒冷地区，还可选用拱式、双折式、平屋顶等类型；在炎热地区可选用钟楼式羊舍。

(3)按羊舍长墙与端墙排列形式分　有"一"字形、"厂"字形或"门"字形等。其中"一"字形羊舍采光好，光照均匀，温差不大，经济适用，是较常用的一种类型。

此外，在我国南方，根据炎热、潮湿的气候特点，可修建吊楼式羊舍；在山区，可利用山坡修建地下式羊舍和土窑洞羊舍等。

2. 几种典型羊舍

(1)开放式和半开放式结合单坡式羊舍　这种羊舍由开放式羊舍和半开放式羊舍两部分组成。羊舍排列成"厂"字形，羊可以在两种羊舍中自由活动(图2-1)。在半开放羊舍中，可用活动围栏临时隔出或分隔出固定的母羊分娩栏。这种羊舍适合于炎热地区或牧区。

(2)半开放双坡式羊舍　这种羊舍，既可排列成"厂"字形(图2-2)，也可排列成"一"字形，但长度应适当延长。适合于比较温暖的地区或半农半牧区。

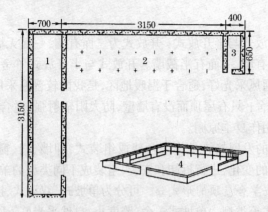

图 2-1　开放式和半开放式结合单坡式羊舍　（单位：厘米）

1. 半开放式羊舍　2. 开放式羊舍　3. 工作室　4. 运动场

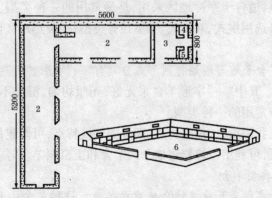

图 2-2　半开放双坡式羊舍　（单位：厘米）

1. 人工受精室　2. 羊舍　3. 产房　4. 值班室　5. 饲料间　6. 运动场

（3）封闭双坡式羊舍　这种羊舍的四周墙壁封闭严密，屋顶为双坡，跨度大，排列成"一"字形（图 2-3），长度可根据羊的数量适当加以延长或缩短。其保温性能好，适合于寒冷地区，可作冬季产羔舍。

（4）吊楼式羊舍　这种羊舍高出地面 1~2 米，安装吊楼，上为

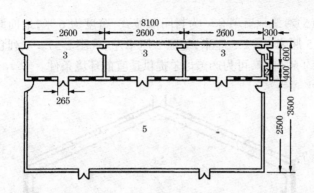

图 2-3 600只母羊的封闭双坡式羊舍 （单位：厘米）

1.值班室 2.饲料间 3.羊圈 4.通气管 5.运动场

羊舍,下为承粪斜坡,后与粪池相连(图2-4)。楼面为漏缝木条地面。双坡式屋顶用小青瓦或草覆盖。后墙与端墙为片石,前墙柱与柱之间为木栅栏。这种羊舍的特点是,离地面有一定高度,防潮,通风透气性好,结构简单,适合于南方炎热、潮湿地区采用。

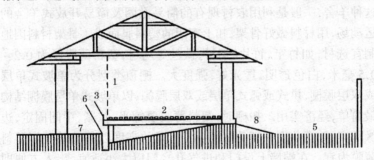

图 2-4 吊楼式羊舍

1.羊栏 2.漏缝地板 3.饲槽 4.承粪斜坡 5.运动场
6.粪尿沟 7.饲喂通道 8.羊出入走道

(5)漏缝地面羊舍　为封闭双坡式,跨度为6米,地面漏缝木条宽5厘米,厚2.5厘米,缝隙2厘米左右(图2-5)。双列食槽通道宽约50厘米,可为产羔母羊提供适宜的环境条件。

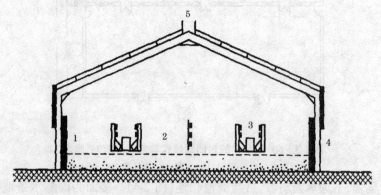

图2-5　漏缝地面羊舍

1.羊栏　2.漏缝地板　3.饲槽通道　4.空气进气口　5.屋顶排气口

(6)塑料棚舍　近年来,在我国北方冬季推广塑料暖棚养羊。这种羊舍,一般是利用农村现有的简易敞圈及简易开放式羊舍的运动场,用材料做好骨架,扣上密闭的塑料膜而成。骨架材料因地制宜选材,如竹竿、竹片、钢材、铁丝等均可,塑料薄膜厚为0.2～0.5毫米,白色透明,透光好,强度大。棚顶类型分为单坡式单层或双层膜棚,拱式或弧式单层或双层膜棚,以单坡式单层膜棚结构最简单,经济实用。扣棚时,塑料薄膜要铺平,拉紧,中间固定,边缘压实,扣棚角度一般为35°～45°。墙的高度以不被羊破坏塑料薄膜为宜。在端墙上设门和进气孔。门以大小适宜,出入方便即可。在塑料棚较高位置上设排气窗,其面积按圈舍或运动场面积的0.5%～0.6%计算,东西方向每隔8～10米设1个排气窗(2米×0.3米),开闭方便。棚舍坐北朝南。这种暖棚,保温、采光好,经济适用,适合于寒冷地区或冬季采用。中国农业工程研究设计院研制成功的XP-Y101型塑料棚羊舍,采用了热镀锌薄壁钢管骨架和长寿塑料薄膜及压膜槽结构,适用于母羊冬季产羔和肥育肉羊,闲置期可用来种植蔬菜。该院还研制成功一种 GP-D725-2H 型新型塑料综合型棚舍(图 2-6)。

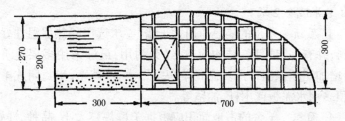

图 2-6 塑料综合型棚舍 (单位: 厘米)

这种塑料综合型棚舍,前部塑料棚主要用于种蔬菜,后部砖砌圈舍养羊。蔬菜利用羊呼出的二氧化碳进行光合作用,光合作用产生的氧气供羊用,热源取自太阳能和生物自体散热。适合在高寒地区推广,可同时解决高寒地区肉羊越冬和人们食用蔬菜问题,不用或少用常规能源。

(三)羊舍建筑

1. 地面 羊舍地面分为有漏缝地面和实地面两种类型。有漏缝地面最好建成离地面高 80~100 厘米的高床,床面的铺面漏缝,缝宽 2 厘米。实地面又以建筑材料不同有夯实粘土、三合土(石灰:碎石:粘土之比为 1:2:4)、砖地、水泥、木质地面等,粘土地面易于去表换新,造价低廉,但易潮湿和不便消毒,只适用于干燥地区;三合土地面较粘土地面好;水泥地面不保温、太硬,但便于清扫和消毒。砖地面和木质地面保暖,也便于清扫和消毒,但成本高,适合于寒冷地区。饲料间、人工授精室、产羔室可用水泥地面,以便清洗与消毒。无论哪种材料建造的地面,都要高出舍外地面 20~30 厘米,平整,坚固耐用。地面应由里向外保持一定好的坡度,以使清扫粪便和污水。

2. 墙 墙在羊舍保暖上起着重要作用,要求坚固稳定、表面平整、易于清洁。我国多采用土墙、砖墙等。土墙造价低、保暖好，但易湿，不易消毒。砖墙有半砖墙、一砖墙、一砖半墙等，墙越厚，保暖性能越强。在北方墙厚为 24 厘米或 37 厘米。栅式羊舍后墙高 1.8 米或 2.2 米。

3. 屋顶　屋顶的隔热作用大于墙，要求选用隔热保温性好的材料，并有一定厚度，结构简单，经久耐用，最好采用多层建筑材料，增加屋顶保温作用。栅式羊舍多用木杆、芦席；半封闭式羊舍屋顶多用水泥板或木杆、油毡等。

4. 面积　羊舍的占地面积应根据羊群规模大小、品种、性别、生理状况和当地气候等情况确定。一般以保持舍内干燥、空气新鲜，有利于冬季保暖、夏季防暑为原则。

5. 门和窗　舍门以羊能顺利通过不致拥挤为宜。大群饲养的舍门，冬、春怀孕母羊和产羔母羊经过的舍门以 3 米宽、2 米高为宜，羊只数少或分栏饲养的舍门可为 1.5 米 × 2.5 米，肥育羊舍门为 1.2 米 × 2 米。寒冷地区的羊舍，在大门外添设套门能防止冷空气直接侵入。

羊舍窗户面积一般为地面面积的 1/15，窗户应向阳，距地面 1.5 米以上。我国南方气候炎热、多雨、潮湿，门窗以敞开为好。羊舍南面或南、北两面可加修 0.9 ~ 1 米高的矮墙，上半部敞开，可保证羊舍干燥通风。

6. 羊舍高度　根据羊舍类型及所容纳羊只数量决定，羊只数量多，羊舍可适当高些。一般高度为 2.5 米，单坡式羊舍后墙高度 1.8 米左右，前墙高 2.2 米。南方羊舍可适当提高高度，以利于防潮、防暑。一般农户饲养量较少时，圈舍高度可略低些，但不得低于 2 米。地面应高出舍外地面 20 ~ 30 厘米，铺成斜跨台以利于排水。南方楼式羊舍地板常用木条、竹片构建，间隙为 1 ~ 2 厘米，以漏下粪、尿为宜。楼台与地面距离 1.5 ~ 1.8 米，便于清除粪便。集约化羊场和种羊场可用漏缝地板。

三、养羊主要设备

为了减轻劳动强度、提高工作效率、减少草料浪费、降低生产成本,肉羊场要配备必要的养羊设备。养羊设备的设计和制作要做到因地制宜、安全适用,既要符合羊的生物学特点,又要便于日常操作和清洁与消毒。

(一)草料架

草料架的形式多种多样(图2-7),可以是固定的,也可以是活动的,有供饲喂粗料和精料的两用联合草料架,也有专供喂精料的料槽。可根据不同的饲养对象、饲养方式进行合理地设置。总的要求是适合羊的采食特点,羊只采食时不相互干扰,羊蹄不能踏入草料架内,同时,不得使草料落在羊体上而影响羊毛的质量。

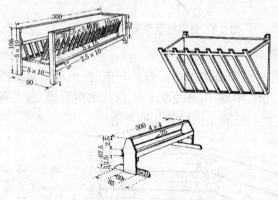

图2-7 各种草架示意图 (单位:厘米)

(二)盐 槽

如果在舍外单独对羊补饲食盐或其他矿物质添加剂,为防止被雨淋潮化,可设一带顶的盐槽,任羊随时舔食。

(三)分羊栏

分羊栏供羊分群、鉴定、防疫、驱虫、称重、打耳号等日常生产管理中使用。分羊栏由许多栅板连接或网围栏组成,可以是固定的,也可以临时搭建,其规模视羊群的大小而定。分羊栏多设在羊群的入口处,为喇叭形,中部为一小通道,可容许羊只单行前进(图2-8)。沿通道一侧或两侧,可根据需要设置 3~4 个可以向两边开门的小圈,利用这一设备,可以提高分群工作的效率。

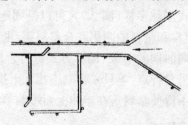

图 2-8　分羊栏示意图

(四)活动围栏

活动围栏可用于临时分隔羊群。母羊产羔时,也可用活动围栏临时间隔为母子圈、中圈等(图 2-9)。根据其结构不同,通常有重叠围栏、折叠围栏和三脚架围栏等几种类型。

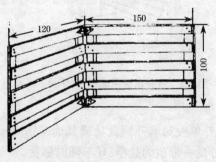

图 2-9　分娩栅示意图 （单位：厘米）

（五）药浴设备

在大型羊场或养羊较为集中的乡镇,可建造永久性药浴设施(大型药浴池);在牧区或养羊较少而且分散的农区,可采用小型药浴池,或用防水性能良好的帆布加工制作的活动药浴设备。大型药浴池一般用水泥、砖、石等材料建造,为两端有一定坡度的长方形水槽,两端的地面各有一个羊圈,出口端的羊圈地面以水泥地面为好,并有一定的坡度,以便收集药浴后羊体滴落的余液。

（六）青贮设备

羊场常用青贮设备有青贮塔、青贮窖、青贮壕、青贮袋等类型,其结构和制作方法详见第四章第三节。

（七）水　井

如果羊场没有自来水,应自打水井。为避免水源污染,水井应距离羊舍50米以远的上坡上风方向,井口高出地面0.5米并加盖,周围修建井台和护栏。

四、羊舍的环境控制技术

羊舍环境要求,主要考虑光照、温度、湿度和气流状况等。

（一）温　度

冬季产羔羊舍,温度最低应保持在8℃以上,一般羊舍在0℃以上,夏季羊舍温度则不宜超过30℃。

1.羊舍的降温和防暑　我国南方夏季气温高,且持续时间长,对肉羊繁育和生产极为不利,故解决羊舍的降温和防暑问题对提高肉羊的养殖效益十分重要。

（1）增加屋顶和外墙的热阻　采取增大外围护结构的热阻,减少结构内表面温度波动的方法来控制羊舍温度,即增加屋顶和外墙的外壳热阻。一般屋顶由3层组成:上层采用导热系数大的材料,中层采用蓄热系数大的材料,下层用导热系数小的材料,即可使舍外热量向内传播受阻,而舍温高时则能使热量迅速向外散失。

(2)利用空气的隔热特性提高羊舍的隔热能力　空气导热系数小,是廉价隔热材料。炎热地区可造成含双层空气夹层的屋顶,减少辐射传热,增加空气流通,带走屋顶空间热量,提高屋顶隔热能力。

(3)遮阳和绿化　窗户设挡板遮阳,阻止太阳光入舍。增大绿化面积,利用植物光合作用和蒸腾作用,消耗部分太阳辐射热,降低舍外温度。屋外种植花草,蓄水养鱼也可降温。

(4)加强羊舍夏季通风　羊舍布局于地形开阔处,朝向主风向,增大羊舍间距,错位布局,前排不挡后排主风向,进风口设在正压区,排风口在负压区。羊舍前后墙留较大的窗户,在羊舍靠近地面处设进风口和排风口,或安装排风扇、电风扇。

(5)羊舍的降温　当外界气温接近或高于羊体温时,用隔热、遮阳、通风等措施不能降低大气温度时,则采用冷水喷淋屋顶,进气口设空调器使入舍空气温度降低。

2.羊舍的保温　我国北方冬季气候寒冷,按普通羊舍建造设计,舍内温度远远低于肉羊正常生长所需的适宜温度。北方可采用塑料膜大棚式羊舍。南方可采用塑料编织布、草帘封遮办法,提高舍温。

(二)通风换气

通风换气的目的是降温和排出舍内污浊空气,保持舍内空气新鲜。通风换气参数为:成年绵羊冬季0.6~0.7立方米/只,夏季1.1~1.4立方米/只;肥育羔羊冬季0.3立方米/只,夏季0.65立方米/只。常用通风方式有以下几种。

1.借助自然界的风压和热压通风　夏季炎热地区依靠开启门窗达到通风换气。

2.安装通风管道装置　进气管用木板做成,断面面积20厘米×20厘米或25厘米×25厘米,均匀交错嵌于两面纵墙,距天棚40~50厘米。墙外进气口向下,防止冷空气直接侵入。墙内进气口设调节板,把气流扬向上方,防止冷空气直吹羊体,炎热地区将进气管置于墙下方。排气管断面积为50厘米×50厘米或70厘米×70厘米。排气管设于屋脊两侧,下端伸向天棚处,上端高出屋脊0.5~0.7米。管顶设屋顶式或百叶窗式管帽,防降水落入。两管间距离为8~12米。

3.机械通风 用机械驱动空气产生气流。一种为负压通风,用风机把舍内污浊空气往外抽,舍内气压低于舍外,舍外空气由进气口入舍,风机装置于侧壁或屋顶;另一种为正压通风,强制向舍内送风,使舍内气压稍高于舍外,污染空气被压出舍外。

(三)采 光

羊舍要求光照充足。采光系数是指窗户有效采光面积与舍内地面面积之比,成年羊舍应为1:15~25,羔羊舍应为1:15~20。一般羊舍采用自然光照,无窗则全部要用人工光照。羊只昼夜需要的光照时间:公、母羊8~10个小时,怀孕母羊16~18个小时。

(四)湿 度

羊舍应保持干燥,地面不能太潮湿,空气相对湿度以50%~70%为宜。为控制羊舍湿度,应重点做好羊舍内的排水,可分为传统式和漏缝地板式两种。

1.传统式排水设施 由排尿沟、降口、地下排水管和粪水池构成。排尿沟设于羊栏后端,紧靠除粪便道,至降口有1°~1.5°坡度。降口指连接排尿沟和地下排水管的小井,在降口下部设沉淀井,以沉淀粪水中的固形物,防止堵塞管道。降口上盖铁网,以防粪草落入。地下排出管与粪水池有3°~5°坡度。粪水池应距饮水井100米以外,其容积应能贮存20~30天的粪水尿液。

2.漏缝地板式排水设施 可提高劳动生产率,节省人力。材

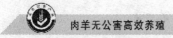

料常用钢筋混凝土或竹木板制成。有的仅设于粪沟之上,有的用于制作羊床。多采用拼接式,便于清扫和消毒,粪沟相通。大型羊场可用机械刮板或高压水冲洗。

(五) 羊舍及运动场

羊舍及运动场应有足够的面积,使羊在舍内不拥挤,可以自由活动。羊舍过窄时,羊只拥挤,空气污浊,舍内潮湿,有碍羊只健康,且饲养管理不便。羊舍面积过大,不但造成浪费,也不利于冬季保温。各类羊所需羊舍面积为:春季产羔母羊 1.1～1.6 平方米/只,冬季产羔母羊 1.4～2 平方米/只,群养公羊 1.8～2.25 平方米/只,种公羊(独栏)4～6 平方米/只,成年羯羊和育成公羊 0.7～0.9 平方米/只,1 岁育成母羊 0.7～0.8 平方米/只,去势羔羊 0.6～0.8 平方米/只,3～4 月龄的羔羊占母羊面积的 20%。产羔室可按基础母羊数的 20%～25% 计算面积。运动场面积一般为羊舍面积的 2～2.5 倍,成年羊运动场面积可按 4 平方米/只计算。

第三节　养殖场废弃物的处理

一、养殖废弃物的污染

肉羊养殖业不仅受环境污染的危害,而且也会污染环境。肉羊养殖对环境的影响主要是羊粪、尿、尸体及相关组织、垫料、过期兽药、残余疫苗、一次性使用的畜牧兽医器械及包装物和污水等废弃物对环境的污染。肉羊无公害养殖场,应积极通过废水和粪便的还田或者其他措施,对所排放的废弃物进行综合利用,实现污染物的资源化。

二、废水的处理

肉羊养殖过程中产生的废水包括清洗羊体和饲养场地、器具产生的废水。废水不得排入敏感水域和有特殊功能的水域,应坚持种养结合的原则,经无害化处理后尽量充分还田,实现废水资源化利用。养殖场与农田之间应建立有效的污水输送网络,严格控制废水输送沿途的弃、撒、跑、冒、滴、漏。

三、粪便的无害化处理

为了防止粪便污染环境,杀灭病原体,充分利用粪便中丰富的营养和能量资源,应当采用干燥或发酵等方法对羊粪进行无害化处理。

粪便的发酵处理是利用各种微生物的活动来分解羊粪中的有机成分,从而有效地提高这些有机物的利用率。在发酵过程中形成的特殊理化环境也可杀死粪便中的病原菌和一些虫卵。根据发酵过程中依靠的主要微生物种类不同,可分为充氧动态发酵、堆肥发酵和沼气发酵处理。堆肥是以粪便为原料的好氧性高温堆肥,处理后的粪便可作优质的有机肥用于饲料和牧草等种植业生产中。沼气发酵是以粪便为原料,在密闭、厌氧条件下的厌氧性消化(包括常温、中温和高温消化),产生的沼气可供羊场使用。经无害化处理后的粪便应符合《粪便无害化卫生标准》(GB 7959)的规定,废渣应符合《畜禽养殖业污染物排放标准》(GB 18596)的有关规定(表2-2)。

表2-2　畜禽养殖业废渣无害化环境标准

控制项目	指　标
蛔虫卵	死亡率≥95%
粪大肠菌群数	≤10^5个/千克

四、病死羊尸体的无害化处理

病死羊尸体含有大量病原体,只有及时经过无害化处理,才能防止各种疫病的传播与流行。严禁随意丢弃、出售或作为饲料。根据疾病种类和性质不同,按《畜禽病害肉尸及其产品无害化处理规程》(GB 16548)的规定,采用适宜方法处理病羊尸体(见第八章第三节)。

(一)销 毁

将病羊尸体用密闭的容器运送到指定地点焚毁或深埋。

1. 焚毁 对危险较大的传染病(如炭疽和气肿疽等)病羊的尸体,应采用焚烧炉焚毁。对焚烧产生的烟气应采取有效的净化措施,防止烟尘、一氧化碳、恶臭等对周围大气环境的污染。

2. 深埋 不具备焚烧条件的养殖场应设置2个以上安全填埋井,填埋井应为混凝土结构,深度大于3米,直径1米,井口加盖密封。进行填埋时,在每次投入尸体后,应覆盖一层厚度大于10厘米的熟石灰,井填满后,须用粘土填埋压实并封口。或者选择干燥、地势较高,距离住宅、道路、水井、河流及羊场或牧场较远的指定地点,挖深坑掩埋尸体,尸体上覆盖一层石灰。尸坑的长和宽径以容纳尸体侧卧为度,深度应在2米以上。

(二)化 制

将病羊尸体在指定的化制站(厂)加工处理。可以将其投入干化机化制,或将整个尸体投入湿化机化制。

第三章 主要肉用绵羊、山羊品种及生产性能

第一节 肉羊的生物学特性

一、体型外貌

不同生产力方向的绵羊、山羊品种,具有与其生产力特点相适应的体型和外貌。与毛用和乳用绵羊品种相比,肉用绵羊的体型外貌特点是:头短而宽,颈短粗,鬐甲低平,胸部宽圆,肋骨开张良好,背腰平直,肌肉丰满,后躯发育良好,四肢相对较短,腿直,两腿间距离较宽,整个体躯呈长方形。

肉用山羊的体型外貌特点是:体质结实,结构匀称,头大小适中,颈短而粗,颈肩结合良好,前胸发达,背腰平直,臀部宽大,后躯发育良好,尻略斜,四肢端正,蹄质坚实,整个体型呈长方形。

二、行为特点和生活习性

(一)合群性强

羊有很强的群居行为,绵羊强于山羊,地方品种强于培育品种,毛用品种又强于肉用品种。喜欢群羊一起活动,群羊由若干小群组成,小群再构成大群。羊群中的头羊选用年龄较大、子孙较多的母羊担任,也可由山羊中行动敏捷、易于训练及记忆力好的羊来承担。

(二)采食范围广

羊颜面细长,嘴尖,唇薄齿利,上唇中央有一纵沟,运动灵活,

下腭门齿向外有一定的倾斜度。这些特点有利于采食地面低草、小草和灌木枝叶及草籽等，因而素有"清道夫"之称。在荒漠草场上，绵羊、山羊能利用大多数牛所不能利用的植物，牛、羊混牧，可以充分利用草场资源。

(三)感官灵敏

羊主要通过视觉、听觉、嗅觉和触觉等感官活动来传递和接受各种信息。尤其是嗅觉更灵敏，羔羊出生后与母羊接触几分钟，母羊就能通过嗅觉识别出自己的羔羊，保姆性好，同时在辨别牧草种类及饮水的清洁度等方面也起着极其重要的作用。

(四)喜欢干燥、清洁的环境

绵羊、山羊是喜欢清洁的动物，常选择干燥、清洁的地方卧息，爱吃干净的草料，饮清凉、卫生的水。羊圈潮湿、闷热、牧地低洼潮湿，羊只容易患寄生虫病，羊毛质量下降，不正常脱毛加重。不同的绵羊、山羊品种对气候的适应性不同，如细毛羊喜欢温暖、干旱、半干旱的气候，而肉用羊和肉毛兼用半细毛羊则喜欢温暖、湿润、全年温差较小的气候，长毛肉用品种的罗姆尼羊较能耐受湿热气候和适应沼泽地区，对腐蹄病有较强的抵抗力。在南方高湿高热地区，一般较适于养山羊和长毛肉用品种羊。

(五)性情温驯

绵羊、山羊性情温驯，胆小易惊，容易受到突然的惊吓而"炸群"。绵羊较山羊行动迟缓，缺乏自卫能力。山羊性格勇敢活泼，动作灵活，喜欢攀高。

(六)扎窝特性

羊有一层较厚的皮毛，汗腺不发达，所以怕热不怕冷。在炎热天气容易扎窝子，互相低头拥挤，借另一羊的腹下取凉，常有停食、气喘等表现。因而炎热夏季，羊场附近应备有遮阳设备，可栽树或搭遮阳棚。

（七）适应性强

羊是人类较早驯养的动物，经过数千年的驯化和选育，体质健壮，善于游走，耐寒、耐粗饲、耐渴，喜欢在高燥和通风良好的地方生活，很少患病，非重症不表现病态。

第二节　主要肉用绵羊品种

一、萨福克羊

萨福克羊（Suffolk）原产于英国英格兰东南部的萨福克、诺福克、剑桥和艾塞克斯等地，是以南丘羊为父本，当地体型较大、瘦肉率高的旧型黑头有角诺福克羊为母本杂交，于 1859 年育成的品种。早熟性好，耐粗饲，采食性好，并具有独特的抗病能力。

萨福克羊体格较大，骨骼坚实，公、母羊均无角，耳长，头短而宽，颈短粗，胸宽，背腰和臀部长而宽平，肌肉丰满，后躯发育良好。被毛白色，偶尔发现小量的有色纤维存在，脸和四肢为黑色，无羊毛覆盖。

成年公羊体重 113～159 千克，成年母羊体重 81～113 千克。生长发育快，产肉性能好，经肥育的 4 月龄公羔胴体重 24.2 千克，母羔为 19.7 千克，并且瘦肉率高，是生产大胴体和优质羔羊肉的理想品种。美国、澳大利亚、英国等国都将该品种作为终端杂交的主要父本。剪毛量成年公羊 5～6 千克，成年母羊体重 2.5～3.5 千克，净毛率 60% 左右；毛长 8～9 厘米，细度 50～58 支。产羔率130%～140%。

我国从 20 世纪 70 年代起先后从澳大利亚引进萨福克羊，主要分布在内蒙古自治区和新疆维吾尔自治区的羊场。内蒙古用萨福克公羊与蒙古羊、细毛低代杂种羊进行杂交试验，全年以放牧为主，冬春季稍加补饲，与母本蒙古羊和细毛低代杂种羊比较，杂种一代羔羊生长发育快,产肉多,而且适宜于牧区放牧肥育。经测定,宰杀的 190 日龄的一代杂种羯羔宰前活重 37.25 千克,胴体重 18.33 千克,屠宰率 49.21%,净肉重 13.49 千克,脂肪重 1.14 千克,胴体净肉率为 73.6%。

二、波德代羊

波德代羊(Borderdale)原产于新西兰,是在新西兰南岛用边区莱斯特公羊与考力代母羊杂交,杂交一代横交至四五代培育成的肉毛兼用绵羊品种,自 20 世纪 70 年代以来进一步横交固定以巩固其品种特征,1977 年在新西兰建立种畜簿。适应性强,耐干旱,耐粗饲,羔羊成活率高。

波德代公、母羊无角,耳朵直而平伸,脸部毛覆盖至两眼连线,四肢下部无被毛覆盖。背腰平直,肋骨开张良好。眼睑、鼻端有黑斑,蹄呈黑色。

育种场成年公羊平均体重 90 千克,成年母羊平均体重 60~70 千克。羊毛细度 48~52 支,毛长 10 厘米以上,净毛率 72%。繁殖率 140%~150%,最的高达 180%。

2000 年我国首次引进波德代羊,在甘肃省永昌肉用种羊场饲养。在该场的饲养管理条件下,成年公羊体重 75~95 千克,成年母羊平均体重 55~70 千克。剪毛量 4.56 千克。羊毛纤维品质优良,细度主体支数为 46~56 支。羊毛油脂率 11%左右,净毛率 72%。母羊发情季节集中,繁殖率高,产羔率 120%~160%,其中产双羔率为 62.26%,产三羔率为 6.27%。平均初生重:公羔 4.87 千克,母羔 4.41 千克。周岁体重:公羊 62.79 千克,母羊 49.56 千克。改良当地土种羊效果显著,杂种一代初生重比当地土种羊提高 1.5 千克,1 月龄和 4 月龄体重分别比当地羊提高 10.87%和 33.48%,4 月龄断奶羊屠宰平均胴体重达 16.59 千克。

三、无角陶赛特羊

无角陶赛特羊(Poll Dorset)原产于澳大利亚和新西兰,是以雷兰羊和有角陶赛特羊为母本、考力代羊为父本进行杂交,后代再与有角陶赛特公羊回交,然后选择所生的无角后代培育而成。该品种是作为终端杂交父本的理想型肉用品种,在新西兰,是作为反季节羊肉生产的专门化肉羊品种。生长发育快,易肥育,肌肉发育良好,瘦肉率高。

无角陶赛特羊被毛全身白色,体质结实,头短而宽,耳中等大,光脸,羊毛覆盖至两眼连线。公、母羊均无角,颈短粗,体躯长且宽而深,肋骨开张良好,背腰平直,后躯丰满,四肢粗短,整个躯体呈圆桶状。

成年公羊体重 90~110 千克,成年母羊体重 65~75 千克。4~6 月龄肥羔体重可达38~42 千克,公羔胴体重 19~21 千克。成年母羊净毛量 2.3~2.7 千克,毛长 8~10 厘米,细度 56~58 支。母羊四季发情,产羔率 110%~130%。

20 世纪 80 年代以来,新疆维吾尔自治区、内蒙古自治区和中国农业科学院畜牧研究所等先后从澳大利亚引入无角陶赛特羊。在进行纯种扩繁的同时,对各地的绵羊进行了杂交改良,效果良好。陈维德等(1995)研究表明,在新疆,用无角陶赛特羊与当地细毛杂种羊杂交,一代杂种具有明显的父本特征,5 月龄宰前活重达34.07 千克,胴体重 16.67 千克,净肉重 12.77 千克。姚树清等(1995)用无角陶赛特与小尾寒羊杂交,6 月龄杂种一代体重 40.44 千克。2000 年甘肃省从新西兰引进无角陶赛特羊,其适应性良好,生长发育快。用来改良当地土种羊效果显著,杂种一代初生重比土种羔羊提高 1.3 千克,4 月龄宰前活重平均 31.39 千克,胴体重16.19千克。

四、边区莱斯特羊

边区莱斯特羊(Border Leicester)是迪斯利莱斯特羊的直系后代。19世纪中叶在英国北部苏格兰,用莱斯特羊与山地雪维特母羊杂交培育而成,1860年为了与莱斯特羊相区别,称为"边区莱斯特羊"。由于其遗传性稳定,杂交后代繁殖率高,母性效应良好,世界上许多国家都用其作为父系发展肉羊业,也常用来培育杂种母羊群。新西兰已用边区莱斯特羊分别与罗姆尼羊和考利代羊杂交培育了柯泊华斯羊和波德代羊。

边区莱斯特羊体质结实,体型结构良好,体躯长,背宽平。公、母羊均无角,鼻梁隆起,两耳竖立,头部和四肢无羊毛覆盖。

成年公羊体重70~85千克,成年母羊体重为55~65千克。肉用性能良好,经肥育的4月龄羔羊胴体重20~22千克。许多国家用其作为杂交生产肥羔的父本品种。成年公羊剪毛量5~9千克,母羊3~5千克,净毛率65%~68%,毛长20~25厘米,细度44~48支。毛密,毛丛易分离,末端有小弯曲,常用于室内装潢、编织毛线及制作地毯。早熟,母性强,产羔率高达150%~180%。

1966年,我国从英国和澳大利亚引进边区莱斯特羊,在四川、云南等省繁育效果比较好,而在内蒙古自治区、青海省的比较差。该品种是培育凉山半细毛羊新品种的主要父系之一,也是各省进行肉羊生产杂交组合中的重要参与品种。

五、考力代羊

考力代羊(Corriedale)原产于新西兰,是用英国长毛型品种公羊与美利奴母羊杂交育成,1910年成立品种协会,1920年出版良种册,当年登记羊场21个,其中10个由林肯羊×美利奴羊育成,6个由英国莱斯特羊×美利奴羊育成,2个由边区莱斯特羊×美利奴羊育成,1个由罗姆尼羊×美利奴羊育成。属肉毛兼用型品种。

考力代羊公、母羊均无角,颈短而宽,背腰宽平,肌肉丰满,后躯发育良好,四肢结实,长度中等。全身被毛白色。

成年公羊体重 80~105 千克,成年母羊体重 65~80 千克,4 月龄羔羊体重可达 35~40 千克。肉品质中等。毛长度 9~12 厘米,细度 50~56 支,弯曲明显,匀度良好,强度大,油汗适中。成年羊剪毛量,公羊 10~12 千克,母羊 5~6 千克,净毛率 60%~65%。早熟,产羔率 110%~130%。

解放前我国曾引进考力代羊,之后又先后从新西兰和澳大利亚引入相当数量,在我国东部沿海各省、东北和西南等省的适应性较好。考力代羊是东北细毛羊、贵州半细毛羊新品种,以及山西陵川半细毛羊新类群的主要父系品种之一,对新品种羊毛、羊肉品质的提高和改善,起到了积极的作用。

六、林 肯 羊

林肯羊(Lincon)原产于英国东部的林肯郡,1750 年开始用莱斯特公羊改良当地旧型林肯羊,经过长期严格的选择培育,于 1862 年育成新品种。林肯羊具有抗潮湿能力,曾广泛分布于世界各地。目前饲养林肯羊最多的国家是阿根廷。由于林肯羊对饲养管理条件要求比较高,早熟性比较差,而且市场销售不稳定,英国及阿根廷林肯羊的饲养数量在急剧减少。

林肯羊体质结实,体躯高大,结构匀称,公、母羊均无角。头长颈短,前额有绺毛下垂,背腰平直,腰臀宽广,肋骨开张良好。四肢较短而端正,脸、耳及四肢为白色,偶尔出现小黑点。

成年公羊平均体重 73~93 千克,成年母羊平均体重 55~70千克。成年公羊平均胴体重 82 千克,成年母羊 51 千克。4 月龄肥育羔羊胴体重,公羔 22 千克,母羔 20.5 千克。成年公羊剪毛量 8~10 千克,成年母羊为 5.5~6.5 千克,净毛率 60%~65%;毛呈辫型结构,有大波型弯曲和明显的丝样光泽,毛长 17.5~20 厘米,细度 36～40 支。产羔率 120%左右。

我国从 1966 年起先后从英国和澳大利亚引进林肯羊,当初主要目的是与我国绵羊杂交发展粗档半细毛羊。经过多年的饲养实践,在江苏、云南、四川和新疆等省、自治区繁育效果比较好,是阿勒泰肉用细毛羊、云南半细毛羊及四川凉山半细毛羊等新品种的主要父系之一。据刘朝清等(1991)研究,用林肯羊与小尾寒羊杂交,其杂种一代生长发育快,饲料报酬高,可用来生产肥羔,以 6 月龄屠宰为宜,宰前活重 39.03 千克,胴体重 19.16 千克,净肉重 15.39 千克,屠宰率 49.13%,净肉率 80.4%。杂种羔羊肉质好,细嫩,香味可口。

七、杜 泊 羊

杜泊羊(Dorpor)原产于南非。在 1942～1950 年间,用从英国引入的有角陶赛特公羊与当地的波斯黑头母羊杂交,经选育而成的肉用绵羊品种。南非于1950 年成立杜泊肉用绵羊品种协会,促使该品种得到迅速发展。目前已分布南非各地,但主要饲养在干旱地区,热带地区也有分布。杜泊羊分长毛型和短毛型。长毛型羊生产地毯毛,较适应寒冷的气候条件;短毛型羊毛短,没有纺织价值,但能较好地抗炎热和雨淋。大多数南非人喜欢饲养短毛型杜泊羊,所以短毛型杜泊羊成为现在的主要选育方向。抗病力较强,但在潮湿条件下易感染肝片吸虫病,羔羊易感染球虫病。

杜泊羊头、颈为黑色,体躯和四肢为白色,有的腿部也出现色斑。多数无角,头顶平直,长度适中,额宽,鼻梁隆起,耳大稍垂。颈短粗,肩宽厚,背平直,肋骨拱圆,前胸丰满,后躯肌肉发达。四肢强健,肢势端正,尾长瘦。

生长发育快,100 日龄公羔重 34.72 千克,母羔重 31.29 千克。1 岁公羊体重 105 千克,3 岁公羊体重 118 千克,成年母羊体重 65.8 千克。体高:1 岁公羊 72.7 厘米,3 岁公羊 75.3 厘米。早熟,繁殖表现主要取决于营养和管理水平,因此,在年度间、种群间和地区之间差异较大。正常情况下,产羔率为140%,其中产单羔母羊占61%,产双羔母羊占30%,产3羔母羊占4%。

八、夏洛莱羊

夏洛莱羊(CharoLLais)原产于法国,1800年以后法国夏洛莱地区农户引入英国莱斯特羊与当地兰德瑞斯羊杂交,形成一个体型外貌比较一致的品种类型,1963年命名为夏洛莱肉羊,1974年法国农业部正式承认。夏洛莱羊首先引入欧洲各国,对寒冷、潮湿气候适应性良好,是生产肥羔的优良草地型肉用羊。

夏洛莱公、母羊均无角,额宽耳大,颈短粗,肩宽平,胸宽而深,肋部拱圆,背部肌肉发达,体躯呈圆桶状,四肢较矮,肉用体型良好。被毛同质,白色。

成年公羊体重100~150千克,成年母羊体重75~95千克。羔羊生长发育快,6月龄公羔体重48~53千克,7月龄出售的种羊标准为公羔50~55千克,母羔40~45千克。夏洛莱羊胴体质量好,瘦肉多,脂肪少,屠宰率55%以上。毛长7厘米左右,细度50~58支。产羔率高,经产母羊182.37%,初产母羊135.32%。

夏洛莱羊在美国、德国、瑞士等国都有饲养。20世纪80年代以来,由我国河北、河南、山东、内蒙古、辽宁等省、自治区引入,纯繁和杂交效果良好。内蒙古锡林郭勒盟西苏镇用夏洛莱公羊与当地母羊进行杂交,杂交后代表现良好,一代杂种6月龄活重40.2千克,胴体重19.5千克,屠宰率48.5%。生长速度和肉用性能与土种羊相比都有较大提高和改善。赵国明等(1997)在河南省用夏洛莱公羊与小尾寒羊进行杂交试验表明,夏洛莱羊是改良小尾寒羊,发展肉羊生产的理想父系品种之一。

九、德克塞尔羊

德克塞尔羊(Texel)起源于荷兰海岸线附近德克塞岛的老德克塞尔羊,是于19世纪中期用林肯羊和莱斯特羊与老德克塞尔羊杂交而育成。以其瘦肉率高、肉味鲜美、产毛量大而著称。德克塞尔杂种羔羊抗逆性强,断奶成活率高。

德克塞尔公、母羊均无角,头、四肢无毛覆盖,仅有白色的发毛。脸白色,头宽短,耳短竖起,鼻部有黑斑。背腰平直,肋骨开张良好,肌肉丰满,后躯发育良好。

成年公羊体重80～140千克,成年母羊体重60～90千克。羔羊生长发育快,4～5月龄体重达40～50千克,屠宰率55%～60%。德克塞尔羊被毛膨松,剪毛量3.5～4.5千克,毛长10厘米左右,细度46～56支。早熟,产羔率150%～160%。

德克塞尔羊已被引到德国、法国、英国、比利时、美国及捷克等国家,在肥羔生产时用作父系品种。我国黑龙江、宁夏等省、自治区引进该品种,纯繁和杂交改良效果良好。

十、罗姆尼羊

罗姆尼羊(Romney Marsh)原产于英国东南部肯特郡,又称肯特羊。由旧型体格硕大而粗糙的罗姆尼羊与莱斯特公羊杂交,经过长期的选育而成,为毛肉兼用或肉毛兼用型品种。现在,除英国外,罗姆尼羊分布于新西兰、澳大利亚、阿根廷、乌拉圭、美国、加拿大和俄罗斯等国,其中新西兰是当今世界上饲养量最多的国家。20世纪60年代早期,罗姆尼羊已经遍及新西兰各地,占全国绵羊总数的3/4,以后稍有下降。多年来,罗姆尼羊毛为新西兰杂交毛的生产企业赢得盛誉,在其他一些国家也受到普遍欢迎。

由于各国生态条件和育种要求不同,几种主要类型的罗姆尼羊的体型外貌和生产性能也略有不同。英国罗姆尼羊,四肢较高,体躯长而宽,后躯比较发达,头型略显狭长,头和四肢被毛覆盖较差,体质结实,骨骼健壮,游走性能好。新西兰罗姆尼羊,肉用体型好,四肢粗壮,背腰宽平,体躯长,头和四肢被毛覆盖良好。澳大利亚罗姆尼羊,体躯宽平,背部较长,前躯和胸部丰满,后躯发达。

英国罗姆尼成年公羊体重 90~110 千克,成年母羊体重 80~90 千克,胴体重:成年公羊 70 千克,成年母羊 40 千克;4 月龄肥育公羔 22.4 千克,母羔 20.6 千克。在英国及许多国家,罗姆尼羊用来与其他品种羊进行经济杂交,以生产肉用肥羔和杂交种羊毛。成年公羊剪毛量 4~6 千克,成年母羊剪毛量 3~5 千克。毛长 11~15 厘米,细度46~50 支。产羔率 120%。

我国自 1966 年起,先后从英国、新西兰和澳大利亚引进数千只罗姆尼羊。是我国 20 世纪 80 年代中期培育青海高原半细毛羊新品种的主要父系之一,还参加培育内蒙古半细毛羊、陵川半细毛羊和云南半细毛羊等品种和品种群。

十一、德国肉用美利奴羊

德国肉用美利奴羊(German Merino)为著名肉毛兼用品种,产于德国,主要分布在萨克森州农区,是用泊列考斯公羊和英国莱斯特公羊与原产于德国的美利奴母羊杂交培育而成。

被毛呈白色,公、母羊均无角,体躯大,胸宽深,背腰平直,肌肉丰满,后躯发育良好,四肢强健。

成年公羊体重 90~100 千克,成年母羊体重 60~65 千克。羔羊生长发育快,6 月龄羔羊体重可达 40~45 千克。毛密,弯曲明显,成年公羊剪毛量 10~11 千克,成年母羊剪毛量 4.5~5 千克,母羊毛长 7.59 厘米,净毛率 45%~52%,细度 60~64 支。早熟,成年母羊产羔率平均为 140%~175%。母羊泌乳性能好。

我国从 1958 年以来,曾数次引进德国肉用美利奴羊,分别饲养在甘肃、安徽、江苏、辽宁、内蒙古、山西、河北等地,参与了内蒙古细毛羊新品种的育成。试验表明,在以细毛羊为主的地区,用德国肉用美利奴羊杂交细毛羊,其杂交一代在保持羊毛品质的基础上,可提高产肉性能和改善羊肉品质,是肉用型细毛羊或半细毛羊杂交育种的理想父本品种之一,也是用于杂交改良农区、半农半牧区粗毛羊或细毛杂种母羊来增加羊肉产量的理想父本之一。但在有些地方的纯种繁殖后代中,出现了一定比例的公羊隐睾现象,因此,在使用时应予以注意。

十二、小尾寒羊

小尾寒羊是我国著名的地方优良品种,主要分布于山东西南部,河南新乡、开封地区,河北南部、东部和东北部,以及安徽、江苏北部等。产区属黄淮海冲积平原,地势平坦,土壤肥沃,气候温和,年平均气温 13℃ ~ 15℃,降水量 500 ~ 900 毫米,无霜期 160 ~ 240天,是我国小麦、玉米、花生产区。农作物一年两熟,农业发达,农产品丰富,为养羊业发展提供了丰富的饲草饲料来源。

小尾寒羊体质结实,鼻梁隆起,耳大下垂。公羊有较大的螺旋形角,母羊有小角或角根。颈较长,背腰平直,体躯高大,四肢较长。脂尾呈椭圆形,下端有纵沟,一般在飞节以上。被毛白色,少数头部、四肢有黑色斑块。

生长发育快,公羔平均初生重 3.6 千克,母羔平均初生重 3.8千克,1 岁公羊平均体重 65 千克左右,母羊平均体重 45 千克左右。成年公羊体重 90 千克左右,少数可达 110 千克以上,母羊体重 50千克左右。产肉性能好,3 月龄羔羊屠宰率为 50.6%,净肉率39.21%,周岁公羊分别为 55.6% 和 45.89%。剪毛量:公羊平均3.5 千克,母羊 2 千克,净毛率 63%。早熟,四季发情,繁殖力高,遗传性能稳定。5 ~ 6 月龄母羔发情,当年就可配种;公羊 8 月龄能用于配种,母羊 1 年 2 胎或 2 年 3 胎,发情周期 18 天左右,妊娠期 150 天。大多数 1 胎产 2 ~ 3 羔,平均产羔率 270% 左右。

自 20 世纪 80 年代以来,小尾寒羊陆续从产区引到华北、东北、西北一些地区饲养。通过适应性研究表明,在引入地小尾寒羊基本能保持其多胎、早熟、体大等特点,但在各地的表现有所差异。作为肉用品种,小尾寒羊肉用体型差,前胸不发达,后躯欠丰满。因此,除应加强选育外,可引入优良肉用品种杂交,提高其产肉性能和肉的品质。

十三、大尾寒羊

大尾寒羊主要分布于河北省南部的邯郸、邢台和沧州地区的部分县,山东省聊城市、临清市、冠县、高唐及河南省郏县等。产区为华北平原腹地,土壤肥沃,水资源丰富,气候温暖,是比较发达的农业区。除有丰富的农产品外,还可利用小片休闲地、路旁、河堤及草滩和荒地作放牧地。

大尾寒羊头稍长,鼻梁隆起,耳大下垂,公、母羊均无角。体躯短小,颈细长,胸窄,前躯发育差,后躯发育良好。尻部倾斜,乳房发育良好。尾大肥厚,超过飞节,有的接近或拖及地面。被毛白色,少数羊头部、四肢及体躯有色斑。

成年公、母羊平均体重分别为 72 千克和 52 千克,周岁公、母羊平均体重为 41.9 千克和 29.2 千克。一般成年母羊尾重 10 千克左右,种公羊尾最重者达 35 千克。成年公、母羊平均剪毛量 3.3 千克和 2.7 千克。毛长 10 厘米左右,无髓毛和两型毛约占 95%,粗毛占 5%,净毛率为 45%~63%。所产毛皮和二毛皮,毛色洁白,毛股一般有 6~8 个弯曲,花穗清晰美观,弹性好光泽好,轻便保暖。早熟,母羊性成熟时间一般为 5~7 月龄,公羊 6~8 月龄,母羊初配年龄 10~12 月龄,公羊 1.5~2 岁开始配种。四季发情,长年均可配种,1 年 2 产或 2 年 3 产,产羔率 186%~205%。

十四、乌珠穆沁羊

乌珠穆沁羊主要产于内蒙古自治区锡林郭勒盟东北部乌珠穆沁草原,主要分布在东乌珠穆沁旗和西乌珠穆沁旗,以及毗邻的阿巴哈纳尔旗、阿巴嘎旗部分地区,1982年被正式确认为优良地方品种。产区海拔800~1 200米,气候寒冷,1月份平均气温 - 24℃,最低温度达 - 40℃,7月份气温平均24℃。年降水量250~300毫米,无霜期90~120天。草原类型为森林草原、典型草原和干旱草原,牧草以菊科和禾本科为主,羊群终年放牧。乌珠穆沁羊属肉脂兼用型短脂尾羊,以体大、尾大、肉脂多和羔羊生长发育快而著称。

乌珠穆沁羊体质结实,体格高大,公羊多有角,呈螺旋形,母羊多数无角。耳大下垂,鼻梁隆起,头中等大小。胸宽深,肋骨开张良好,背腰平直而宽,肌肉丰满,后躯发育良好,有较好的肉用羊体型。尾肥大,尾中部有一纵沟,将尾分成左右两半。毛全身白色者较少,占10%左右,体躯花色者约占11%,体躯白色、头颈花色者占62%左右。

生长发育较快,公、母羔初生体重分别为4.34千克和3.8千克,6月龄公、母羔平均体重分别为39.6千克和35.9千克,成年公、母羊体重分别为74.43千克和58.4千克。屠宰率为50%以上。成年公、母羊平均剪毛量分别为1.9千克和1.4千克,属于异质毛,由绒毛、两型毛、粗毛及干死毛组成,净毛率72.3%。早熟,肉用性能好,产羔率100.69%。

十五、阿勒泰肉用细毛羊

阿勒泰肉用细毛羊是于1987年开始,在新疆用引入国外肉用品种羊(林肯羊、德国美利奴羊)在原杂交种细毛羊的基础上杂交培育而成的肉用型细毛羊。1993年通过农业部鉴定,1994年由新疆生产建设兵团正式命名为阿勒泰肉用细毛羊,1997年新疆维吾尔自治区制定了地方标准《阿勒泰肉用细毛羊》。

阿勒泰肉用细毛羊体质健壮,体格大,结构匀称,胸宽深,背腰平直,体躯深长,发育良好。公、母羊均无角,公羊鼻梁微隆起,母羊鼻梁呈直线。眼圈、耳、肩部等有小色斑,颈部皮肤宽松或有皱褶,四肢结实,蹄质致密坚实,尾长。

生长发育快,公羔初生重 4.86 千克,母羔初生重 4.52 千克,断奶公羔体重 29.9 千克,断奶母羔体重 25.61 千克,周岁公羊体重平均为 48.4 千克,母羊平均体重 34.1 千克。剪毛后成年公羊体重 107.4 千克,母羊体重 55.5 千克。舍饲 6.5 月龄羔羊屠宰率52.9%。肉品质好,羔羊肉细嫩,脂肪少,肌肉呈大理石状。成年公羊剪刀量 9.2 千克,毛长 9.84 厘米,净毛率 55.6%。成年母羊剪毛量 4.26 千克,毛长 7.26 厘米,净毛率 51.92%。产羔率 128%～152%。

阿勒泰肉用细毛羊对高纬度寒冷地区、冷季饲料不足地区具有良好的适应性。提高繁殖力、培育多胎性为该品种今后的选育方向。

十六、兰州大尾羊

兰州大尾羊产于甘肃省兰州市及其郊区县。在清朝同治年间,从同州(今陕西省大荔县一带)引入同羊,与兰州当地蒙古羊杂交,经过长期选育而成。产区大部分属于黄土高原丘陵沟壑区,海拔 1 500～3 000 米。气候干燥寒冷,冬季较长,作物生长季节较短,昼夜温差大。产区农作物除小麦、谷子、糜子、马铃薯、玉米等外,还盛产各类瓜果和蔬菜,为养羊业提供大量菜叶、果树叶、秸秆和牧草。河谷台地、沟谷低地、草坡荒滩,可供放牧。另外,城市食品工业副产品醋糟、酒糟、豆腐渣等比较多,为饲养大尾寒羊提供了丰富的饲草饲料。兰州大尾羊早期生长发育快,肉用性能好,易肥育,肉脂率高,肉质鲜嫩,深受当地人们的喜爱。

兰州大尾羊头大小适中,公、母羊均无角,耳大略向前垂,眼大,鼻梁隆起,颈长而粗,胸宽深,背腰平直,肋骨开张良好,臀部略倾斜,四肢高,体躯呈长方形,脂尾肥大,达到飞节,尾中有沟,尾尖外翻,紧贴中沟。

成年公羊体重 58.9 千克,成年母羊体重 44.4 千克。被毛异质,纯白色,由绒毛、两型毛、粗毛和干死毛组成,春秋两季各剪毛 1 次。成年公羊剪毛量 2.5 千克,成年母羊剪毛量 1.3 千克。母羊 7～8 月龄开始发情,公羊 9～10 月龄可以配种,产羔率 102%。

十七、多 浪 羊

多浪羊是新疆的一个优良肉脂兼用型绵羊品种,主要分布在塔克拉玛干大沙漠的西南边缘,叶尔羌河流域的麦盖提、巴楚、岳普湖、莎车等县。因其中心产区在麦盖提县,所以又称麦盖提羊。据刘大同等人(1991)考察,多浪羊是用阿富汗的瓦尔吉尔肥尾羊与当地土种羊杂交,经过 70 多年选育而成。

多浪羊头稍长,鼻梁隆起,耳大下垂,眼大有神,公羊无角或有小角,母羊无角,颈窄而细长,胸宽深,肩宽,肋骨拱圆,背腰平直,躯干长,后躯肌肉发达,尾大不下垂,尾沟深,四肢高而有力,蹄质结实。初生羔羊被毛全身多为褐色或棕黄色,少数为黑色,个别呈白色。第一次剪毛后,体躯毛色多变为灰白色或白色,但头、耳和四肢仍保持初生时毛色,而且终生不变。

生长发育快,体格硕大,饲养方式以舍饲为主,辅以放牧。成年公羊体重 105.85 千克,成年母羊体重 58.75 千克。肉用性能好,周岁公羊胴体重 32.71 千克,屠宰率 56.1%,胴体净肉率 63.98%;母羊相应指标分别为 23.64 千克、54.82% 和 40.56%。剪毛量成年公羊 3～3.5 千克,成年母羊剪毛量 2～2.5 千克。被毛分为粗毛型和半粗毛型两种,干死毛较少。

早熟,初配年龄一般为 8 月龄,在舍饲条件下长年发情,繁殖性能好,大部分母羊 2 年 3 产,饲养条件好的 1 年 2 产,双羔率达 50% ~ 60%,3 羔率 5% ~ 12%,有时产 4 羔;80% 以上的母羊保持多胎性,产羔率 200% 以上。

肉用体型还不十分理想,应加强本品种选育,必要时引入外血,以改善其肉用体型,并向现代标准肉羊方向发展。

十八、同 羊

同羊又名同州羊,已有 1 200 多年的历史。主要分布在陕西省渭南、咸阳两市的北部各县,延安市南部和秦岭山区有少量分布。同羊的祖先与大尾寒羊同宗,由于所处地理位置的原因,不同程度含有蒙古羊的血液,经长期选育而成现在的同羊。产区属于半干旱农区,地形多为沟壑纵横,海拔 1 000 米左右,年平均气温 9.1℃ ~ 14.3℃,最高达 36.3℃ ~ 43℃,最低 - 24.3℃ ~ - 20.1℃,年平均降水量 550 ~ 730 毫米,无霜期 150 ~ 240 天。可利用的放牧地为河滩地、浅山缓坡及作物茬地等。饲养方式多为半放牧半舍饲,产区以生产优质商品同羊肉为主。

同羊有"耳茧、尾扇、角栗、肋筋"四大特征。耳大而薄,向下倾斜。公、母羊均无角,部分公羊有栗状角痕。颈较长,部分个体颈下有一对肉垂。胸部较宽深,肋骨细如筋,开张良好。公羊背部微凹,母羊的背短直较宽,腹部圆大。尾大如扇,按其长度是否超过飞节,可分为长脂尾和短脂尾两大类型,90% 以上为短脂尾。

周岁公、母羊体重分别为 33.1 千克和 29.14 千克,成年公、母羊平均体重分别为 44 千克和 36.2 千克。周岁羯羊屠宰率为 51.75%,成年羯羊屠宰率为 57.64%,净肉率 41.11%。肉肥多汁,瘦肉绯红,肌纤维细嫩,烹之易烂,食之可口,具有陕西关中独特地方风味的"羊肉泡馍"、"腊羊肉"和"水盆羊肉"等食品,皆以同羊肉为上选。全身被毛洁白,剪毛量成年公羊 1.4 千克,成年母羊为 1.2 千克。羊毛细度 58 ~ 60 支。6 ~ 7 月龄达性成熟,1.5 岁配种。

全年多次发情,一般 2 年 3 胎,产羔率较低,一般 1 胎 1 羔。

十九、阿勒泰羊

阿勒泰羊是哈萨克羊中的一个优良分支,是我国著名的肉脂兼用绵羊品种,主要分布在新疆北部阿勒泰地区的福海、富蕴、青河、阿勒泰、布尔津、吉木乃及哈巴河等 7 个县市。该品种的形成与当地生态环境密切相关,阿勒泰地区冬季严寒而漫长,草场条件差,四季营养供应极不均衡,羊只在夏季牧草丰茂、气候凉爽的高山草场放牧。因此,尾部蓄积大量脂肪,供冬季天寒地冻、牧草枯竭、营养不足时维持机体新陈代谢和热量平衡。

阿勒泰羊体格大,体质结实。头中等大,耳大下垂,公羊鼻梁隆起,一般具有较大的螺旋形角,母羊约 2/3 的个体有角。颈中等长,胸宽深,鬐甲宽平,背平直,肌肉发育良好。四肢高而结实,股部肌肉丰满,臀肌发达,故又称"肥臀羊"。肢势端正,蹄小而坚实,沉积在尾根附近的脂肪形成方圆的大尾。被毛异质,毛质较差,干、死毛含量较多,毛色全身棕红色,有部分头部黄褐色,体躯有花斑的个体,纯白或纯黑的个体为数不多。

成年公羊体重 85.6 千克,成年母羊体重 67.4 千克。肉用性能好,屠宰率 50.9% ~ 53%,成年羯羊的臀脂平均重 7.1 千克。4 ~ 5 月龄羔羊胴体重 18 ~ 20 千克,尾脂占胴体重的 15% ~ 16%。剪毛量成年公羊 2.04 千克,成年母羊为 1.63 千克,净毛率 71.2%。早熟,产羔率为 110%。

二十、广灵大尾羊

广灵大尾羊主要分布于山西省太同市的广灵、浑源、阳高、大同县和朔州市的怀仁县等地。按其尾形分类属于短脂尾羊,是蒙古羊的一个类型。在当地生态环境的影响下,经过人工选择和长期闭锁繁育,在体型外貌和生产性能方面趋于一致,逐渐形成了具有生长发育快,早熟,脂尾大,产肉力高,皮毛较好的地方优良粗毛兼用型品种。产区山多川少,海拔 1 050~1 800 米,年平均气温 6.7℃~7.9℃,年降水量 420 毫米,无霜期 150~170 天,属温带大陆性季风气候。产区农作物以玉米、谷子为主,经济作物有白麻和向日葵,大量的农副产品为培育和发展广灵大尾羊提供了丰富的饲草饲料资源。

广灵大尾羊头中等大小,耳略下垂,公羊有螺旋状角,母羊无角,体呈长方形。脂尾呈方圆形,宽度略大于长度,多数尾尖向上翘起,尾大,成年公羊平均尾长 21.84 厘米,尾宽 22.4 厘米,尾厚 7.93 厘米。母羊尾长 18.7 厘米,宽 19.45 厘米,厚 4.5 厘米。毛色纯白,被毛着生良好,呈明显毛股结构。

初生重公羔 3.7 千克,母羔 3.6 千克;周岁时公羊体重 33.4 千克,母羊 31.5 千克;成年公羊平均体重 51.95 千克,成年母羊平均体重 43.35 千克。中等膘情的成年羯羊,屠宰前平均重 44.3 千克,屠宰率 52.3%,净肉重 15.7 千克,净肉率 35.4%,脂尾 2.8 千克,占胴体重的 11.7%。10 月龄羯羊平均体重 39.8 千克,屠宰率 54%,净肉重 13 千克,净肉率 32.6%,脂尾重 3.2 千克,占胴体重的 15.4%。成年公羊平均产毛量 1.39 千克,成年母羊平均产毛量 0.83 千克。产羔率 102%。在良好的饲养管理条件下,1 年 2 产或 2 年 3 产。

广灵大尾羊是在特定环境条件下形成的优良品种,为了保存这一地方肉用型优良品种,可建立保种场,开展本品种选育,进一步提高早熟性能和繁殖率,向肥羔肉羊方向发展。

第三节 主要肉用山羊品种

一、波尔山羊

波尔山羊(Boer goat)是南非育成的一个优良肉用山羊品种。其血液较混杂,含有南非、埃及、欧洲和印度等国山羊的血液,奶山羊对该品种的形成也有一定贡献。在南非,大致可分为5个类型,即普通型、长毛型、无角型、土种型和改良型。改良型波尔山羊是南非开普省波尔山羊育种者协会经过对普通型山羊几十年的严格选择培育而成,1959年成立波尔山羊品种协会,并制定和出版发行波尔山羊种用标准,当时总头数达到120万只左右,并出口德国、澳大利亚、新西兰、美国及一些非洲国家。现在,南非约有500万只波尔山羊,其中现代改良型约160万只。波尔山羊性格温顺,适应性良好,合群性强,可长距离放牧,能适应灌丛以及半荒漠等各类饲养管理条件,耐湿热环境,但极端高温(35℃以上)和低温(-20℃以下)对其生存和生长有一定影响。

理想的波尔山羊体型外貌良好。头大额宽,前额突出明显,鼻梁隆起,嘴阔,唇厚,眼睛清秀、棕色,耳宽长下垂,角中等长、粗壮并向后向上弯曲。颈粗壮,肌肉饱满,肩肥厚,颈肩结合良好。胸宽深,鬐甲高平。体长与体高比例合适,肋骨开张良好。腹圆大而紧凑,背腰平直,后躯发达,尻宽长、平直,腿肌发达。体躯呈圆桶状。四肢粗壮,长度适中。全身被毛短而有光泽,头部为浅褐色或深褐色,但有较明显的广流星(前额及鼻梁有一较宽的白色区),两耳毛色与头部一致,颈部以后的躯干和四肢各部位均为白色。全身皮肤松软,弹性好,胸部和颈部有皱褶,公羊皱褶较多。睾丸大小适中,匀称,母羊乳房发育良好。

体格中等,体重大,生长快。公、母羔初生重分别为3.6~4.2千克和3.1~3.6千克,周岁公羊体重45~52千克,母羊体重45~65千克。成年公羊体重90~130千克,体高75~90厘米,体长85~95厘米。成年母羊体重60~90千克,体高65~75厘米,体长

70~85厘米。屠宰率和净肉率高。波尔山羊的屠宰率高于绵羊，但与年龄和膘情有一定关系。8~10月龄屠宰率为48%，1岁、2岁、3岁时分别为50%，52%，54%。成年羊的胴体肉骨比可达4.7:1。板皮品质好，厚而质地致密，弹性好，强度大。

繁殖力高，平均产羔率为175%~250%，双羔率50%~70%。在良好的饲养管理和适宜的气候条件下，年产2胎或2年产3胎。早熟，初情期一般在3~6月龄，但公羊应在周岁后用于配种，母羊的初配年龄应为8~10月龄，体重达30千克以上。母羊全年发情，但多集中在夏秋季节，发情周期为18~21天，妊娠期148天左右。

对其他山羊品种改良效果好，已被世界上许多国家引进，用于改良提高当地山羊的产肉性能，各杂交组合均表现出明显的改进效果，与低产普通山羊杂交，其后代的生长速度比母体提高1倍以上。因此，该品种被推荐为杂种肉用山羊的终端父系品种。我国自1995年由陕西、江苏等省首次引进，现已有20多个省、市、自治区引入进行纯繁或以其为父本进行杂交改良，取得了良好效果，对国内肉用山羊业的发展起到了积极的推动作用。

二、南江黄羊

南江黄羊原产于四川省南江县，是以努比山羊、成都麻羊、金堂黑山羊为父本，南江县本地山羊为母本，并导入吐根堡山羊的血液，采用性状对比观测、限值留种继代、综合指数选种、分段选择培育等复杂育成杂交方法培育成的肉用型山羊新品种。1998年农业部批准为肉用羊新品种。采食性好，耐粗放，抗病力强。育种区饲养量达6万只左右，主产区为四川省南江县，境内山峦起伏，沟壑纵横，海拔360~2 508米，夏短冬长，年平均气温16.2℃，极端高温39.5℃，极端低温−7.1℃。年降水量为1 400毫米，相对湿度78%。

南江黄羊被毛呈黄褐色，羊毛色度在个体间略有差异。短而光亮的羊毛紧贴皮肤，冬季被毛内长出细短的灰色绒毛。颜面毛呈黄黑色，鼻梁两侧有一对称性黄白色条纹，从头顶沿背脊至尾根有一条宽窄不等的黑色毛带，前胸、颈、肩和四肢上端着生黑而长的粗毛。公、母羊大多数有角，群体中有角个体占61.5%，角向上、向后、向外呈"八"字形。公、母羊均有髯。头型较大，耳长而直或微垂，公羊颈粗短，母羊颈较细长，颈肩结合良好。背腰平直，前胸深阔，后躯丰满，尻部略斜，四肢粗壮，蹄质坚实而呈黑黄色，体躯各部位结构紧凑，近似圆桶形。

生长发育快，平均初生重公羔2.28千克，母羔2.14千克。2月龄断奶时，公、母羔体重分别达到11.5千克和10.7千克，6月龄公、母羔体重分别达到26.58千克和20.51千克，周岁时公、母羊体重达到34.43千克和27.34千克，成年时公、母体重达到60.56千克和41.2千克。最佳屠宰期为8～10月龄。产肉力高，肉质鲜嫩，营养丰富，胆固醇含量低，膻味小。放牧加补饲条件下的8月龄羯羊屠宰率为47.63%，成年羊为55.65%。板皮质地细致结实，延伸率大，尤以6～12月龄羊只皮张为佳。早熟，3月龄时就有初情表现，母羊一年四季年发情，8月龄可配种，年产2胎或2年产3胎。产羔率平均205.42%，双羔率达70%以上。

适于我国南方各省区饲养。目前，浙江、陕西、河南等22个省、市、自治区已引进南江黄羊饲养，并同当地山羊进行杂交改良，取得了较好的效果，杂种一代也表现了良好的适应性。

三、成都麻羊

成都麻羊是四川省地方山羊品种，具有产肉、产乳性能高，板皮质量好，繁殖力高，适应性强，遗传性稳定等特点。主要分布于成都平原及邻近的丘陵和低山地区。产区海拔471～1 500米，气候温和，年平均气温16℃，最高36.8℃，最低－6.2℃，年降水量

1 000毫米左右,无霜期281～339天。平原地区农业发达,农副产品丰富;山丘地区有较宽广的林间草地和灌丛草场,青饲料四季丰富。

成都麻羊全身被以棕黄色短毛,毛光泽好,一根纤维表现出三种颜色,即毛尖为黑色,中段为棕黄色,下段为黑灰色。由于整个被毛表现为带黑麻色调的棕黄色,故称为"麻羊"。体躯有两处异色毛带,一处在鬐甲部,呈一明显"十"字;另一处在面部,形似画眉鸟的画眉。体型中等,头中等大小,公、母羊大多数有角,无角羊只占30%左右,部分羊有肉垂。两耳侧伸,额宽微突。公羊前躯发达,体躯呈长方形。母羊后躯深广,乳房发育良好,体躯略呈楔形。

不同地区的羊只体格大小有一定差异。成都市温江县的麻羊体格较大,成年公、母羊体高分别为65.54厘米和60.7厘米。而阿坝州汶川县麻羊体格较小,成年公、母羊体高分别为58.28厘米和51.89厘米。公、母羊平均体重分别为43.02千克和32.6千克。周岁公羊胴体重14千克,成年羯羊屠宰率54%,净肉率37.95%。产乳性能好,泌乳期5～8个月,日产奶150～250克,乳脂率6.74%。成都麻羊以其板皮质地细密、拉力强而闻名。板皮质地柔软,弹性好,为优质皮革原料。成熟早,繁殖力强,4～8月龄开始发情,母羊全年发情,1年产2胎,初产母羊产羔率为176%,经产母羊产羔率为224%。

四、马头山羊

马头山羊是我国著名的肉用山羊品种。主要分布于湖南省常德市的石门县,张家界市的慈利县、桑植县,怀化地区的芷江和新晃侗族自治县,湖北省的十堰市和恩施土家族苗族自治州。产区群众长期以来根据对肉食的需要,不断从土种羊中选择个体大、生长快、性情温顺的无角山羊定向培育而成。以屠宰率和净肉率高、肉质好、繁殖力高而著称。产区属亚热带气候。马头山羊一般生活在海拔 300 ~ 1 000 米地带,年平均气温 15℃ ~ 16.8℃,最高 41.8℃,最低为 -1℃,年降水量 800 ~ 1 600 毫米。产区草山草坡植被繁茂,灌木多,为饲养马头山羊提供了良好的饲料资源。

马头山羊体格较大、公、母羊均无角,部分羊有退化的角痕。头大小适中,形似马头,两耳向前略下垂,颌下有髯,少数羊颈下有一对肉垂。公羊颈粗短,母羊颈细长,胸部发达,体躯呈长方形,后躯发育良好。被毛短,以白色为主,也有黑色、麻色和杂色。

成年公羊体重 44 千克,体高 60 厘米;成年母羊体重 34 千克,体高 54 厘米。周岁公、母羊体重分别为 25 千克和 23 千克。羔羊肥育效果好,2 月龄断奶羯羊在放牧加补饲条件下饲养至 7 月龄时,平均体重 25 千克,胴体重 10.5 千克,屠宰率为 52.34%。成年羯羊的屠宰率为 60%。板皮质地柔软,韧性强,幅面大,油性大,采用先进加工技术,每张皮可剥 4 ~ 5 层。早熟,母羔 4 ~ 8 月龄初次发情,10 月龄以后配种,四季发情,一般 2 年产 3 胎,也可 1 年产 2 胎,平均产羔率为 200%左右。

马头山羊已被浙江、贵州、广西、四川等省、自治区引进。羊肉出口到伊拉克、叙利亚等国家,在国际市场上享有较好的声誉。

五、雷州山羊

雷州山羊原产地位于我国广东省湛江市的雷州半岛和海南省,中心产区为徐闻县,广西钦州地区也有分布。产区海拔 26.4 米,地势平缓。年平均温度 23.2℃,最高温 38℃,最低 3℃。年降水量 1 400 毫米,年平均相对湿度为 84%。雷州山羊是热带地区较好的肉用山羊品种,耐粗饲、耐热、耐潮湿、抗病力强,以产肉和板皮而著名。

被毛黑色有光泽,亦有少数羊只被毛为麻或褐色,角和蹄为黑褐色。麻色羊除被毛黄色外,背线、尾部及四肢前端多为黑色或黑黄色,有的面部有黑白纵条纹相间,或腹部与四肢后部呈白色,为短毛型,无绒毛。公、母羊均有角,颈细长,耳中等大,向两边竖立并开张,部分羊颌下有髯。背腰平直,臀部倾斜,胸稍窄,腹大,乳房发育较好。

成年公、母羊体重分别为 54 千克和 47.7 千克,屠宰率为 50%～60%,肥育羯羊屠宰率高达 70%。肉纤维细嫩,呈深褐色至棕红色,脂肪分布均匀,肉味鲜美,膻味小。板皮轻便,弹性好,熟制后可染成各种颜色。早熟,5～8 月龄可配种,繁殖率高,产羔率 150%～200%,年产 2 胎或 2 年产 3 胎。

六、黄淮山羊

黄淮山羊产于黄淮平原的广大地区,河南省周口市、商丘市,安徽省北部及江苏省徐州市都有分布,属皮肉兼用型地方山羊品种。产区属温带季风半湿润气候,位于京广铁路以东,陇海线以南,津浦线以西,淮河以北的黄淮冲积平原,海拔 20～100 米年平均气温 14.6℃,最高 42℃,最低 -17℃,年降水量 742 毫米,无霜期 216 天。羊只以舍饲为主,主要饲料是豆秸、甘薯蔓、花生蔓、树叶和青草等。

黄淮山羊分无角和有角两种类型。无角型羊颈长,腿长,身躯长;有角型羊颈短,腿短,体躯短。额宽、鼻直,面部微凹,颌下有髯。胸较深,肋骨开张,背腰平直,身体各部位结构匀称,呈圆桶形。被毛以纯白色为主,其余为黑色、青色、棕色和花色,毛短,有丝光,绒毛很少。

成年公、母羊体高分别为 65.98 厘米和 54.32 厘米,体重分别为 35 千克和 26 千克。羔羊生长快,9 月龄体重可达成年体重的 90%左右。当地羊只一般在 7～10 月龄屠宰,屠宰率为 49.8%,净肉率 40.5%。肉质细嫩、膻味小,生产羔羊肉具有一定优势。黄淮山羊板皮质量好,在国际市场上享有很高声誉,以秋、冬季节宰杀的皮为最好,其质地致密,韧性大,强度高,分层性能好,每张板皮可分6~7层,是世界上高级"京羊革"和"苯胺革"的原料,也是我国大宗出口产品。繁殖力高,3~4月龄性成熟,半岁后可配种,全年发情,1年产2胎或2年产3胎,产羔率为239%。

其缺点是个体较小,通过与肉用山羊杂交,加强饲养管理,可提高黄淮山羊产肉性能。

七、隆林山羊

隆林山羊是在特定自然环境条件下经人工长期选择培育而形成的地方肉用山羊品种。中心产区为广西壮族自治区隆林各族自治县。该县地处云贵高原东南部边缘,海拔600~1 800米,年平均气温19.1℃,最高35℃,最低-5℃,年降水量1 575毫米,无霜期323天,年日照1 808小时,山岭连绵,地形复杂。

隆林山羊体格健壮,结构匀称,公、母羊均有角,少数母羊颌下有肉髯。肋骨开张良好,体躯近似长方形,肌肉丰满,四肢粗壮。被毛较杂,有白色、黑花色、褐色和黑色等,特别是腹下和四肢上部毛粗而长。

羔羊生长发育较快,初生重平均为2.19千克,6月龄公羔体重可达21.05千克,母羔为17.06千克。成年公羊平均体重为57千克,成年母羊为44.7千克,个体差异较大,选育提高余地大。肉质优良,肌纤维细,胴体脂肪分布均匀,膻味小。屠宰率较高,8月龄公、母羊分别为48.64%和46.13%,成年公、母羊分别为53.37%和46.64%,羯羊为57.85%。母羊全年发情,一般2年产3胎,每胎多产双羔,平均产羔率为195%。

八、承德无角山羊

承德无角山羊产于河北省承德地区,产区属燕山山脉的冀北山区,故又叫燕山无角山羊。境内山脉连绵,西北部高,东南部低,地形地貌复杂,海拔350~2 050米,属季风大陆性气候,受西伯利亚冷气团及副热带太平洋气团的影响较重,上半年多南风,比较湿润,下半年多西北风,比较干燥。年平均气温 7.5℃,最高为 30℃~42℃,降水量 332~900 毫米,70% 集中于 6~8 月份,无霜期差异较大,为 80~150 天。自然灾害多,耕地面积少。羊只终年放牧。性情温顺,合群性强,肉用性能好,对林木破坏性小,易管理。

承德无角山羊体质健壮,结构匀称,肌肉丰满,体躯深广,侧视呈长圆形。头大小适中,公、母羊均无角,但有角痕,有髯。头颈高扬,公羊颈部略短而宽,母羊颈部略扁而长,颈、肩、胸结合良好,背腰平直,四肢强健,蹄质坚实。被毛以黑色为主。

周岁公、母羊体重分别为 32 千克和 27 千克。屠宰率成年母羊为 53.4%,成年公羊为 43.4%,羯羊为 50%。肉细嫩,脂肪分布均匀,膻味小。公羊平均产绒 240 克,母羊产绒 110 克。成熟较早,5 月龄左右性成熟,公羊初配年龄为 1.5 岁,母羊为 1 岁,一般年产 1 胎,产羔率 110%。

由于育成地区的自然条件和粗放的饲养管理,承德无角山羊生长发育和生产性能未能得到充分发挥,其后躯发育略显不足。改善饲养管理条件,是今后提高该品种肉用性能和经济效益的主要措施。

九、鲁山"牛腿"山羊

鲁山"牛腿"山羊产于河南省鲁山县,属肉皮兼用型山羊品种。鲁山县地处河南省中西部,伏牛山东麓,海拔 92~2 153 米,年平均气温 14.7℃,最高达 43.3℃,最低为 -14.8℃,年降水量 950 毫米,属亚热带向暖温带过渡地区,四季分明。中心产区属高寒山区,山势陡峭,道路崎岖,植物种类多,灌木丛生,荆条、栎叶等为山羊的主要饲料。该品种抗病力强,耐粗饲,在寒冷漫长的冬季,主要依靠山坡放牧采食为生,很少发生消化道疾病。

鲁山"牛腿"山羊为长毛型,被毛白色,头短额宽。90% 以上的个体有角,颈短而粗,背腰宽平,腹部紧凑。全身肌肉丰满,臀部和后腿肌肉发达似牛腿,故称其为鲁山"牛腿"山羊。

生长发育较快,周岁公、母羊体重分别为 23 千克和 20.6 千克,体高分别为 55.1 厘米和 53.6 厘米,体长分别为 60 厘米和 56.6 厘米,胸围分别为 65.5 厘米和 63.3 厘米。成年公、母羊体重分别为 41.2 千克和 30.5 千克,体高分别为 64.1 厘米和 58.3 厘米,体长分别为 68.9 厘米和 64.3 厘米,胸围分别为 80.9 厘米和 71.9 厘米。周岁羯羊屠宰率为 46.02%,胴体净肉率为 76.36%。成年羯羊屠宰率为 54.64%,胴体净肉率为 79.05%。公羊剪毛量 0.62 千克,体侧毛长 12 厘米;母羊剪毛量 0.32 千克,体侧毛长 11.7 厘米。早熟,3～4 月龄性成熟,母羊一般在 6 月龄后配种,一年四季发情,但主要集中在春、秋两季,一般年产 2 胎或 2 年产 3 胎,产羔率 111%。

十、贵州白山羊

贵州白山羊是贵州省的地方山羊品种,主要产于贵州省遵义市和铜仁地区的 20 多个县(市),数量达 100 多万只。产区高山连绵,土层瘠薄,基岩裸露面积大,年平均气温 13.7℃～17.4℃,最高 28℃,最低 3℃,年降水量 1 000～1 200 毫米,草场主要为灌丛草地和疏林草地。既可放牧,也可圈养,适应性较强。

贵州白山羊被毛较短,多数为白色,少数为麻色、黑色或杂色。公、母羊均有角,无角个体不到 8%,头宽额平,颈部较圆,部分母羊颈下有一对肉垂,胸深,背宽平,体躯呈圆桶状,体长,四肢较矮。

成年公羊体重 32.8 千克,成年母羊体重 30.8 千克。产肉性能好,1 岁羯羊屠宰率为 53.3%,成年羊为 57.9%。肉质细嫩,肌肉间有脂肪分布,膻味轻。板皮质地紧密细致,拉力强,板幅较大,是产地重要的外销物资。早熟,母羔 4 月龄、公羔 2 月龄即有性行为表现。一般在半岁以后开始配种。母羊一年四季发情,春、秋两季较为集中,大多数羊只2年产3胎,产羔率高达273.6%。

十一、板角山羊

板角山羊原产于四川省达州市、万源市,重庆市城口和巫溪县。1978年四川省将板角山羊产地列为山羊板皮基地,有力地促进了该品种的发展,当时数量超过30万只。板角山羊因长有一对长而扁平的角而得名,属肉皮兼用型地方山羊品种。产地海拔450~1 500米,最高为2 670米,境内群山林立,沟谷窄深,地形复杂,气候变化大,重庆市城口县年平均气温13.8℃,最低-13℃,年均降水量1 248毫米,多夜间降雨,相对湿度69%。可供羊只采食的植物约200余种。

板角山羊公、母羊均有角,公羊角粗大,宽而扁平,向后方弯曲延伸。鼻梁平直。肋骨开张良好,背腰平直,体躯呈圆桶状,四肢粗壮。被毛白色为主,少量为黑色和杂色。

成年公羊体重40千克,成年母羊体重30千克;成年羯羊屠宰率为55.68%,净肉率42.01%。板皮质地致密,弹性好,张幅大。6月龄性成熟,初配年龄一般在周岁左右。其繁殖力较高,一般2年产3胎,产羔率为184%。

十二、陕南白山羊

陕南白山羊产于陕西省南部地区,属于肉用型地方山羊品种,主要分布于秦巴山区的安康市、汉中市和商洛地区的28个县,其中以镇巴、旬阳、紫阳、安康、白河、洛南、镇安、山阳、平利等县较为集中。产区属亚热带气候,年平均温度11℃~15.7℃,最高42.6℃,最低-21.6℃,年降水量721~1 237毫米,气候湿润,无霜期200~278天。海拔除汉中平原区和汉江两岸不超过600米外,其余为1 500~3 000米。草地类型以山地草丛类、山地灌木草丛类、山地稀树草丛类为主。植被中乔木、灌木和草本植物种类繁多,禾本科牧草占优势,豆科、莎草科、菊科次之。该品种羊耐粗饲,耐湿热,在简陋的圈舍和长年放牧条件下,能保持正常的生长发育和较高的生产水平与繁殖力,且爬山能力和抗病能力较强。

体质结实,头大小适中,公、母羊均有角,额微凸,鼻梁平直,两耳灵活,颈短而宽厚,胸部发达,肋骨开张良好,背腰平直,四肢粗壮,尾短上翘。白色个体占 90%以上,黑色占 5%左右,杂色占 4%。有长毛和短毛两种类型。

羔羊初生重,公羔 1.66 千克,母羔 1.54 千克。不同类型成年羊体重有一定差异,有角长毛型羊体格较大,公羊体重 35.8 千克,母羊体重 33.3 千克;有角短毛型体重较小,成年公、母羊体重分别为 32.9 千克和 29.8 千克。但短毛型羊比长毛型羊生长发育快,各类型成年羊屠宰率在均 51.78% ~ 53.84%之间。上等膘情的 6 月龄去势公羔活重可达 20 ~ 23 千克,屠宰率达 46%,净肉率达 34%。肉质鲜嫩,脂肪分布均匀,膻味小。板皮质地致密,厚薄均匀,弹性好,拉力强,是制革业的优质原料。早熟,一年四季发情,主要集中在 5 ~ 10 月份。一般年产 2 胎,初产羊多产单羔,经产羊多产双羔,约有 10%的母羊产 3 羔,平均产羔率为 259%。

十三、昭通山羊

昭通山羊产于云南昭通地区,主要分布于昭通地区的巧家、彝良、鲁甸、大关、昭通、永善和镇雄等县(市)。属肉皮兼用型地方山羊品种。适应高原气候,耐粗饲,抗病力强。

昭通地区位于云贵高原北部,峰高谷深,地形地貌复杂,海拔 267 ~ 4 040 米,气候变化较大,有寒、温、热 3 种气候带。昭通山羊主要饲养在海拔 1 300 ~ 2 500 米山区,年平均气温为 10℃ ~ 15℃,年降水量 1 000 ~ 1 300 毫米。

公、母羊多数有角,头颈长短适中,鼻梁直,大多数羊只颈下有肉髯。体型结构匀称,四肢健壮。被毛较杂,有黑色、黑白花色、褐色、黄色等。褐色和黄色山羊通常从额部到尾根有条深色背线。

周岁公、母羊体重分别为 24.09 千克和 20.98 千克,成年公、母羊体重分别为 32.7 千克和 30.76 千克。6 月龄羔羊屠宰率为 48.2%,周岁羊为 54.99%,成年羊为 57.26%,羯羊一般在 2 岁以内出售。5~6 月龄性成熟,7~9 月龄配种,多产双羔,产羔率平均 170%。

十四、云岭山羊

云岭山羊是云南省数量最多、分布最广的地方山羊品种,属肉皮兼用型。主产区为云岭山脉及其余脉的哀牢山、无量山和乌蒙山延伸地区,海拔 1 300~2 500 米,年平均气温 13℃~17℃,年降水量 827~1 330 毫米,雨量充沛,气候温和,四季常青,可终年放牧。

云岭山羊头大小适中,呈楔形,额稍凸,鼻梁平直,鼻孔大。成年公、母羊有髯,大部分有扁长而稍有弯曲的角。四肢粗短结实,肢势端正,蹄质坚实呈黑色。被毛粗而有光泽,毛色以黑色为主,还有少量的黑黄花、黄白花、黄色、杂色。羊只的腹毛、四肢内侧呈对称性的淡黄色。青色羊只的腹毛趋向白色。

成年公羊体高、体长和胸围分别为 59.2~63 厘米、59.4~69.9 厘米和 70.3~76.4 厘米;成年母羊相应部位分别为 56.4~66.1 厘米,57.5~67 厘米,71.8~79.9 厘米。羔羊平均初生重为 2 千克,周岁公羊体重 22.68 千克,母羊体重 20.48 千克,成年公羊体重 39 千克。屠宰率 47.4%。板皮质地细致紧密,品质优良。云岭山羊一般在 7~8 月龄后初配,年产 2 胎或 2 年产 3 胎,年产 2 胎的母羊约占 10%,双羔率为 50% 左右。

第四章 肉羊无公害生产
饲料及加工技术

第一节 常用饲料及其营养特性

一、青绿饲料

青绿饲料主要包括天然牧草、人工栽培饲草饲料、农作物秸秆、树叶及枯枝等，其水分含量在60%以上。青绿饲料的营养特性如下。

第一，含水量高。陆生植物的含水量为75%～90%，水生植物约为95%。如以干物质计算，其能量为8 400～12 600千焦/千克。

第二，蛋白质含量高，质量好。青绿饲料中蛋白质含量丰富，以干物质计，禾本科牧草和蔬菜类含量为13%～15%，豆科牧草中含量为18%～24%。蛋白质中氨化物占总氮量的30%～60%，绵羊对此类粗蛋白的利用率较高。

第三，粗纤维含量变化大。幼嫩的青绿饲料粗纤维含量较低，木质素少，无氮浸出物高。但随着植物的生长和老化，其粗纤维和木质素含量逐渐增加，羊只对其消化率下降。

第四，钙磷比例适宜。青绿饲料中钙磷含量占鲜重的1.5%～2.5%，且其比例适宜，是肉羊对钙、磷需要的良好来源。

第五，维生素含量丰富。特别是胡萝卜素含量较高，每千克饲料中含50～80毫克。在正常采食情况下，放牧肉羊采食的胡萝卜素可超过其需要量的100倍。另外，B族维生素和维生素C、维生素 E、维生素 K 含量也较多,但缺乏维生素 B_6 及维生素 D。

二、粗饲料

凡饲料干物质中粗纤维含量在 18% 以上的饲料都属粗饲料,粗饲料主要包括干草、纤维性农副产品(如秸秆、秕糠类等)和林业产品(如枯枝、树叶等)三大类。粗饲料的营养特性如下:

第一,豆科牧草干草的蛋白质和矿物质比禾本科干草的丰富。苜蓿是一种非常重要的豆科牧草,营养价值较高,许多国家都用它来调制干草。

第二,农副产品和林业类粗饲料中粗纤维含量高达 30% ~ 35%,通过动物消化道的速度非常缓慢,适口性较差,动物大多不愿采食,在饲喂肉羊时要注意限制其用量。

第三,秸秆类饲料的蛋白质含量较低,特别是禾本科秸秆的粗蛋白质含量只有 3.2% ~ 6.2%,豆科作物的粗蛋白质含量稍高,为 6.8% ~ 11%。另外,粗饲料中胡萝卜素含量较低,一般为 2 ~ 5 毫克/千克。

第四,粗饲料是一种大容积性饲料,可刺激羊消化系统的充分发育,使其具有较大的生理有效容量。另外,胃肠道的蠕动、粪便的形成和排出都需要一定量的粗纤维性物质。因此,肉羊饲料中必须有一定量的粗饲料。

三、青贮饲料

青贮饲料指由新鲜的天然植物性饲料,或者在新鲜的植物性饲料中加各种辅料(如麦麸、玉米粉、尿素、糖蜜等)、防腐剂及其他青贮添加剂后,在无氧环境下,让乳酸菌大量繁殖,将饲料中的糖类转变成乳酸,当乳酸累积到一定浓度而使青贮物中的 pH 值下降到 3.8 ~ 4.2 时,可抑制其他有害微生物(如腐败菌、霉菌等)的繁殖,即可达到长期保存青绿饲料的目的。青贮饲料的营养特性如下。

第一,青贮饲料中干物质的营养成分与原料饲料有很大的差别。青贮饲料的粗蛋白质主要由非蛋白氮组成,而无氮浸出物中,糖分极少,乳酸和醋酸含量相当高。

第二,青贮饲料与原料相比,蛋白质的消化率非常接近。但青贮饲料中粗蛋白质被动物利用的效率比原料要低。这可能与青贮饲料中能量物质含量不高、、能量供应不足,从而降低了瘤胃中微生物蛋白质合成的效率有关。因此,在饲喂青贮饲料时,必须添加易发酵的碳水化合物,以满足微生物对能量的需要。

第三,制作良好的青贮饲料代谢能为 10～12.5 兆焦/千克(以干物质计),这主要取决于原料收割时成熟阶段和保藏方法。青贮饲料代谢能在维持和肥育时利用效率分别为 0.68 和 0.43。

第四,试验表明,羊对青贮饲料干物质的采食量比原料和同源干草都要低。这可能与青贮饲料的酸度以及酪酸菌发酵过程产生的不良气味有关,从而影响羊对青贮饲料的采食量。

四、能量饲料

干物质中粗纤维含量小于 18% 或细胞壁含量小于 35%,同时粗蛋白质含量低于 20% 的谷实类(如小麦、玉米、大麦、高粱、稻谷等)、糠麸类(如麦麸、米糠、玉米皮等)、淀粉质的块根块茎类(如马铃薯、木薯、甘薯等)和糟渣类(如醋渣、酒糟、甜菜渣等)均属能量饲料。能量饲料的营养特性如下。

第一,能值高。这类饲料中无氮浸出物含量均较高(糠麸类除外),且其中主要是淀粉,可利用能值高,每千克的消化能为 10.5～14.3 兆焦。

第二,粗蛋白质和必需氨基酸含量低。按干物质计算,粗蛋白质一般为 8.9%～13.5%。同时,蛋白质的品质差,主要表现在必需氨基酸不平衡,尤其缺乏赖氨酸和色氨酸。

第三,粗纤维含量低。粗纤维含量为 1.5%～12%,故有机物消化率高,且适口性好。

第四,粗灰分含量低。粗灰分含量一般为 1%～4%,其中钙低于 0.1%,磷稍高,但大多为植酸磷,利用率仅为总磷的 1/3。因此,在日粮中应注意补加钙和磷。

第五,维生素含量不平衡。这类饲料中维生素 A 和维生素 D 含量不足,但富含 B 族维生素和维生素 E,如糠麸类中 B 族维生素较丰富。

五、蛋白质饲料

干物质中粗纤维含量小于 18%,同时粗蛋白质含量在 20% 以上的饲料均属蛋白质饲料。生产中常用的蛋白质饲料主要有植物性蛋白质饲料、动物性蛋白质饲料、非蛋白氮及单细胞蛋白质饲料。

(一)植物性蛋白质饲料

植物性蛋白质饲料指豆类子实及其饼粕类。油料作物种子压榨取油后的副产品称为饼,如大豆饼、菜籽饼等。预榨－浸提取油后的副产品称为粕,如豆粕、棉籽粕等。其营养特性如下。

第一,大豆饼粕的粗蛋白质含量高,约为 40%～47%,品质好。赖氨酸、精氨酸、亮氨酸和异亮氨酸的含量高,且比例适当。

第二,菜籽饼粕中粗蛋白质含量一般为 36%～39%,蛋白质消化率比豆粕略低,必需氨基酸的组成和比例不亚于豆粕,但蛋氨酸的含量稍低,使用时需适当补加。

第三,去壳的棉仁饼粕,粗蛋白质含量在 40% 以上,未去壳的棉籽饼粕只有 24%。赖氨酸、蛋氨酸的含量低,精氨酸的含量较高。在用棉仁粕为主要蛋白质来源时,需要补加赖氨酸和蛋氨酸。

第四,有些饼粕类饲料含有抗营养因子或有害物质,如大豆饼粕中的抗胰蛋白酶、菜籽饼粕中的硫葡萄糖苷和棉籽饼粕中的游离棉酚等,在使用时注意除去或脱毒。

(二)动物性蛋白质饲料

动物性蛋白质饲料主要指用作饲料的水产品、畜禽加工副产品及乳、丝工业的副产品等,如鱼粉、肉骨粉、血粉、羽毛粉、乳清粉、蚕蛹粉等。其营养特性如下。

第一,蛋白质含量高,一般可达 40%～85%。

第二,灰分含量较高,钙磷含量丰富且比例适当。

第三,脂肪含量较高,易发生酸败,应注意保藏。

(三)非蛋白氮饲料

非蛋白氮饲料主要指蛋白质之外的其他含氮物,如尿素、双缩脲、硫酸铵、磷酸氢二铵等。其营养特性如下。

第一,粗蛋白质含量高,如尿素中氮含量相当于豆粕的 7 倍。

第二,味苦,适口性差。

第三,不含能量,在使用中应注意补加能量物质。

第四,缺乏矿物质,特别要注意补充硫、磷。

另外,某些非蛋白含氮物质在瘤胃中极易分解产生氨,饲喂过量易发生氨中毒。因此,在使用该类饲料时应特别注意。

(四)单细胞蛋白质饲料

单细胞蛋白质饲料是指利用糖、氮、烃类等物质,通过工业方式,培养能利用这些物质的细菌、酵母等微生物制成的蛋白质,如饲料酵母。这种蛋白质的生物效价高,生产率高,世界各国对单细胞蛋白质的生产都十分重视。其营养特性如下。

第一,由于单细胞蛋白质是由多个独立的单细胞构成,所以产品中含有丰富的酶系,各种营养成分配比合理。

第二,含有丰富的 B 族维生素、氨基酸和矿物质,粗纤维含量较低。

第三,赖氨酸含量高,蛋氨酸含量低。

第四,具有独特的风味,对增进动物的食欲有良好的效果。

但需要注意的是,来源于石油化工、污染物处理工业的单细胞蛋白质中,往往含有较多的有毒、有害物质,不宜作为该类饲料原料。

六、多汁饲料

多汁饲料包括块根、块茎及瓜类等饲料,其特点是水分含量高,一般为75%～90%;干物质中富含淀粉和糖,纤维素含量低,一般不超过10%;粗蛋白质含量低,只有1%～2%;矿物质含量不一致,缺少钙、磷、钠,而钾的含量丰富;维生素含量因种类不同而差别很大,如胡萝卜中含有丰富的维生素,尤以含胡萝卜素最多,而甜菜中仅含维生素C。多汁饲料适口性好,能刺激肉羊食欲,有机物质消化率高。

胡萝卜是肉羊生产中最常用的多汁饲料。由于其水分含量高,容积大,在生产中的重要作用是在冬春季节补充胡萝卜素。

七、矿物质饲料

凡天然可供饲用的矿物(如白云石、大理石、石灰石等)、动物性加工副产品(如贝壳粉、蛋壳粉、骨粉等)和矿物盐类均属矿物质饲料。

矿物质饲料可以补充动植物饲料中某些矿物元素含量的不足。如钙源性饲料常用来补充钙元素的不足,磷源性饲料用来补充磷的不足。其他矿物质如硫酸铜、硫酸亚铁、硫酸锌、硫酸锰、硫酸镁、亚硒酸钠、碘化钾等都可补充相应微量元素的不足。

使用微量元素盐砖,是补充肉羊微量元素的简易方法。若使用复合盐,最好添加瘤胃中易溶解的硫酸盐。饲料砖能为瘤胃提供良好的发酵环境,促进瘤胃微生物的大量繁殖,增加肉羊采食量,同时也能促进纤维性饲料的消化、吸收和利用。常用饲料砖有矿物质盐砖、精料补充料砖和驱虫药砖。其饲喂方法简单，可放于羊舍或饲槽内供肉羊自由舔食。但在贮存和使用中，要谨防雨水浸泡。

八、维生素饲料

维生素饲料是指用工业提取的或人工合成的饲用维生素，如维生素 A 醋酸酯、胆钙化醇醋酸酯等。维生素在饲料中的用量非常小，常以单独一种或复合维生素的形式添加到配合饲料中，用以补充饲料中维生素的不足。

羊的瘤胃微生物可以合成维生素 K 和 B 族维生素，肝、肾可合成维生素 C。因此，一般除羔羊外，不需额外添加。但当青饲料不足时，应考虑适量添加维生素 A、维生素 D 和维生素 E。

九、饲料添加剂

饲料添加剂是指为补充饲料中所含养分的不足，平衡饲粮，改善和提高饲料品质，促进肉羊生长发育，提高抗病力和生产效率等的需要，而向饲料中添加的少量或微量可食物质。其作用可归纳为补充营养成分，促进动物生长；改善饲料品质，增加饲料适口性，提高饲料利用率，缩短饲养周期；增强抗病能力，防治某些疾病等。

目前饲料添加剂的品种繁多，可归纳为两大类：一类为营养性饲料添加剂，如氨基酸、维生素、矿物质及微量元素和非蛋白氮等；另一类为非营养性饲料添加剂，如酶制剂、饲用微生物制剂、抗氧化剂、防腐剂、电解质平衡剂、着色剂、调味剂、香料、粘结剂、抗结块剂和稳定剂及其他添加剂。中华人民共和国农业部公告《允许使用的饲料添加剂品种目录》规定，允许使用的饲料添加剂共 173 种(见附录九)。

第二节 优质饲料作物

一、豆科饲草

（一）紫花苜蓿

紫花苜蓿也叫紫苜蓿、苜蓿，素以"牧草之王"著称。紫花苜蓿不仅产草量高、草质优良，富含粗蛋白质、维生素和无机盐，而且蛋白质中氨基酸比较齐全。干物质中粗蛋白质含量为 15%～25%，相当于豆饼的一半，比玉米高 1～1.5 倍。适口性好，可青饲、青贮或晒制干草。

紫花苜蓿为多年生草本植物，根系发达，入土达 3～6 米，株高 100～150 厘米，茎分枝多。喜温暖半干旱气候，生长最适日均温度为 15℃～20℃。对土壤要求不严格，沙土、粘土均可生长，但最适土层深厚、富含钙质的土壤。生长期间最忌积水，要求排水良好，耐盐碱，在氯化钠含量 0.2% 以下生长良好。

紫花苜蓿种子细小，播前要求精细整地，在贫瘠土壤中需施入适量厩肥或磷肥做底肥。一年四季均可播种，在墒情好、风沙危害少的地方可春播。春季干旱、晚霜较迟的地区可在雨季末播种。一般多采用条播，行距为 30～40 厘米，播深为 1～2 厘米，每 667 平方米（1 亩，下同）播种量为 1～1.5 千克。

苗期生长缓慢，易受杂草侵害，应及时除苗。在早春返青前或每次刈割后进行中耕松土，干旱季节和刈割后应及时浇水。

每年可刈割 3～4 次，一般每 667 平方米产干草 600～800 千克，高者可达 1 000 千克。通常 4～5 千克鲜草晒制 1 千克干草。晒制干草应在 10% 植株开花时刈割，留茬高度以 5 厘米为宜。

（二）白 三 叶

白三叶也叫白车轴草、荷兰翘摇，按叶片的大小可分为三种类型:即大叶型、中叶型和小叶型。白三叶营养丰富,饲养价值高,粗纤维含量低,干物质消化率达 75%～80%,干物质中粗蛋白质为24.7%。草质柔嫩,适口性好,羊喜食,是生产优质肉羊的牧地饲草。

白三叶为多年生草本植物,寿命长,可达 10 年以上。主根入土不深,侧根发达,细长,茎匍匐。喜温暖湿润气候,但能耐-15℃～-20℃的低温,而且耐热性也很强,35℃左右的高温不会萎蔫。生长最适温度为 19℃～24℃。喜光,在阳光充足的地方,生长繁茂。喜湿润,耐短期水淹,不耐干旱,适宜的土壤为中性沙壤,最适土壤 pH 值为 6.5～7,不耐盐碱,耐践踏,再生力强。

白三叶种子细小,播前需精细整地,翻耕后施入有机肥或磷肥,可春播也可秋播,单播每 667 平方米播量为 0.25～0.5 千克。单播多用条播,也可撒播,覆土要浅,1 厘米左右即可。苗期生长慢,要注意防除杂草为害。初花期即可利用。白三叶的花期长,叶子成熟不一致,利用部分种子自然落地的特性,可自行繁衍,保持草地常年不衰。

(三)白花草木犀

白花草木犀也叫白香草木犀和白甜车轴草,为 2 年生草本植物,根系发达,株高可达 2～3 米,茎直立。三出复叶,小叶椭圆形或倒卵形,边缘有锯齿。总状花序,花梗长 10～30 厘米,有白色小花 40～80 朵。荚果倒卵形,有网状皱纹,内有 1 粒种子。种子呈长圆形,棕黄色。白花草木犀营养期干物质中含粗蛋白质 22%,与苜蓿相近,但因其适口性较差,开始时羊不喜食,可与禾本科饲草或苜蓿等混合饲喂,待习惯后再单独饲喂。

白花草木犀喜湿润和半干燥气候,适宜在年降水量 300～500毫米地区生长。耐寒力强,成株能耐-30℃低温。对土壤要求不严,从重粘土到瘠薄土壤都可种植。耐盐碱性强,适宜的土壤 pH值为 7～9。

白花草木犀一年四季均可播种,早春播种,当年即可收草。春旱多风地区宜夏播,也可于立冬前播种。可条播、撒播或穴播,条播行距 40 ~ 50 厘米,播深 1 ~ 2 厘米,每 667 平方米播种量 0.5 ~ 1 千克。播前可用碾子碾轧,使荚壳脱落,种皮发毛为止。春播当年每 667 平方米可收青草 500 ~ 1 000 千克,刈割留茬高度为 10 ~ 15 厘米。

(四)沙 打 旺

沙打旺也叫直立黄芪、麻豆秧和薄地黄,是多年生草本植物,高 1.2 米,奇数羽状复叶,小叶 7 ~ 27 枚,长圆形。花冠蓝紫色,荚果矩形,内含肾形种子 10 余粒。沙打旺营养价值高,干物质中含粗蛋白质 17%,含有丰富的必需氨基酸,是羊的优质饲草。

沙打旺根系发达,能吸收土壤深层的水分。在年降水量 250 毫米地区生长良好,适宜生长在无霜期 150 天的地区,在冬季 -25℃时也能安全越冬,耐寒性强。对土壤要求不严,沙丘、河滩、土层薄的砾石山坡均能生长,但不耐水淹。沙打旺一般生长 4 ~ 5 年即衰老。

沙打旺种子小,种植时要翻耕土地并要平整、镇压,播种期可在春季,也可在雨季末。播种时一般采用条播,行距为 60 ~ 70 厘米。每 667 平方米播种量 0.5 千克左右,种子小,播种要浅,覆土 1 厘米左右,随后镇压。大面积飞机播种前,种子需进行丸衣化处理,翻地,除杂草,播后再耙压 1 次,防止种子在地面不易出苗。

沙打旺生长旺盛时期,每 667 平方米产鲜草 4 000 ~ 5 000 千克,刈割时留茬 4 ~ 6 厘米。

(五)紫 云 英

紫云英又叫红花草,茎叶柔嫩,适口性好,开花期干物质中粗蛋白质为 25.32%。可青饲、青贮、调制干草粉,与其他精料搭配加工紫云英草粉,饲喂肉羊效果好。是长江以南冬、春重要的青绿饲料之一。

紫云英为1年生或越年生草本植物。主根肥大,侧根发达,根瘤多。茎直立或匍匐,高为50～100厘米,分枝为3～5个。紫云英喜温暖湿润气候,发芽要求温度为20℃～30℃,生长最适宜的温度为15℃～20℃。不耐旱,不抗涝,适宜在沙质土壤中生长,不耐盐碱。较耐荫蔽,可以与高秆作物混种或间种,冬前播种,翌年3～4月份开花,5月份种子成熟。

紫云英种子较硬实,播种前用温水浸泡1天,拌以根瘤菌。一般在10～11月份播种,播种量为每667平方米2～4千克,可条播、点播或撒播,也可套种、间种。每年可刈割2～3次,每667平方米产鲜草为5 000～8 000千克。做饲草利用多在初花期。

(六)苕 子

苕子又叫巢菜、兰花草、野豌豆。苕子有普通苕子和毛叶苕子,均为1年生或越年生植物,普通苕子又叫春苕子、大巢菜、春箭舌豌豆,毛叶苕子也叫冬苕子、光叶苕子和冬箭舌豌豆。苕子是我国古老的饲草和绿肥作物,叶柔软,普通苕子干物质中含粗蛋白质14.94%,氨基酸和维生素含量也较为丰富。可用于放牧、青贮或调制干草,是肉羊喜食的优质饲草。

苕子喜温耐寒,适应性强,特别在冷凉稍干燥的地区,生长良好。抗寒,能耐－30℃的低温,生长最适温度20℃左右。对水分要求较高,生育期内降水量500～800毫米生长良好,喜光,对土壤要求不严格,在白浆土、轻度盐渍化土壤、红壤土上均可生长,但以沙质土壤为好,耐盐碱,适宜的pH值为5.8～7.8。

二、禾本科饲草

(一)青贮玉米

玉米也叫包谷、包米。原产于中、南美洲的墨西哥和秘鲁,栽培历史有 4 000~5 000 年之久,世界各地均可种植。

每 667 平方米玉米可以获籽粒 400~600 千克,秸秆 600~700 千克。每 667 平方米青贮玉米,获青绿饲料 2 500~3 500 千克。在我国华南,青刈玉米 1 年可种 2~3 次,总产量每 667 平方米可达 5 000~7 000 千克。100 千克玉米青贮饲料,含有 6 千克可消化蛋白质,相当于 20 千克精饲料的价值。在较好的栽培条件下,每 667 平方米青贮玉米,可供 8~10 只羊食用。

玉米为 1 年生禾本料植物,分早熟、中熟、晚熟 3 种类型,同一类型在南方生长较矮,北方生长高大。玉米为须根作物,根系发达,入土可达 2 米,基部 3~4 节着生不定根,早熟种茎节为 5~7节,中熟种为 10~12 节,晚熟种为 13 节以上,节数越多,生长期越长。叶片数与节数相同,玉米的叶片宽大、营养丰富,是制作青绿、青贮饲料的主要原料。玉米为同株异花植物,上部为雄花,下部各节都有可能形成雌穗,1 株玉米有 1~5 个果穗,做青贮用的玉米,果穗越多越好。籽粒大小、颜色因品种而异,有黄、白、紫、红、花斑等颜色,其中以黄、白居多。玉米不耐寒,幼苗遇到 −2℃~−3℃低温会受冻而死,气温在 10℃~12℃时出苗最好。生长最适温度为 20℃~24℃。对水分的要求较高,在年降水量 500~800 毫米地区最适宜,玉米需水最多的时期是拔节、抽穗和开花期。

玉米为短日照植物,强光短日照有利于开花结实,若日照延长,营养生长期加长,表现贪青晚熟。玉米光合效率高,由于玉米植株高大,对氮、磷、钾主要营养元素需要量较大,特别在抽穗、开花期,对氮、磷吸收量最大。玉米对土壤要求不严,各种土壤都可以生长,但以土质疏松、保水、保肥能力强的中性土壤最好(pH 值6.5~7)。

玉米根系发达,秋季或早春要深耕土地,并施足有机肥料,要耙平,磨细,表面镇压,注意保墒。基肥应以有机肥料为主,厩肥、人粪尿、堆肥均可,每 667 平方米施 2 000~2 500 千克,并加入 50~

100 千克的过磷酸钙,10~20 千克的硫酸钾或氯化钾。

当地面温度稳定在 10℃~12℃时方可播种玉米。播种时间:长江流域在 3 月底,黄河流域 4 月中下旬,东北地区 5 月上中旬。北方及山区广泛采用地膜覆盖技术,应提前 10~15 天播种。最好采用精量播种,依留苗数,增加 20% 的播种量,每 667 平方米播种量为 1~1.5 千克。播种前,种子进行包衣处理,减少苗期病虫害发生。

玉米留苗数依品种和栽培目的而异,青饲用品种为 8 000~10 000 株。在底墒水充足的情况下,追肥、灌水要晚些,在拔节和抽穗时进行,开花后再浇水 1 次。

此外,要注意病虫害的发生,除种子消毒外,还要随时检查,发现有大、小病斑的病株,要及时拔除,并在田外烧毁。

做青贮用的玉米,于蜡熟期与秸秆一同进行收割、粉碎、青贮,当日收割,当日青贮,以保证青贮质量。

(二) 苏 丹 草

苏丹草为暖季 1 年生草本植物。须根系发达,茎圆形、光滑,基部着生不定根,株高 2~3 米。分蘖力强,每株分蘖 20~30 个。

苏丹草喜温,最适在夏季炎热、雨量中等的地区生长。种子出芽的最适温度为 20℃~30℃。根系发达,抗旱性强,对土壤要求不高,以排水良好、富含有机质的黑钙土和栗钙土为好,耐酸性和耐盐碱力较强,在红壤、黄壤和轻度盐渍化土壤上都能种植。

苏丹草消耗地力较重,不宜连作。播前翻耕整地,深耕 20 厘米,并施用 1 500 千克有机肥做底肥,南方于 4 月上旬、北方于 5 月上旬播种。播前选种、晒种,条播行距为 40~50 厘米,每 667 平方米播种量为 1~2 千克,播深为 4~5 厘米,及时镇压。苗期注意中耕除草,干旱时适当灌溉。

苏丹草的干草品质和营养价值多取决于收割日期,抽穗期刈割营养价值较高,适口性好,干物质中含粗蛋白质 15.3%,开花后茎秆变硬,质量下降。苏丹草可在孕穗初期刈割青饲或乳熟期刈割青贮,也可调制优质干草。苗期含少量氢氰酸,特别是在干旱或寒冷条件下生长受到抑制,氢氰酸含量增加,应防止放牧时引起羊只中毒。

苏丹草在温暖地区可获 2～3 次再生草,每 667 平方米产鲜草 3 000～5 000 千克。一般留茬 7～8 厘米为宜。第一茬草可调制干草、青饲或青贮,第二茬以后株高为 50～60 厘米时放牧,或在抽穗开花期再次刈割。

(三)燕 麦

燕麦也叫铃铛麦,其中裸燕麦叫莜麦。燕麦分冬燕麦和春燕麦两种,为 1 年生禾本科植物,株高 100～150 厘米,直立。须根发达,秆坚硬,分蘖力强,有较强的再生能力。叶披针形,圆锥花序散生,颖果为纺锤形。

燕麦喜冷凉湿润气候,不耐热,高于 30℃停止生长。对水分要求不高,但很敏感,适宜生长在年降水量 400～600 毫米的地区。

燕麦为长日照植物,需 18 个小时以上日照方能开花结实。喜阳光,但比大麦耐阴。对土壤要求不严,在 pH 值 5.5～8、含盐量在 0.2% 的内陆盐碱地中生长良好。生育期 75～110 天,适宜在无霜期短的北方种植。华中、华东一带种植冬燕麦,生育期可达 200 多天,用于青刈最好,也可收种子。

种植燕麦时切不可连作。燕麦的生育期短,生长发育快,需肥料也多。在精细整地的基础上,要施足底肥,在播种时还要施种肥,保证苗期生长良好。种子播前用药剂、肥料和除草剂制成种衣剂。燕麦生长快,要注意追施化肥,并结合施肥灌水 1～2 次。

燕麦可青刈、青贮、调制干草。青刈可在拔节至开花时刈割,刈割早,品质好,还可利用再生草。株高 50～60 厘米时刈割,留茬 5～6 厘米,隔 30～40 天刈割 1 次。青刈燕麦,香甜可口,幼嫩期各种畜禽都喜食。利用燕麦做青贮时在抽穗到蜡熟期刈割,边收割边切碎,入窖后压实、封严,当日收割,当时封窖。

燕麦青贮饲料质地柔软,气味芳香,是肉羊的优良精饲料。燕麦干草,有收获种子以后的干草,也有与豆科牧草混播供调制干草用的燕麦干草,后者营养高,质量好。品质好的干草,也可加工成草粉,供配合饲料用。

(四)象 草

象草又称紫狼尾草,是热带、亚热带地区一种高产的多年生牧草,须根系强大,茎秆直立,丛生,分蘖性强,多达 50~100 个。每年可收割 6~8 次,每 667 平方米产鲜草 5 000~10 000 千克以上,且利用年限较长。

象草适应性强,喜温热气候,适宜年平均温度 18℃~24℃、年降水量 1 000 毫米以上的地区栽培。在平均气温 13℃~14℃时,即可用种茎繁殖。按行距 1 米做畦,畦间开沟排水。选择粗壮茎秆中、下部做种茎,每 2~3 个节切成 1 段,每畦为 2 行,株距 50~60厘米,行距为 50~70 厘米,斜插或平埋,覆土为 6~10 厘米。也可挖穴种植,穴深 15~20 厘米,种茎斜插,每 667 平方米用种茎 100~200 千克,栽植后灌水。一般株高 100~120 厘米即可收割,留茬距地面 10 厘米。每次收割后中耕除草,追施氮肥。象草生长期长,收割次数多,产量高,其氮、磷、钾需要量均较一般禾草为高。

象草主要用于刈割和青贮。适时刈割,柔软多汁,适口性良好,利用率高,是肉羊的优良饲草。

(五)杂交狼尾草

杂交狼尾草为美洲狼尾草和象草 N51 的杂交种,为多年生草本植物,须根发达,茎秆圆形,直立,分蘖 20 个左右,每个分蘖茎有20~25 个节,丛生。分蘖性强,随着刈割次数的增加,肥水充足时草株分蘖可达 100~200 个。茎叶柔嫩,适口性好,营养价值较高,在茎叶干物质中含粗蛋白质 10%。

杂交狼尾草喜温暖湿润的气候,日平均气温 25℃~30℃ 生长最快,在华南南部可自然越冬。抗旱力强且耐湿,久淹数月不会死亡,但长势差。沙土、粘土、微酸性土壤和轻度盐碱土均可种植。在含盐 0.1% 土壤上生长良好,但以土层深厚的粘质土壤最为适宜。

杂交狼尾草主要通过根、茎进行无性繁殖。栽培要选土层深厚、疏松肥沃的土地,结合耕翻整地,每 667 平方米施有机肥 200~400 千克、磷肥 20 千克用做基肥。杂交狼尾草对氮肥需求量大,同时对锌肥敏感。

在长江以南地区平均气温达 15℃ 左右时,可进行移栽或扦插。将有节的部分插入土中 1~2 厘米,行距 60 厘米,株距 30 厘米定植,茎芽朝上斜插,以下部节埋入土中而上部节腋芽刚入土为宜。也可以分根移栽,移栽密度稀少一些,栽植 60~70 天,株高达 1~1.5 米时即可刈割。每次刈割后都要及时追肥、中耕,株高 120 厘米时刈割,每年可刈割 5~6 次。除青刈外,也可以晒制干草或调制青贮料,供草期 6~10 个月。

三、块根块茎类作物

(一)饲用甜菜

饲用甜菜是一种很有价值的多汁饲料,富含糖分、矿物质以及动物生长所必需的多种维生素。其根、叶中粗纤维含量低,消化率高,适口性好。饲用甜菜在我国东北、华北、西北及南方的江苏、湖北、上海等地都有栽培。

饲用甜菜种子发芽的温度为 6℃~8℃,幼苗在子叶期不耐冷,真叶出现后抗寒力增加,最适生长温度为 15℃~25℃。对水肥的要求严格,在黑土、沙壤土或粘土种植时,如有足够的水肥,也可以获得高产,在轻度盐渍化土壤上也可种植。

饲用甜菜种子发芽需要充足的水分,因此,要做好冬灌工作,并施足底肥,整平地块。要求翌年春季播种时土壤疏松,水分充足。播种期根据气候条件而定,只要日平均温度稳定在5℃时就可以播种。播种方法有条播和点播,每667平方米用种量1~1.5千克为宜。饲用甜菜幼苗出土能力弱,播后如遇土壤板结,应及时疏松表土。同时还应注意防止象鼻虫、地老虎等害虫的危害。

每667平方米可产块根5000~7500千克。饲喂方式有切碎生喂、煮熟后喂、打浆饲喂等,叶部可青贮或直接饲喂。因甜菜中含有较多的硝酸盐,变热发酵时该物质可被还原成亚硝酸盐,肉羊食入后易发生中毒,故不宜饲喂过多。如煮熟后喂,最好当天饲用,以防中毒。

(二)胡萝卜

胡萝卜是营养非常丰富的蔬菜作物和多汁饲料,种植和管理都比较简便。产量高,一般每667平方米产胡萝卜1500~2500千克,叶子产量为块根的1/3~1/2。块根中含有丰富的胡萝卜素和其他维生素。

胡萝卜最适发芽温度为18℃~25℃,能耐-3℃~-5℃的低温,块根形成期要求温度为6℃~8℃,生育期为120~140天,年积温为2000℃~2500℃,对光照时数和强度要求较高。在结构良好、土质疏松、土层深厚的肥沃土壤最适宜于胡萝卜生长,尤喜中性或弱酸性的土壤。胡萝卜耐旱,但种子萌发期和生长期对水分要求高,块根发育期缺水会影响其膨大。水分过多也会导致生长、成熟延迟,易烂根。

为获得高产,播种前应对土壤深翻,施足底肥,精细平地,保证土壤中有充足的水分。因胡萝卜种子有毛刺,种前要搓去。播种期依地区而异,通常东北、西北和华北地区在5月下旬至6月中旬播种。每667平方米播种量为0.15~0.3千克。播种方法有撒播和条播,深度为2~3厘米,播后略加镇压。另外,苗期要注意除草、定苗,株距为10~15厘米。根据土壤水分状况,可在生长前期和中期各进行 1 次灌水并结合苗期施肥。

胡萝卜一般在肉质肥大后收获,过早则块根未充分膨大,过晚则怕霜冻,使质量变差。收获时最好选择晴好的天气,贮藏前将叶子和胡萝卜顶部切掉。饲用时切碎或打浆。

(三)饲用芜菁

饲用芜菁是十字花科的甘蓝属 2 年生植物,根叶均可做饲料。饲用芜菁叶子和块根含有较高的粗蛋白质和碳水化合物,并含有大量的维生素,每 100 克芜菁中含 21～33 毫克的维生素 C。芜菁叶肉肥厚,鲜嫩多汁,适口性好,因而是肉羊冬、春季补饲的优良多汁饲料。饲用芜菁每 667 平方米可产根叶 2 500～4 500 千克。水肥充足时,仅块根就可达 4 000 千克。我国西南、西北地区栽培普遍,面积大,是半农半牧地区的主要蔬菜和饲料。另外,在华北、华东地区栽培也较多。

芜菁喜冷凉湿润气候,抗寒性较强,在生育期第一年最适温度为 15℃～18℃。低温、湿润条件下叶和块根生长快,根中糖分增加,叶质变厚;温度过高、天气干燥时生长不良。芜菁生长前期和后期对水分要求少,但中期需水较多,如遇干旱则生长不良,及时浇灌能恢复生长。在土层深厚、土质疏松、通气性好的沙壤土和壤土中生长最为适宜。耐酸性土壤,最适 pH 值 6～6.5,不宜在过于粘重而沼泽化的酸性土壤种植。

饲用芜菁生长快,需要较多的有机肥料做基肥,基肥最好在前一年施入,以便充分腐熟,为稳产、高产打好基础。播种期依气候而异,高寒地区一般在清明、谷雨之间播种。无霜期长的地区,1 年可播 2 次,春播后供夏季收获,夏季紧接着播种供冬季使用。在播种前应检验种子的发芽率,其发芽率不得低于 70%。既可单播,也可混播和间播,一般在麦收后与荞麦一起混播。芜菁每 667 平方米播种量为 0.25～0.5 千克,播种深度为 2 厘米。大面积作业的芜菁一般要间苗 3 次,保证每 667 平方米定植 5 000～7 000

株。在生长期追肥效果良好,一般在生长前期追施氮肥,后期施磷、钾肥。苗期注意除杂草,生长期中耕2～3次。

当块根已经长成,外部出现黄叶时可分期采收饲用。每株生次掰叶2～4片,每隔10天左右可掰叶1次,至块根收获时叶子采完,块根的收获期一般在霜冻出现之前。饲用芜菁的叶略带苦味,故喂量应由少到多,逐渐增加,或掺入其他饲料。块根饲喂时切碎,用量也不易过大。

四、其他常用饲草

(一)串叶松香草

串叶松香草也叫菊花草,为菊科多年生草本植物,根系发达、粗壮,支根多,茎直立,具4个棱。

串叶松香草喜中性或微酸性土壤,不耐盐碱及贫瘠土壤,有一定耐寒性,生长最适温度为20℃～28℃,适宜在年降水量450～1000毫米地区种植。

串叶松香草要求高水肥条件,播种前每667平方米应施3000～4000千克腐熟厩肥做底肥。播种期为春、夏两季,密播时行株距为60厘米×60厘米或60厘米×30厘米,深为2～3厘米。还可育苗移栽,第二年抽茎后植株达2米以上,产量成倍增长。刈割适期为抽茎到初花期,以后每隔40～50天刈割1次,每年可刈割3～4次,每667平方米可产鲜草10000～15000千克。莲座叶丛期干物质中含粗蛋白质22%,且富含维生素,可青刈切碎,也可与燕麦、苏丹草、青贮玉米等混合青贮。

(二)苋　菜

苋菜也叫千穗谷、西粘谷、白籸谷和猪苋菜,为1年生草本植物。直根系,主根粗大,侧根多。

苋菜喜温暖湿润气候,耐高温,不抗寒。种子在20℃以上发芽,出苗快,生长适宜温度为 24℃～26℃。对土壤要求不严格,适宜的土壤 pH 值为 7～7.5。种子细小,播前要求精细整地,每 667 平方米施 2 500～3 000 千克农家肥做底肥。北方播种期为 4 月上旬到 5 月上旬,南方从 3 月下旬到 10 月上旬随时可以播种。播种量每 667 平方米为 0.3～0.5 千克。可条播或撒播,条播行距为 30 厘米,深为 1～1.5 厘米。苋菜消耗地力较大,不宜连作,幼苗生长缓慢,应适时中耕除草。当幼苗生长到 10～15 厘米时,若苗过密可间苗,也可移栽。株高为 70～80 厘米时即可刈割利用,留茬高 15～20 厘米,以后每隔 20～30 天收割 1 次,1 年可刈割 3～5 次。每次刈割后要及时追肥、浇水,以氮肥为主。鲜草产量北方每 667 平方米为 5 000～9 000 千克,南方为 6 000～12 000 千克。

苋菜叶片柔软,茎秆脆嫩,粗纤维含量低,气味纯正,适口性好,营养价值高。茎叶干物质中含粗蛋白质 12.7%,籽粒中含粗蛋白质 14.5%,尤以赖氨酸含量较高,加入配合饲料中可代替部分豆饼或鱼粉。收获种子后的秸秆可制成草粉,也可制成青贮饲料。

第三节　饲料的加工与调制技术

一、精饲料的加工与调制技术

(一) 粉碎与压扁

粉碎是精饲料最常用的加工方法。粗粉可提高适口性,提高羊唾液分泌量,增加反刍,所以粉碎不宜过细,稍加破碎即可。将谷物用蒸汽加热到 120℃左右,再用压扁机压成薄片,迅速干燥。由于压扁饲料中的淀粉经加热糊化,用于饲喂肉羊,消化率明显提高。

（二）颗 粒 化

将饲料粉碎后,根据肉羊的营养需要,进行搭配并混匀,用颗粒机制成颗粒形状。颗粒料饲喂方便,便于机械化操作,适口性好,咀嚼时间长,有利于消化吸收,并可减少饲料浪费。

（三）浸 泡

豆类、油饼类、谷物等饲料经浸泡,吸收水分,变得膨胀柔软,容易咀嚼,便于消化。有些饲料中含有单宁、棉酚等有毒物质,并有异味,通过浸泡后,毒素、异味均可减轻,从而提高适口性。

浸泡时用池子或缸等容器将饲料与水拌匀,一般料水比为1∶1～1.5,即手握指缝渗出水滴为准。浸泡的时间应根据季节和饲料种类的不同而异,以免引起饲料变质。

（四）过瘤胃保护技术

饲喂过瘤胃保护蛋白质是弥补肉羊肥育时日粮蛋白质及能量不足的有效方法。补充过瘤胃淀粉和脂肪都能促进肉羊的快速肥育。豆科牧草、玉米蛋白粉、酒糟等在瘤胃内降解率较低,是天然的过瘤胃蛋白质资源。玉米是一种理想的过瘤胃淀粉来源。

1. 热处理　加热可降低饲料蛋白质的降解率,但过度加热也会降低蛋白质的消化率,引起一些氨基酸、维生素的损失,故应加热适度。一般认为 140℃ 左右烘焙 4 个小时,或 130℃～145℃ 火烤 2 分钟,或 420.5 千帕压力和 121℃ 处理饲料 45～60 分钟较为适宜。研究表明,加热以 150℃ 处理 45 分钟最好。膨化技术用于全脂大豆的处理,取得了理想效果。

2. 化学处理　锌盐可以沉淀部分蛋白质,从而降低饲料蛋白质在瘤胃的降解。处理时将硫酸锌溶解于水中,豆粕、水与硫酸锌比例为 1∶2∶0.03,拌匀后放置 2～3 个小时,50℃～60℃ 烘干。

3. 过瘤胃保护脂肪　许多研究表明,直接添加脂肪对反刍动物效果不好。因为脂肪在瘤胃中干扰微生物的活动,降低纤维消化率,影响生产性能的提高。所以,添加的脂肪采取某种方法保护起来,形成过瘤胃保护脂肪。最常用的是脂肪酸钙产品,它作为肉羊的能量添加剂,不仅能提高肉羊生产性能,而且能改善羊肉品质。

(五)尿素缓释技术

直接饲喂尿素,其适口性差,在瘤胃中分解的速度快,一部分氨通过瘤胃壁进入血液中,经尿排出而浪费,而且血液中的氨过多时会引起中毒。因此,应采用尿素缓释技术。

1. 糊化淀粉尿素　将粉碎的高淀粉谷物饲料(如玉米、高粱)75%～80%与尿素20%～25%混合后,通过糊化机,在一定的温度、湿度和压力下,使淀粉糊化,尿素则被融化,均匀地被淀粉分隔、包围,也可适当添加缓释剂。每千克糊化淀粉尿素的氮含量相当于棉籽饼的2倍、豆饼的1.6倍,价格便宜。肥育羊每日每只用量80克。

2. 硬脂酸包膜尿素　将硬脂酸在70℃水中溶解,再加入尿素,搅拌、干燥而成。用硬脂酸包膜尿素可降低瘤胃的pH值和氨氮浓度,并使氨氮浓度峰值由饲喂后1个小时推迟到2个小时左右,微生物蛋白含量提高78.3%。用量可参照尿素用量。

二、粗饲料的加工与调制技术

(一)秸秆的加工技术

秸秆是一类高纤维、低蛋白、低能量和缺少无机盐的粗饲料,有些还含有大量的抗营养物质(如稻草中的大量硅酸盐等),因此,消化率低。为了提高秸秆的利用率,人们研究过许多秸秆处理加工方法,目前在生产中应用较多的有物理处理法、秸秆氨化技术和秸秆微贮技术。

1. 物理处理法　利用人工、机械、热和压力等方法,改变秸秆物理性状。常用切短、撕裂、粉碎、浸泡和蒸煮软化等物理处理方法。

(1)切短与粉碎 将秸秆用切(粉)碎机切短和粉碎处理后,便于肉羊咀嚼,减少能耗和饲喂过程中的浪费,提高采食量,也易于和其他饲料配合,这是生产实践中常用的方法。秸秆经切短或粉碎后饲喂,采食量可增加 20% ~ 30%。

动物试验表明,粉碎能增加粗饲料的采食量,但缩短了饲料在瘤胃内的停留时间,引起纤维素类物质消化率降低。秸秆粉碎后,瘤胃内挥发性脂肪酸的生成速度和丙酸比例有所增加,同时引起动物反刍次数减少,导致瘤胃 pH 值下降。故对肉羊来说,一般切短长度以 1~2 厘米为宜。

(2)浸泡 将秸秆放在一定量的水中进行浸泡,使其质地变软,适口性提高。在生产实践中,一般先将秸秆切细后,再加水浸泡并拌上精料,以提高饲料的利用率。例如,将含有 25% 或 45% 低质粗饲料的配合饲料中加水浸泡后饲喂肉羊,可以提高饲料采食量和消化率。

(3)蒸煮 秸秆放在具有一定压力的容器中进行蒸煮处理,能提高其营养价值。据报道,在 0.49~0.88 兆帕的压力下蒸煮 30~60 分钟,秸秆的消化率显著提高。

2. 秸秆氨化技术 在秸秆中加入一定量的氨水、无水氨、尿素等溶液进行处理,以提高秸秆消化率和营养价值的方法,称之为秸秆氨化。氨化处理后可使秸秆有机物质消化率提高 20% ~ 30%,粗蛋白质含量由 3% ~ 4% 提高到 8% 或更高,采食量增加 20%。经测定,1 千克氨化秸秆相当于 0.4~0.5 千克荞麦的营养价值。氨化可以防止饲料霉变,还能杀死野草籽,并能很好地保存高水分含量的粗饲料。氨化处理秸秆成本低、方法简便、容易推广、经济效益高,同时对土壤肥力的保持有一定好处。

(1)原理 秸秆氨化是利用碱和氨与秸秆发生碱解和氨解反

应,破坏连接木质素与多糖之间的酯键,提高秸秆的可消化性。氨与秸秆中的有机物质发生化学变化,形成有机铵盐,被瘤胃微生物利用,形成菌体蛋白被消化吸收,提高秸秆的营养价值。氨化还可使秸秆的木质化纤维膨胀、疏松,增加渗透性,提高适口性和采食量。

(2)氨　　源

①液氨:液氨又叫无水氨,含氮量82.3%,常用量为秸秆干物质量的3%。它是最为经济的氨源,氨化效果也最好。氨在常温、常压下为气体,只有在高压容器内才能使其保持液态。因此,液氨需要在高压容器(氨罐、氨槽车等)内贮运,一次性投资较大。此外,液氨属于有毒易爆物质,氨在空气中的含量达20%左右,遇火则会发生爆炸。所以,在贮存、运输、使用等过程中,要严格遵守技术操作规程,防止意外事件的发生。

液氨置于常温、常压下则迅速气化为氨蒸气(在15.6℃时每千克液氨膨胀为1.36立方米氨蒸气)。气态氨比空气轻,在草垛中以向上运动为主,易溶于水生成氢氧化铵,并放出反应热。氨化处理时,秸秆等原料必须保持适当的含水量(40%~50%),才能取得较理想的氨化效果。

②尿素:为无色或白色结晶体,无臭味,易溶于水。尿素的含氮量为46.67%,在适宜温度和尿酶的作用下,可以分解为二氧化碳和氨。

用尿素作为氨化秸秆的氨源,可以在常温、常压下运输,氨化时不需复杂的特殊设备,对人、畜健康无害。氨化秸秆时,对封闭条件的要求也不像液氨那样严格,且用量适当,一般为秸秆干物质的4%~5%,很适合我国广大农村应用。

③碳酸铵:碳酸铵的含氮量为15%~17%,在适宜的温度条件下,可以分解成氨、二氧化碳和水。按照液氨含氮量和氨化秸秆的适宜用量,使用碳酸铵氨化秸秆的用量应为14%~19%,但有

试验表明,8%~12%的用量就基本达到理想的氨化效果。

　　碳酸铵是我国化肥工业的主要产品,使用方便。由于碳酸铵是尿素分解成氨的中间产物,只要用量适当,碳酸铵处理能够达到尿素处理的类似效果。在南方梅雨季节,用尿素氨化的秸秆霉斑较多,而碳酸铵氨化的霉斑较少,说明在某些特定条件下,碳酸铵有其特殊作用。但碳酸铵分解受温度影响,在北方冬、春寒冷低温季节,碳酸铵在常温水中难以完全溶解。

　　(3)氨化方法

　　①堆垛法:堆垛法是指在平地上,将秸秆堆成长方形垛,用塑料薄膜覆盖,注入氨源进行氨化的方法。其优点是不需建造基本设施,投资较少,适于大量制作、堆放,取用方便,适于我国南方地区和北方夏季气温较高的季节采用。主要缺点是塑料薄膜容易破损,使氨气逸出,影响氨化效果,在北方仅能在6~8月份使用,气温低于20℃时不宜采用。夏季麦收后正值雨季,秸秆不便贮存,可采用堆垛法。具体操作方法如下。

　　第一,地址选择。秸秆堆垛氨化的地址,要选地势高燥、平整,排水良好,雨季不积水,地面较宽敞且距羊舍较近处,有围墙或围栏保护,以防牲畜危害。

　　第二,秸秆处理。麦秸和稻草比较柔软,可以铡碎至2~3厘米,也可以整秸堆垛。但玉米秸秆高大、粗硬,体积太大,不易压实,应铡成1厘米左右。边堆垛边调整秸秆含水量,水与秸秆要搅拌均匀。堆垛法适宜用液氨做氨源。如用液氨,含水量可调整到20%左右;若用尿素、碳酸铵做氨源,含水量应调整到40%~50%。

　　第三,堆垛注液。首先在平地上铺好塑料薄膜,四周要留0.5~0.7米薄膜,以便罩膜连接。将铡碎并调整好水分的秸秆一层一层地摊平、踩实,每30~40厘米厚及宽度,放一木杠(比液氨钢管略粗一些),待插入液氨钢管时拔出。液氨注入量为秸秆干物质重量的3%。

第四,塑料薄膜的选用及膜罩制作。所用塑料薄膜应无毒和抗老化。通常使用聚乙烯膜,膜的厚度随饲草种类而不同。如氨化麦秸、稻草等较柔软的秸秆,可选用厚度在 0.12 毫米以下的薄膜;若为较粗硬的玉米秸,应选择 0.12 毫米以上的薄膜。膜的宽度取决于垛的大小和市场供应情况。膜的颜色,在室外氨化时,应以黑色为佳,有利于缩短氨化时间。如在室内使用,则颜色影响不大。所需薄膜的多少,则视垛的大小而定。

一般底膜长度 = 垛长 + 0.5 米(余边);宽度 = 垛宽 + 0.5 米。

罩膜长度 = 垛长 + 高 × 2 + 0.5 米;宽度 = 垛宽 + 高 × 2 + 0.5 米。

根据底膜和罩膜所需的长度和宽度,将市售的薄膜用烙铁或熨斗粘结在一起,并仔细检查有无破损,将罩膜套在秸秆堆后,迅速注入液氨,最后将四周与底膜连结在一起,用湿土或泥土压好,防止氨气逸出。封闭好后用绳、带在罩膜外横竖捆扎若干条,以防风吹破损。

第五,秸秆堆垛重量的估算。由于秸秆垛体积大、数量多,不可能用秤测重。因此,应事先测出不同种类秸秆、不同堆垛时间的平均密度和重量。为了准确起见,首先在堆垛前用地衡秤出秸秆的重量,然后堆垛,在不同天数(1,3,5,7,9 天等)测定垛的体积,如此反复 5~7 次,即可估测出堆垛的秸秆重量。一般新麦秸垛每立方米为 55 千克,旧垛 79 千克;玉米秸新垛每立方米 79 千克,旧垛 99 千克。均为未切碎秸秆。

第六,注入氨量的计量。当秸秆重量估算出后,再计算出应注入的液氨重量。目前注氨方式有两种:一种是将氨槽车直接开到现场氨化,另一种是将液氨分装入氨瓶后再运到现场。这两种方法都需要用液氨流量计测定。在无精确流量计使用时,比较理想的方法是实行"1 垛 1 瓶"。即:先计算出每个垛的重量和所需液氨数量,在氨化站分装液氨时即按要求数装入,在现场操作时,每个垛 1 瓶,用完为止。

②窖、池法:利用砖、石、水泥等材料建筑的地下或半地下容器称为窖。在地下水位高的地方可建成地上或半地上式窖,在地下水位低的地方,可建成地下窖。

建造永久性的氨化窖、池,可以与青贮饲料轮换使用,即夏、秋季氨化,冬、春季青贮,也可以 2～3 个窖、池轮换制作氨化饲料。用水泥抹面的窖池,饲料不受泥土污染,仅封顶时需塑料薄膜,可减少薄膜用量。永久窖、池不受鼠虫危害,也不受水、火、人、畜等灾害威胁,适合我国广大农村小规模饲养户使用。采用窖、池容器氨化秸秆,首先把秸秆铡碎,麦秸、稻草较柔软,可铡成 2～3 厘米的碎草,玉米秸较粗硬,应以 1 厘米左右为宜。

用尿素氨化秸秆,每吨秸秆需尿素 40～50 千克,溶于 400～500 升清水中,待充分溶解后,用喷雾器或水瓢泼洒,与秸秆搅拌均匀后,一批批装人窖内,摊平、踩实。原料要高出窖口 30～40 厘米,长方形窖呈鱼脊背式,圆形窖呈馒头状,盖膜密封后,在塑料薄膜上均匀填压湿润的碎土,切勿将塑料薄膜打破,以免造成氨气泄出。

③氨化炉法:氨化炉是一种密闭式氨化设备,它可将秸秆快速氨化处理。氨化炉目前在我国有三种形式,即金属箱式(类似集装箱)、土建式和可以拆卸安装用金属板制成的拼装式。氨化炉是由炉体、加热装置、空气循环系统和秸秆车等组成。炉体应保温、密闭,并耐酸碱腐蚀。加热装置应视当地情况而定,可以用电、煤等燃料,通过蒸汽加热。草车应便于装卸、运输和加热,并带有铁轮架可在铁轨上运行。氨化切碎的秸秆时,草车应装有网状围栏,便于碎秸秆氨化。

用氨化炉氨化秸秆,使用碳酸铵作氨源较经济。碳酸铵用量为秸秆干物质量的 8%～12%(或尿素 5%),均匀喷洒在秸秆上,使含水量达 45%。在炉外将碳酸铵溶液与秸秆混拌均匀后,装在草车内,推进炉内,把炉门关严后加热。如果用电加热,开启电热管,用控温仪把温度调整到95℃左右,加热 14～15 个小时后,切断电源,再焖炉 5～6 个小时,即可打开炉门,将草车拉出,任其自由通风,使余氨散发后即可饲喂。如果用煤或木柴加热,温度达不到95℃时,则应根据温度高低,适当延长加热时间。

④塑料袋氨化法:利用塑料袋氨化秸秆,适合在我国南方或北方地区气温较高的夏季使用。该法灵活方便,不需特殊设备,也适合于饲养肉羊较少的农户使用。塑料袋应选用无毒的黑色聚乙烯薄膜,厚度在 0.12 毫米以上,韧性好,抗老化。袋口直径 1～1.2 米,长 1.3～1.5 米。用烙铁粘缝,装满饲料后,袋口用绳子扎紧,放在向阳背风、距地面 1 米以上的棚架或房顶上,以防被老鼠咬破。氨化时,可用相当于秸秆风干重量 4%～5% 的尿素或 8%～12% 的碳酸铵,溶在相当于秸秆重量 40%～50% 的清水中,充分溶解后与秸秆搅拌均匀装入袋内。昼夜气温平均在 20℃ 以上时,经15～20 天即可饲。此法的缺点是氨化数量少,塑料袋一般只能用 2～3 次,成本相对较高。塑料袋容易破损,需经常检查粘补。

(4)影响氨化质量的因素　秸秆氨化质量的优劣,主要决定于氨的用量、秸秆含水率、环境温度和时间以及秸秆原有的品质等多种因素。

①氨的用量:据研究,氨化秸秆氨的用量从秸秆干物质重量的 1% 提高到 2.5%,秸秆的消化率显著提高。氨的用量从 2.5% 提高到 4%,改进秸秆消化率的幅度比较小。超过 4% 时,其消化率稍有提高。因此认为,氨的经济用量为秸秆干物质重量的 2.5%～3.5% 为宜。

用不同的氨源氨化秸秆时,其用量可根据各自的含氮量进行换算。例如,液氨的含氮量为 82.3%,尿素为 46.7%,碳酸铵为15%,氨水为 20% 左右。氮转换为氨的系数为 1.21,所以,不同氨源氨化秸秆时,可用下列公式换算:

$$不同氨源的用量 = \frac{氨的经济用量}{氨源的含量 \times 1.21(系数)}$$

常用氨源氨化秸秆的理论用量:液氨,2.5%~3.5%;尿素,4.5%~6.2%;碳酸铵,13.8%~19.3%。

在生产上的经济用量,每吨秸秆用液氨 30 千克,尿素为 40~50 千克,碳酸铵为 80~120 千克。

②氨化秸秆的含水率:水是氨的载体,氨与水结合形成氢氧化铵,其中的铵离子(NH_4^+)和氢氧根离子(OH^-)分别对提高秸秆含氮量和消化率起重要作用。据研究,秸秆含水率从 12%提高到 50%,无论氨化温度如何,均能提高秸秆消化率。秸秆有机物消化率随含水量提高而提高。试验证明,用尿素和碳酸铵氨化秸秆,含水率以 45%为宜。含水率过高,既不便操作,又有发霉的危险。总含水量低于 40%时,氨化效果不理想。

③氨化秸秆的温度与氨化时间:秸秆氨化的时间与环境温度有密切的相关性。大量的实践与试验说明,当环境温度低于 5℃时,处理时间应超过 8 周;当环境温度分别为 5℃~15℃,15℃~30℃,超过 30℃时,处理时间分别为 4~8 周,1~4 周,小于 1 周。

④秸秆品质:秸秆氨化后,通常其营养价值提高的幅度与秸秆原有营养价值的高低呈负相关。即品质差的秸秆,营养价值提高幅度大,而品质好的则提高幅度小。所以,消化率为 65%~70%的粗饲料及幼嫩青干草不必氨化。

(5)品质的评定 氨化秸秆品质的评定,主要采用感官评定和化学分析方法。

①感官评定法:氨化后的秸秆质地变软,颜色呈棕黄色或浅褐色,释放余氨后有糊香气味。如果秸秆颜色变白、发粘或结块等,说明秸秆已经霉变,不能喂羊。如果氨化后的秸秆与氨化前基本一样,证明没有氨化好。这种方法较为直观,简便易行,是生产上常用的评定方法。

②化学分析法：通过实验分析，测定秸秆氨化前后营养成分的变化，来判断品质的优劣。据测定，小麦秸、稻草、玉米秸氨化前粗蛋白质含量分别为 2.2%、3.86%、3.7%，氨化后分别为 7.64%、7.84%、8.72%，分别提高 2.47 倍、1.3 倍、1.36 倍。干物质消化率也分别提高 10.3%、1%、18%，这两项指标均高于羊草。

3. 秸秆微贮技术　秸秆微贮是在秸秆中加入微生物活性菌种，放入一定的容器中进行发酵，使秸秆变成带有酸、香、酒味的肉羊喜食的粗饲料。由于它是在贮藏状态下利用微生物使饲料进行发酵，故称微贮。

(1)原理　秸秆在微贮过程中，在无氧环境下，秸秆发酵菌将大量的纤维素类物质转化为糖类，糖类又经有机酸发酵菌转化为乳酸和挥发性脂肪酸，使 pH 值降到 4.5～5，抑制了丁酸菌、腐败菌等有害菌的繁殖。秸秆微贮的含水量一般在 60%～70%。当含水量过多时，降低了秸秆中糖和胶状物的浓度，产酸菌不能正常生长，导致饲料腐烂变质；而含水量过少时，秸秆不易被踩实，残留的空气过多，保证不了无氧发酵的条件，有机酸数量减少，容易霉烂。

发酵活干菌处理秸秆，制作微贮饲料的原理与瘤胃微生物发酵的原理基本相似。秸秆在微贮过程中，由于活干菌的无氧发酵作用，增加了秸秆的柔软性膨胀度，使瘤胃微生物能直接与纤维素接触，从而提高了粗纤维的消化率。微贮饲料，可提高瘤胃微生物区系纤维素酶和解酯酶的活性，使维生素 B_{12} 合成达 0.33 毫克/千克，能促进挥发性脂肪酸的生成及提高，其中丙酸提高 27.3%。挥发性脂肪酸可为微生物菌体蛋白的合成提供碳架，而丙酸系反刍家畜重要的葡萄糖前体。由于秸秆消化率的增加和采食量的提高(20%～40%)，有机物消化量以及动物机体能量代谢物质挥发性脂肪酸的相应增加和提高，则意味着瘤胃微生物菌体蛋白合成量的提高，从而增加了对机体微生物蛋白的供应量。这就是微贮饲料使反刍家畜增重的主要原因。

(2)秸秆微贮饲料的特点　成本低、效益高,每吨秸秆制成微贮饲料只需 3 克秸秆发酵活干菌,而每吨秸秆氨化则需用 30 ~ 50 千克尿素。微贮饲料的加工成本仅为尿素氨化饲料的 20%。秸秆微贮不仅能提高消化率和营养价值,同时能提高适口性,增加肉羊的采食量。进行秸秆微贮,饲料来源广,不受季节限制,且制作简便,与青贮饲料相比较,容易学会,便于操作,适合广大农村养羊户推广使用。

(3)调制方法

①菌种复活:秸秆发酵活干菌每袋 3 克,可调制干秸秆(麦秸、稻草、玉米秸)1 吨,或青秸秆 2 吨。在处理秸秆前,先将菌剂倒入 200 毫升水中充分溶解,然后在常温下放置 1 ~ 2 个小时,使菌种复活。复活好的菌剂一定要当天用完,不可隔夜使用。

②菌液的配置:将复活好的菌剂倒入充分溶解的0.8% ~ 1%食盐水中拌匀。食盐、水、菌种用量的计算如表 4-1。

表 4-1　菌液中食盐、水和菌种的用量

秸秆种类	秸秆重量 (千克)	活干菌用量 (克)	食盐用量 (千克)	自来水用量 (升)	贮料含水率 (%)
稻麦秸秆	1000	3.0	9 ~ 12	1200 ~ 1400	60 ~ 70
风干玉米秸	1000	3.0	6 ~ 8	800 ~ 1000	60 ~ 70
青玉米秸	1000	1.5	—	适　量	60 ~ 70

③秸秆铡(揉、粉)碎:麦秸、稻草比较柔软,可用铡草机铡碎成 2 ~ 3 厘米的长度。玉米较粗硬,可用揉碎机加工成丝条状,以提高利用率及适口性。用玉米秸饲喂绵羊、山羊时,可用锤片式粉碎机加工成粗粉,便于混拌精饲料,并可提高利用率。

④秸秆入窖:在窖底铺放 20 ~ 30 厘米厚的粉碎秸秆,均匀喷

洒菌液,使秸秆含水率达 60% ~ 70%。喷洒后及时踩实,尤其注意踩实窖的四周及角落处。压实后再铺放 20 ~ 30 厘米厚秸秆,喷洒菌液、踩实。如此一层一层地装填原料,直到高出窖口 40 厘米时再封口。分层踩实的目的是为了排除窖内多余的空气,给发酵菌繁殖造成厌氧条件。如果当天未装满窖,可盖上塑料薄膜,第二天再继续装窖。

⑤封窖:当秸秆分层压实到高出窖口 30 ~ 40 厘米时,在最上层均匀洒上食盐,盖塑料薄膜。食盐用量每立方米 250 克,其目的是确保微贮饲料上部不发生霉烂变质。盖塑料薄膜后,在上面铺 20 ~ 30 厘米厚的稻草或麦秸,覆土 15 ~ 20 厘米,密封。

(4)品质鉴定

①看:优质微贮青玉米秸秆色泽呈橄榄绿,稻草、麦秸呈金黄褐色。如果变成褐色和墨绿色,则表明质量低劣。

②嗅:优质秸秆微贮饲料具有醇香味和果香味,并具有弱酸味。若有强酸味,表明醋酸较多,这是由于水分过多和高温发酵造成的。若有腐臭味,则不能饲喂,这是由于压实程度不够和密封不严,致使有害微生物发酵所致。

③手感:优质微贮饲料拿到手里感到很松散,且质地柔软湿润。若发粘,或者粘结在一起,说明微贮料开始霉烂。有的虽然松散,但干燥粗硬,也属于不良饲料。

(5)注意事项 秸秆微贮饲料,一般需在窖内贮 21 ~ 30 天后才能取喂,冬季需要的时间则更长些。取料时要从一角开始,从上到下逐段取用。每次取出量应以当天能喂完为宜。每次取料后必须立即将口封严,以免雨水浸入引起微贮饲料变质。每次投喂微贮饲料时,要求槽内清洁,对冬季冻结的微贮饲料应加热化开后再用。霉变的农作物秸秆,不能制作微贮饲料。微贮饲料由于在制作时加入了食盐,这部分食盐应从肉羊的日粮中扣除。

(二)青贮饲料的制作技术

1. 意义

(1)提高饲草的利用价值　新鲜的饲草水分高、适口性好、易消化,但不易保存,容易腐烂变质。青贮后,可保持青绿饲料的鲜嫩、青绿,营养物质不但不会减少,而且有一种芳香酸味,刺激家畜的食欲,采食量增加,对肉羊的生长发育有良好的促进作用。

(2)扩大饲料来源　青贮原料除大量的玉米、甘薯外,还有牧草、蔬菜、树叶及一些农副产品等,如向日葵头盘、菊芋茎秆等。有些饲料经过青贮后,还可以除去异味和毒素,如木薯含有氰苷,不宜大量鲜食,青贮后则可安全食用。

(3)调整饲草供应时期　我国北方饲料生产的季节性非常明显,旺季时吃不完,饲草饲料易霉烂,而淡季则缺少青绿饲料。青贮可以做到常年均衡供应,有利于提高肉羊的生产能力。

(4)操作简便,经济实惠　青贮可以使单位面积收获的总养分保存达最高值,减少营养物质的浪费。另外,便于实现机械化作业收割、运输、贮存,减轻劳动强度,提高工作效率。

(5)防治病虫害　玉米、高粱的钻心虫及牧草的一些害虫和病原菌,通过青贮可以被杀死,减少植物病虫害的发生与曼延。

2. 原理

(1)影响青贮的主要微生物　收获后的青饲料,表面带有大量微生物,如乳酸菌、酵母菌、酪酸菌、霉菌等,1千克青绿饲料中可达10亿个,如不及时处理,腐败菌就会繁殖,使青饲料发生霉变、腐烂。青贮是一个发酵过程,各种微生物不断发生变化,其中乳酸菌是青贮成功与否的关键性微生物。在青贮时,要促进乳酸菌的形成,抑制其他有害微生物的繁衍。参与和影响青贮的主要微生物有以下几种。

①乳酸菌:乳酸菌是促使青饲料发酵的主要有益细菌,革兰氏阳性,无芽孢,能使糖发酵产生乳酸被家畜吸收利用。乳酸菌是

厌氧菌,在适当的水分和无氧条件下繁殖旺盛,耐酸力强,并能使单糖和双糖分解生成大量的乳酸。乳酸形成后,一方面为乳酸菌本身生长繁殖创造了有利条件,另一方面酸性环境也抑制了其他细菌的繁殖,如腐败菌。乳酸菌大量增殖,使酸度增加,乳酸菌自身生长也受到抑制而停止活动。在品质优良的青贮饲料中,乳酸含量一般约占青贮饲料量的 1% ~ 2%,pH 值下降到 4.2 以下,只有少量乳酸菌活动。

②酪酸菌:酪酸菌也叫丁酸菌,革兰氏阳性,能生成芽孢。在厌氧条件下生长,能分解糖、有机酸和蛋白质,是青贮饲料中的有害微生物。酪酸菌繁殖后,使饲料发臭变质。在青贮过程中应避免土壤污染,酪酸菌数量就会减少,而且它严格厌氧,耐酸性差,只要在青贮初期保证严格的厌氧条件,乳酸菌有足量积累,pH 值迅速下降,酪酸菌则不能大量繁殖,青贮饲料的质量就可以有保障。

③醋酸菌:醋酸菌为需氧菌,在青贮初期,空气多时会大量繁殖,使青贮饲料中的乙醇分解,产生醋酸,降低饲料品质。所以在青贮时,应注意保护乳酸菌繁殖环境,控制醋酸菌的生长。

④其他腐败菌:腐败菌的种类多,适应性强,无论厌氧、有氧条件下均能生长繁殖。腐败菌能使蛋白质、脂肪、糖等分解成氨、二氧化碳、甲烷、硫化氢等,会使饲料失去营养物质,产生臭味、苦味,最终饲料腐烂,导致青贮失败。

腐败菌在青贮原料中存在数量最多,危害性最大,但它不耐酸,当乳酸菌大量繁殖,在 pH 值下降到 4.4,氧气耗尽的情况下,腐败菌则受到抑制。所以,青贮过程中严禁漏气。若水分过大,酸度不够,腐败菌则会繁殖,使青贮饲料品质变坏。

⑤酵母菌:一般认为,酵母菌能利用青饲料中的糖分进行繁殖,可增加青贮饲料的蛋白质含量,同时生成乙醇,使青贮饲料有一种清香味。但是,若青饲料中糖分不足时,酵母菌引起的乙醇发酵会造成糖分减少,影响乳酸菌的生长繁殖,尤其是当青贮装填不

紧,酵母菌在有氧的条件下繁殖时,还能分解各种有机酸,破坏青贮环境。不过,在正常情况下,酵母菌只在青贮初期繁殖,随着氧气的减少和乳酸菌的繁殖积累,会很快得到控制。

⑥霉菌:霉菌亦称丝状真菌,是真菌的一部分。霉菌为需氧、喜酸的微生物。霉菌广泛存在于青贮原料的表面,它使纤维素和其他细胞壁分解,还能通过呼吸作用分解糖和乳酸。另外,还会产生具有雌激素样作用的霉菌毒素,若被肉羊食用,可使其发生不孕。霉菌中的白地霉若大量繁殖,会使青饲料产生一种酸败味。但由于青贮时严格的无氧环境,霉菌一般不能生长。所以,制作青贮时须压紧、夯实,严格控制空气的渗入。

(2)青贮发酵过程 在正常的青贮过程中,由于微生物的发酵作用,饲料中的单、双糖可以转化为乳酸、醋酸、琥珀酸等有机酸和醇类,同时放出少量的能量;木质素和纤维素仍然保持不变;蛋白质有一部分被分解成氨化物;胡萝卜素和其他维生素仅有少量损失;脂肪保持不变。总养分损失在3%～10%。因此,优良的青贮饲料养分损失很少。

青贮饲料在整个发酵过程中,由封存到启用,各种微生物的演替变化是复杂的。一般可以将发酵分为三期。

①初期——需氧活动阶段:新鲜的青贮原料装入青贮窖后,由于在青贮原料间还有少许空气,各种需氧和兼性厌氧菌迅速繁殖,其中包括腐败菌、酵母菌、霉菌等。植物的细胞呼吸作用以及各种酶的活动和微生物的发酵作用,使得青贮原料中遗留下少量的氧气很快耗尽,形成了无氧环境。与此同时,微生物的活动产生了大量的二氧化碳、氢气和一些有机酸,如醋酸、琥珀酸和乳酸,使饲料变成酸性环境,从而不利于腐败菌、酪酸菌、霉菌等生长,乳酸菌则大量繁殖占优势。当有机酸积累到0.65%～1.3%,pH值下降到5以下时,绝大多数微生物的活动都被抑制,霉菌也因无氧而不再活动,这个阶段一般维持2天左右。如果青贮时青饲料压得

不实,上面盖得不严,有渗气、渗水现象,窖内氧气量过多,植物呼吸时间过长,需氧菌活动旺盛,会使窖温升高,有时会达60℃,因而削弱了乳酸菌与其他微生物的竞争能力,使青贮饲料的营养成分遭到破坏,降低了饲料品质,严重的会造成烂窖,导致青贮失败。

②中期——乳酸发酵阶段:无氧条件形成后,乳酸菌迅速繁殖形成优势,并产生大量乳酸,其他细菌不能再生长活动。当pH值下降到4.2以下时,乳酸菌的活动也渐渐慢下来,还有少量的酵母菌存活下来,此时的青贮饲料发酵趋于成熟。一般情况下,发酵5~7天时,微生物总数达高峰,其中以乳酸菌为主,正常青贮时,乳酸发酵阶段为2~3周。

③末期——青贮饲料保存阶段:当乳酸菌产生的乳酸积累到一定程度时,乳酸菌的活动受到抑制,并开始逐渐消亡。其乳酸积累量达1.5%~2%,pH值为3.8~4.2时,青贮料处于无氧和酸性环境中,使得青贮饲料可以长期保存。

上述3个阶段是青贮的过程,如果在青贮封窖后2~3周,虽然处于无氧环境,然而青贮原料中糖分较少,乳酸菌活动受营养所限,产生的乳酸量不足,或者原料中水分太多,或者青贮时窖温偏高,都可能导致酪酸菌发酵,使饲料品质下降,严重时能使青贮失败。因此,青贮的关键技术是尽量缩短第一阶段的时间,以减少由于呼吸作用而导致有害微生物的繁殖。

3. 青贮类型

(1)玉米青贮 青贮玉米饲料是指专门用于青贮的玉米品种,在蜡熟期收割,茎、叶、果穗一起切碎调制的青贮饲料。这种青贮饲料营养价值高,每千克相当于0.4千克优质干草。

①青贮玉米的特点

第一,产量高。每公顷产量一般为5万~6万千克,个别高产地块可达8万~10万千克。在青贮饲料作物中,青贮玉米产量一般高于其他作物(北方地区)。

第二，营养丰富。每千克青贮玉米中，含粗蛋白质20克，其中可消化蛋白质12.04克。维生素含量丰富，每千克青贮玉米含胡萝卜素11毫克，尼克酸10.4毫克，维生素C 75.7毫克，维生素A 18.4个单位。矿物质含量也很丰富，主要元素含量(单位：毫克/千克)分别为钙7.8，铜9.4，钴11.7，锰25.1，锌110.4，铁227.1。

第三，适口性强。青贮玉米含糖量高，制成的优质青贮饲料，具有酸甜、清香味，且酸度适中(pH值4.2)，牛和羊习惯采食后都很喜食。

②调制技术

一是适时收割。专用青贮玉米的适宜收割期在蜡熟期，即籽粒剖面呈蜂蜡状，没有乳浆汁液，籽粒尚未变硬。此时收割，不仅茎叶水分充足(70%左右)，而且单位面积营养物质产量最高。

二是收割、运输、切碎、装贮要连续作业。青贮玉米柔嫩多汁，收割后必须及时切碎、装贮，否则，营养物质将会损失。最理想的方法是采用青贮联合收割机，收割、切碎、运输、装贮等项作业连续进行。

三是采用砖、石、水泥结构的永久窖装贮。因青贮玉米水分充足，营养丰富，为防止汁液流失，必须用永久窖装贮。如果用土窖装贮时，窖的四周要用塑料薄膜铺垫，绝不能使青贮饲料与土壤接触，以防青贮饲料水分丧失或接触土壤而造成霉变。

(2)玉米秸青贮 玉米子实成熟后先将子实收获，秸秆进行青贮的饲料，称为玉米秸青贮饲料。在华北南部、华中地区，玉米收获后，叶片仍保持绿色，茎叶水分含量较高，但在东北、内蒙古及西北地区，玉米多为晚熟型杂交种，一般是在降霜前后才能成熟。由于秋收与青贮同时进行，人力、运输力矛盾突出，青贮工作经常被推迟到10月中下旬。此时秸秆干枯，若要调制青贮饲料，必须添加大量清水，而加水量又不易掌握，且难以和切碎的秸秆拌匀。水分多时，易形成醋酸或酪酸发酵；而水分不足时，易形成好氧高温发酵而霉烂。所以,调制玉米秸青贮饲料,要掌握以下关键技术环节。

①选择成熟期适当的品种:其基本原则是子实成熟而秸秆上又有一定数量绿叶(1/3以上),茎秆中水分较多。要求在当地降霜前7~10天子实成熟。

②晚熟玉米品种要适时收获:对晚熟玉米品种要求在子实基本成熟,在子实不减产或少量减产的最佳时期收获,降霜前进行青贮,使秸秆中保留较多的营养物质和较好的青贮品质。

③严格掌握加水量:玉米子实成熟后,茎秆中水分含量一般在50%~60%,茎下部叶片枯黄,必须添加适量清水,将含水率调整到70%左右。作业前测定原料的含水率,计算出应加水数量。

(3)牧草青贮 牧草不仅可晒制干草,而且可制作成青贮饲料。在长江流域及以南地区,北方地区的6~8月份雨季,可以将一些多年生牧草如苜蓿、草木犀、红豆草、沙打旺、红三叶、白三叶、冰草、无芒雀麦、老芒麦、披碱草等调制成青贮饲料。牧草青贮要注意以下技术环节。

①正确掌握切碎长度:通常禾本科牧草及一些豆科牧草(苜蓿、三叶草等)茎秆柔软,切碎长度应为3~4厘米。沙打旺、红豆草等茎秆较粗硬的牧草,切碎长度应为1~2厘米。

②豆科牧草不宜单独青贮:豆科牧草蛋白质含量较高而糖分含量较低,满足不了乳酸菌对糖分的需要,单独青贮时容易腐烂变质。为了增加糖分含量,可采用与禾本科牧草或饲料作物混合青贮。如添加1/3左右的水稗草、青割玉米、苏丹草、甜高粱等,当地若有制糖的副产物如鲜甜菜渣、糖蜜、甘蔗上梢及叶片等,也可以混在豆科牧草中混合青贮。

③禾本科牧草与豆科牧草混合青贮:禾本科牧草有些水分含量偏低(如披碱草、老芒麦),而糖分含量稍高,而豆科牧草水分含量稍高(如苜蓿、三叶草),二者进行混合青贮,优劣可以互补,营养

又能平衡。

(4)秧蔓、叶菜类青贮 这类青贮原料主要有甘薯秧、花生秧、瓜秧、甜菜叶、甘蓝叶、白菜等,其中花生秧、瓜秧含水量较低。制作青贮饲料时,需注意以下几项关键技术。

①高水分原料经适当晾晒后青贮:甘薯秧及叶菜类含水率一般在80%～90%,收割后应晾晒2～3天,以降低水分。

②添加低水分原料,实施混合青贮:在雨季或南方多雨地区,对高水分青贮原料,可以和低水分青贮原料(如花生秧、瓜秧)或粉碎的干饲料混合青贮。制作时,务必混合均匀,掌握好含水率。

③踩踏:此类原料多数柔软膨松,填装原料时,应尽量踩踏。封窖时窖顶覆盖泥土,以20～30厘米厚度为宜。若覆土过厚,压力过大,青贮饲料则下沉较多,原料中的汁液被挤出,造成营养损失。

(5)混合青贮 混合青贮是指两种或两种以上青贮原料混合在一起制作的青贮。其优点是营养成分含量丰富,有利于乳酸菌的繁殖生长,提高青贮质量。混合青贮的种类及其特点如下:

①牧草混合青贮:多为禾本科与豆科牧草混合青贮。

②高水分青贮原料与干饲料混合青贮:一些蔬菜废弃物(甘蓝包叶、甜菜叶、白菜)、水生饲料(水葫芦、水浮莲)、秧蔓(如甘薯秧)等含水量较高的原料,与适量的干饲料(如糠麸、秸秆粉)混合青贮。

③糟渣饲料与干饲料混合青贮:食品和轻工业生产的副产品如甜菜渣、啤酒糟、淀粉渣、豆腐渣、酱油渣等糟渣饲料有较高的营养价值,可与适量的糠麸、草粉、秸秆粉等干饲料混合贮存。

(6)半干青贮(低水分青贮) 半干青贮是指原料含水率在45%～50%时,半风干的植物对腐败菌、酪酸菌及乳酸菌造成生理干燥状态,使其生长繁殖受到限制。因此,在青贮过程中,微生物发酵微弱,蛋白质不被分解,有机酸形成数量少。虽然霉菌在风干植物体上仍可大量繁殖,但在切碎紧实的无氧环境下,其活动也很快停止。低水分青贮因含水量较低,干物质相对较多,具有较多的营养物质,如1千克豆科和禾本科半干青贮饲料中含有45~55克可消化蛋白,40~50微克胡萝卜素。微酸,有果香味,不含酪酸,pH值4.8~5.2,有机酸含量5.5%左右。优质的半干青贮呈湿润状态,深绿色,有清香味,结构完好。

半干青贮的调制方法与普通青贮基本相同,区别在于含水量在45%~50%,原料主要为牧草。当牧草收割后,将其平铺在地面上,在田间晾晒1~2天,豆科牧草含水量应在50%,禾本科为45%,二者在切碎时充分混合,装填入窖后必须踩实或压实。如用塑料袋作青贮容器,要防止鼠、虫咬破袋子,造成漏气而腐烂。

半干青贮适于人工种植牧草和草食家畜饲养水平较高的地方应用。近年来,一些畜牧业比较发达的国家如美国、俄罗斯、加拿大等广泛采用。我国的新疆维吾尔自治区、黑龙江省一些地区也在推广应用。

4. 青贮制作的必备条件　根据青贮的基本原理和发酵过程,制作青贮的主要环节是掌握青贮料中微生物生长发育的特性和规律,利用其中有益微生物来控制有害微生物,即利用乳酸菌在无氧条件下发酵,将糖转变成乳酸作为一种防腐剂而长期保存饲料。因此,制作青贮饲料的关键是为乳酸菌创造必要的条件。

(1)原料含水量适当　青贮原料中最适宜乳酸菌繁殖的水分含量是68%~75%。水分不足,青贮料不易压实,空气不易排出,青贮窖内温度容易上升,乳酸菌不能充分繁殖,使植物细胞呼吸和其他需氧菌活动持续时间长,且霉菌易生长,造成损失;水分过多,青贮料中的糖分和汁液由于压紧而流失,不能保证发酵后形成有效的乳酸浓度来抑制腐败菌的生长繁殖,导致青贮料的腐烂。因此,在调制时应当根据青贮原料适当调整,水分过大时应适当晾晒或掺入适量干饲料,水分低时可加入适量水或与含水量大的原料混贮。

(2)充足的含糖量 青贮原料中应有充足的糖分。原料中糖分充足,乳酸菌繁殖得快,产生的乳酸则多,原料酸度就会很快提高,使有害微生物被抑制而不能生长繁殖。相反,如果青贮原料糖分不足,产生的乳酸少,有害微生物就会活跃起来,青贮就会霉烂变质。因此,青贮原料中的糖分含量与乳酸的迅速形成对青贮质量有很大关系。青贮原料的含糖量一般不应低于鲜重的1%。一般来说,饲料作物玉米、高粱、甘薯以及栽培和野生禾本科牧草的含糖量不低于1%。而豆科牧草的苜蓿、沙打旺等,由于含糖较少而蛋白质较多,应搭配容易青贮的原料进行混贮或调制成半干牧草青贮。

(3)创造无氧环境 乳酸菌是厌氧菌,而腐败菌大多是需氧菌。如果青贮原料里面含有较多空气时,乳酸菌就不能很好地繁殖,而腐败菌等有害微生物就会活跃起来,尽管青贮原料有充足的糖分、适宜的水分,青贮仍会腐败变质。因此,要给乳酸菌创造有利的生存环境,装填时必须压实,排除空气,顶部封严,防止透气,促进乳酸菌迅速繁殖,抑制需氧菌的生长繁殖。

(4)掌握适宜的温度 在青贮成熟过程中,温度也是主要因素之一。最理想的温度是25℃~30℃,温度过高或过低,都会妨碍乳酸菌的生长繁殖,影响青贮质量。在正常青贮条件下,只要踩紧压实,无氧条件形成以后,青贮窖中的温度一般会在正常范围内,不需要另外采取调节温度的措施。

5.青贮设施与设备 青贮设施是指装填青贮饲料的容器,主要有青贮窖、青贮壕、青贮塔及青贮袋等。对这些设施的基本要求是:地址要选择在地势高燥、地下水位较低、距羊舍较近而又远离水源和粪坑的地方。装填青贮饲料的建筑物,要坚固耐用,不透气、不漏水,建筑材料应就地取材以节约成本。不同类型的建筑设施具体要求如下。

(1)青贮窖 青贮窖是我国广大农村应用最普遍的青贮设施。在地下水位低的地方可建造地下式青贮窖。在地势低平、地下水位较高的地方,应建造半地下式。按照窖形状的不同,可分为圆形窖和长方形窖两种。圆形窖占地面积小,圆筒形的容积比同等尺寸的长方形窖较大,装填原料多。但圆形窖开窖使用时,需将窖顶泥土全部揭开,窖口大,不易管理,取料时需一层一层地取用。若用量少,冬季表层易结冻,夏季易霉变。长方形窖适于小规模养殖户采用,开窖从一端启用,先挖开1~1.5米长缺口,从上向下,一层一层地取用。不论圆形窖或长方形窖,都应采用砖、石、水泥建造,窖壁用水泥抹面,以减少青贮饲料水分被窖壁吸收。窖底只用砖铺地面,不抹水泥,以便使多余水分渗漏。

圆形窖的直径2~4米,深3~5米,上下垂直,切不可上大下小,影响原料下沉。窖壁要光滑。圆形窖的容积计算公式为:半径×半径×深×3.14。长方形窖宽1.5~3米,深2.5米,长度根据需要而定。

如果暂时没有条件建造砖、石结构的永久壕,使用土窖青贮时,四周要铺垫塑料薄膜。第二年再使用时,要清除上年残留的饲料及泥土,铲去窖壁旧土层,以防杂菌污染。

(2)青贮壕 青贮壕是指大型的壕沟式青贮设施,适用于规模较大的羊场。青贮壕应选择在地方宽敞、地势高燥或有斜坡的地方,开口在低处,以便夏季排出雨水。青贮壕一般宽4~6米(便于链轨拖拉机压实),深2~3米,长20~40米。必须用砖、石、水泥建筑永久壕。青贮壕是三面砌墙,地势低的一端敞开,以便车辆运取饲料。

(3)青贮塔 青贮塔适用于机械化水平较高、饲养规模较大、经济条件较好的养殖场,是一种专业技术设计和施工的砖、石、水泥结构的永久性建筑。塔直径4~6米,高13~15米,塔顶有防雨设备。塔身一侧每隔2~3米留1个60厘米×60厘米的窗口,装料时关闭,用完后开启。原料由机械吹入塔顶落下,饲料由塔底层取料口取出。青贮塔封闭严实,原料下沉紧密,发酵充分,青贮质量较高。

(4)青贮塑料袋　采用质量较好的塑料薄膜袋,装填青贮饲料,袋口扎紧,堆放在羊舍内,使用很方便。袋宽 50 厘米,长 80～120 厘米,每袋装 40～50 千克。但因塑料袋贮量小,成本高,易受鼠害,故在我国应用较少。

(5)青贮设备　青贮设备主要是青贮切碎机械。其型号很多,根据作业功率大小,可分为大、中、小三种类型。

①大型青贮联合收割机及青贮切碎机:前者为动力设备,自走式,收割、切碎同步进行,每小时可收割 2～4 公顷青贮作物,是目前较为理想的青贮切碎机械。后者是将其安装在青贮窖旁,人工搬运原料和喂入。需用电机或大型拖拉机做动力,每小时切碎 20～30 吨。

②中型青贮切碎机:需要 30～40 千瓦电机或拖拉机做动力,如 9C-15 型青贮切碎机即属此类型,每小时切碎 15～20 吨。

③小型铡草机:农村常用的风送Ⅱ型铡草机,需 8.8 千瓦小型拖拉机做动力,将铡草机安装在拖拉机后座上。每小时可切碎青贮饲料 3～4 吨。

6. 制作技术及要求　青贮是一项突击性工作,一定要集中人力、机械,一次性连续完成。贮前要把青贮窖、青贮切碎机准备好,并组织好劳力,以便在尽可能短的时间内突击完成。青贮时要做到随割、随运、随切,一边装一边压实,装满即封。原料要切碎,装填要踩实,顶部要封严。

(1)刈割　要注意掌握各种青贮原料适宜的刈割时期,即应在产量和营养成分最高时期刈割。一般禾本科牧草在抽穗期刈割,玉米在乳熟期刈割。收获玉米穗后的秸秆如果青贮,更要及时收割。调制半干牧草青贮时,刈割的牧草可先进行晒制,呈半干状态后贮存。

(2)切碎　切碎时要根据饲草的种类正确掌握切碎长度。通常禾本科牧草及一些豆科牧草(苜蓿、三叶草等)茎秆柔软,切碎长度应为3~4厘米。沙打旺、红豆草等茎秆较粗硬的牧草,切碎长度应为1~2厘米。

(3)装贮　装贮饲料时要边装边压实,通常装1层厚30~50厘米的原料,立即用链轨拖拉机反复压实,然后再装1层,直至装满。装贮时要注意青贮设施的四周及拐角,边填边踩实。窖装满后,顶部必须装成弓形(圆窖装成馒头形),要求高出窖沿1米左右,以防因饲料下沉造成凹陷裂缝,使雨水流入窖内。在装贮过程中,如果原料偏干(含水量在65%以下),还应适当洒水。禾本科与豆科饲料混贮时,要注意混合均匀。

(4)封窖　有两种方法:一种是用塑料薄膜封顶,即用双层无毒塑料薄膜覆盖窖顶,四周压严,上部压以整捆稻草或其他重物即可;另一种是用土封顶,即在饲料上覆盖10厘米厚的干草(压实后的厚度),再压30厘米厚的土。不论哪种方法,一定要踩紧压实,以达到密封的要求,这是调制优良青贮饲料最关键的环节。封顶后1周以内,要经常查看窖顶变化,发现裂缝或凹坑,应及时进行处理。

(5)开窖及取用　封窖后经40天左右即可开窖饲用。开窖面的大小可根据肉羊的日喂量而定,不宜过大。因为开窖后的青贮饲料仍有霉坏变质的可能,所以,最好现取现用,不要存放过夜。另外,开窖时要把窖口处霉烂变质的青贮饲料除去。为了保持青贮饲料新鲜卫生,窖口应搭一活动凉棚,以免日晒雨淋,影响青贮饲料的质量。

7.青贮饲料添加剂

(1)作用　青贮技术中最重要的方法之一是采用青贮添加剂。青贮饲料添加剂的作用:一是可以抑制窖内有害微生物活动,减少青贮饲料营养成分损失;二是防止青贮饲料霉败,提高营养价值。因新鲜青绿饲料经收割铡短,植物细胞还未死亡,青贮后2~3天内仍呼出二氧化碳,耗费氧气,形成无氧环境,使需氧菌生活力减弱直至死亡。而厌氧性乳酸菌则利用饲料中的糖和水分迅速生长繁殖,进行无氧酵解,生成大量乳酸,使饲料酸化,从而保证饲料养分不受损失,达到保存饲料的目的。故添加青贮添加剂能起到抑菌、酸化、防腐的作用。

(2)种类 青贮添加剂主要有三类:一类是发酵促进剂,促进乳酸发酵,达到保鲜贮存的目的,如接种发酵菌种;另一类是保护剂,抑制饲料中的有害微生物的活动,防止饲料腐败霉变,减少养分流失,可选用安全型饲料添加剂,如磷酸、甲酸、乙酸和乳酸等;第三类是添加含氮等营养性物质,提高饲料的营养价值,改善饲料风味,如尿素、食盐、磷酸二氢铵、磷酸氢二铵等物质。各种添加剂在使用时应按要求添加(见附录九)。

8. 品质鉴定 青贮饲料品质的优劣与青贮原料的种类、收割时期以及青贮技术、青贮设施的质量等方面都有密切的关系。正常的青贮,只要经过一定时期的发酵过程,即可开窖取用。饲用前必须经过品质鉴定和分析,以确定其质量优劣。

(1)采样 鉴定青贮饲料的品质,首先要正确取样。为了使所采取样品的色、香、味、质地、茎叶的比例、含水量等方面都具有代表性,应从青贮窖(塔、袋)的不同层次选取。取样的方法是先将表面33厘米左右的青贮料除去,然后用刀切取一定体积的饲料块(切忌用手掏取样)。采样后要立即填补封严,以免空气混入使青贮饲料霉变损失。为了采取样品方便,也可在制作青贮时,将搅拌的原料装入备好的33厘米×33厘米的布口袋内,放在窖中央深60厘米的位置(如果是青贮壕,则放置在一端的中央)。开窖后,将小口袋刨出即可。

(2)鉴定方法 鉴定青贮饲料品质的方法大致有两种,一种是感官鉴定,另一种是实验室鉴定。但在一般生产条件下,只进行感官鉴定。

① 感官鉴定:检验青贮饲料的色、味、状态及结构等,以判断其品质优劣。

一是闻气味。品质优良的青贮料具有芳香的酒糟味或山楂糕味,酸味浓而不刺鼻,给人以舒适的嗅感,手摸后味道容易洗掉。而品质不良的青贮饲料粘到手上的气味,1次不易洗掉。中等品质的青贮饲料具有刺鼻酸味,芳香味轻,可以喂羊,但不适宜饲喂怀孕母羊。品质低劣的青贮饲料,有如厩肥一样的臭味,说明已霉坏变质,这种青贮饲料只能做肥料,不可用以喂羊。

二是看颜色。青贮饲料的颜色因所用原料和调制方法的不同而有所差异。如果原料新鲜、嫩绿,制成的青贮饲料呈青绿色;如果所用原料是农副产品或收获时已部分发黄,则制成的青贮饲料呈黄褐色,总的原则是越接近原料的颜色越好。品质好的青贮饲料,颜色一般呈绿色、茶绿色或黄绿色,有光泽。中等品质的呈黄褐色或暗绿色,光泽差。而品质低劣的则呈褐色或灰黑色(在高温条件下青贮的饲料呈褐色),甚至呈像烂泥一样的深黑色。

三是看形状,摸质地。良好的青贮饲料,压得非常紧密,但拿到手上又很松散,质地柔软、较湿润,茎叶多保持原来状态,茎叶轮廓清楚,叶脉和绒毛清晰可见。相反,如果青贮饲料粘成一团,像污泥一样,或者质地软散、干燥而粗硬,或者霉结成干块,说明其品质很劣。中等品质的青贮饲料,茎、叶、花部分保持原状,水分稍多。

② 实验室鉴定:主要检测 pH 值、有机酸含量、微生物种类和数量、营养物质含量及消化率等。

第一,pH 值(酸碱度)。是衡量青贮饲料品质优劣的重要指标之一。优质青贮饲料的 pH 值应在 4.2 以下,超过 4.2(半干青贮除外)说明青贮在发酵过程中,腐败菌、酪酸菌等活动较强烈。劣质青贮饲料的 pH 值高达 5～6。测定 pH 值时可用酸度计,在生产现场也可用石蕊试纸。

第二,有机酸。有机酸是评定青贮饲料品质的重要指标。前苏联 H.C. 波波夫教授按有机酸含量提出了评定标准(表4-2)。

表4-2 青贮饲料品质等级标准

等　级	乳酸(%)	醋酸(%)	酪酸(%)	pH 值
优　质	1.2~1.5	0.7~0.8	—	4.0~4.2
中　等	0.5~0.6	0.4~0.5	—	4.6~4.8
劣　质	0.1~0.2	0.1~0.15	0.2~0.3	5.5~6.0

9. 取用与饲喂方法

(1)防止"二次发酵"　青贮饲料封窖后经过 30~40 天,即可完成发酵过程并开窖使用。圆形窖应将窖顶覆盖的泥土全部揭开堆于窖的四周 30 厘米外,窖口必须打扫干净。长方形窖应从窖的一端挖开 1~1.5 米长开口,清除泥土和表层发霉变质的饲料,从上到下一层一层地取用。为防止开窖后饲料暴露在空气中,酵母菌及霉菌等污染与生长引起发霉变质(即所谓"二次发酵"),应注意以下两点:一是每天取用饲料的厚度不少于 20 厘米,要一层一层地取用,决不能挖坑或将饲料翻动;二是饲料取出后立即用塑料薄膜覆盖压紧,以减少饲料接触空气,窖口用草捆盖严实,防止灰土落入和羊误入窖内。

(2)饲喂方法　饲喂时应由少到多,但不能间断,以免窖内饲料腐烂变质和频繁交换饲料而引起肉羊消化不良或生产不稳定。

在高寒地区冬季饲喂青贮时,要随取随喂,防止青贮料挂霜或冰冻,不能把青贮料放在 0℃ 以下地方。如已经冰冻,应在暖和的屋内化开冰霜后再喂用,决不可喂结冻的青贮饲饲料。冬季饲喂青贮饲料要在羊舍内或暖棚里,先空腹喂青贮料,再喂干草和精饲料,以缩短青贮饲料的采食时间。冬季寒冷且青贮饲料含水量大,不能单独大量饲喂,应混拌一定数量的干草或铡碎的干玉米秸,每天肉羊混拌量为2~3千克。饲喂过程中,如发现有腹泻现象,应减量或停喂,待恢复正常后再继续喂用。

(三)青干草的调制技术

羊的饲料以饲草为主,饲喂时只要无泥土和污物,就可直接饲喂。但冬、春季节青草较为缺乏,特别是北方地区更为突出,所以,青干草的调制就显得更为重要。国外许多畜牧业发达的国家十分重视青干草生产,绝大多数国家采用人工干燥方法来调制和贮备青干草,成为发展养羊业的重要措施之一。

1.青干草的特点

(1)养分保存好 品质优良的青干草,色绿芳香,富含胡萝卜素,保留较多的叶片,质地柔软。据研究,人工干燥法制成的青干草,可保存90%~93%的养分,营养价值高,可提供一定的净能,满足肉羊的营养需要。

(2)适口性好,消化率高 优质青干草经合理贮藏、堆积发酵后发出芳香味,适口性好,肉羊爱吃。

(3)使用方便 良好的青干草管理得当可贮藏多年。特别是我国北方地区,冬春枯草期长,气候寒冷,作物生长期短,青绿饲料生产受到限制。而青干草可长年使用,取用方便,营养保存较完善,尤其对种羊和幼羊更为重要。

2.调制原理 调制干草的目的就是要迅速排除青草中的水分,抑制植物的酶活性和呼吸作用以及微生物的生长繁殖,以保持饲料的营养价值,防止饲料腐烂霉变。堆贮的干草要求含水量14%~17%,超过17%容易变质。青草在自然条件下干燥时所发生的生物化学变化可分为以下两个阶段。

(1)植物饥饿代谢阶段 刈割后的青草,细胞尚未死亡,仍进行着呼吸和蒸散作用,当水分减少到40%~50%时,呼吸作用停止。植物细胞进行呼吸作用时,可使植物体内一部分可溶性碳水化合物被消耗,同时蛋白质水解产生氨化物。这个阶段因受温度、湿度的影响,使水分蒸腾的时间长短不一。干燥得愈快,呼吸作用停止得愈早,有机物损失则愈少。

(2)植物成分分解阶段 此时植物细胞已经死亡,植物表面水分继续蒸发,植物所含的胡萝卜素和叶绿素被破坏,植物组织内尚有部分氧化酶继续活动,使营养物质分解。同时,微生物的活动也分解部分养分。因此,在这一阶段,植物水分降到14%～17%的速度越快,营养物质分解就越少。

青绿饲料在饥饿代谢和成分分解阶段,有一部分养分受到损失。此外,机械作用、阳光照射等也能损失一部分养分。在调制和保藏过程中,由于搂草、翻草、搬运、堆垛等一系列机械操作,使得部分细枝嫩叶破碎脱落,一般叶片损失20%～30%,嫩枝损失6%～10%。豆科牧草的茎较粗壮,干燥不均匀,叶片损失比禾本科严重。所以,因叶片脱落而造成的养分损失比例,远比重量损失的比例大得多。例如,苜蓿叶片损失占全重的12%时,其蛋白质的损失量可能占总量的40%。机械作用造成的养分损失量不仅与植物种类有关,而且与晒草技术有关。试验证明,刈割后立即小堆干燥,干物质损失仅占1%,以草垄干燥损失占4%～6%,平铺法晒草的干物质损失可达10%～40%。阳光直射使植物体内的胡萝卜素、叶绿素遭受破坏,维生素C也损失许多,但维生素D明显增加,这是由于植物体内的麦角固醇经阳光照射,转变为维生素D的结果。

刈割牧草如果受到雨水淋湿,会使组织内的易溶性化合物,如矿物质、水溶性糖和部分蛋白质严重损失。淋湿可使无机物损失67%,其中磷损失达30%,碳酸钠损失65%,这些损失主要发生在叶片上。

3.调制方法

(1)自然干燥法 该法不需要特殊的设备,尽管在很大程度上受天气条件的限制,但仍为我国目前采用的主要干燥方法。自然干燥又可分为地面干燥法和草架干燥法。

①地面干燥法:牧草在刈割以后,先就地干燥 6~7 个小时,使之凋萎,当含水量降至 40%~50% 时,用搂草机搂成草条继续干燥 4~5 小时,并根据气候条件和牧草的含水量进行草条的翻晒,使牧草水分降到 35%~40%,此时牧草的叶片尚未脱落,用集草器集成 0.5~1 米高的草堆,经 1.5~2 天就可调制成干草(含水量 15%~18%)。牧草全株的总含水量在 35%~40% 以下时,牧草的叶片开始脱落。因此,为了保存营养价值较高的叶片,搂草和集草作业应该在牧草水分不低于 35%~40% 时进行。在干旱地区调制干草时,由于气温较高,空气干燥,牧草的刈割与搂成草条可同时进行。

②草架干燥法:在牧草收割时若遇到多雨或潮湿天气,用地面干燥法调制干草不易成功,可以在干草架上进行干草调制。干草架有独木架、三角架、铁丝长架等。方法是将刈割后的牧草在地面干燥半天或 1 天后放在草架上,遇雨时也可以立即上架。干燥时将牧草自上而下地置于干草架上,并有一定的斜度以利于采光和排水。最低一层的牧草应高出地面,以利通风。草架干燥虽花费一定人力、物力,但制成的干草品质较好,养分损失比地面干燥减少 5%~10%。

(2)人工干燥法 这种方法在近 60~70 年来发展迅速,利用人工干燥可以减少牧草自然干燥过程中营养物质的损失,使牧草保持较高的营养价值。人工干燥法主要有常温鼓风干燥法和高温快速干燥法。

①常温鼓风干燥法:这种方法可以用于水分较高牧草的干燥。在堆贮场和干草棚中均安装常温鼓风机,经堆垛后,通过草堆中设置的通风机强制吹入空气,达到干燥。

②高温快速干燥法:将牧草切碎,置于牧草烘干机内,通过高

温空气,使牧草迅速干燥,干燥时间的长短,由烘干机的型号决定。有的烘干机入口温度为75℃～260℃,出口温度为60℃～260℃。虽然烘干机中温度很高,但牧草的温度很少超过30℃～35℃。用这种方法干燥饲草,养分损失很小,如早期刈割的紫花苜蓿制成的干草粉含粗蛋白20%,每千克含200～400毫克胡萝卜素和24%以下的纤维素。

此外,利用压扁机压裂草茎和施用干燥剂都可加速牧草的干燥,降低牧草干燥过程中营养物质的损失。常用的牧草压扁机有圆筒型和波齿型。常用的化学干燥剂有碳酸钾、长链脂肪酸甲基酯等。通过喷洒豆科牧草,破坏其茎表面的蜡质层,促进牧草水分散失,缩短干燥时间,提高蛋白质含量和干物质产量。

牧草在草条上干燥到一定程度后可用打捆机进行打捆,减少牧草所占的体积和运输过程中的损失,便于运输和贮存,并能保持干草的芳香气味和色泽。根据打捆机的种类不同,可分成方形捆和圆形捆。方形草捆通过不同型号打捆机,可以打成长方形小捆和大捆。小捆易于搬运,重量在14～68千克,而长方形大捆重0.82～0.91吨,需要重型装卸器或铲车来装卸。柱形草捆由大圆柱形打捆机打成600～800千克重的大圆形草捆,大草捆长1～1.7米,直径1～1.8米。圆柱形草捆在田间存放时有利于雨水流失,并可抵御不良气候侵害,能在田间存放较长时间。圆柱形单捆可以存放在排水良好的地方,成行排列,使空气易于流通,但不宜堆放过高(不超过3个草捆高度),以免遇雨造成损失。圆柱形草捆可在田间饲喂,也可运往圈舍饲喂。

用捡拾打捆机打捆,可以代替集草工作。为保证干草质量,在拣拾打捆时必须掌握收草的适宜含水量。为了防止贮藏时发霉变质,一般应在牧草含水量15%～20%时进行打捆,如果喷入防腐剂丙酸,打捆时牧草的含水量高达30%,这样可有效地防止叶和花序等柔嫩部分折断造成的机械损失。

4．干草的贮藏　干燥适度的干草,必须尽快采取科学合理的方法进行贮藏,以减少营养物质的损失和其他浪费。如果贮存不当,会造成干草的发霉变质,降低其饲用价值,完全失去干草调制的目的,而且还会引起火灾。

(1)散干草的堆藏　当调制的干草水分含量达15%～18%时即可贮藏。干草体积大,多采用露天堆垛的贮藏方法,垛成圆形或长方形草垛,草垛大小视干草量的多少而定。堆垛时应选择干燥地方,草垛下层用树干、秸秆等垫底,厚度不少于25厘米,避免干草与地面接触,并在草垛周围挖排水沟。垛草时要一层一层地进行,并要压紧各层,特别是草垛的中部和顶部。

散干草的堆藏虽经济,但易遭日晒、雨淋、风吹等不良因素的影响,不仅使其营养成分损失,还可能发生干草霉烂变质。据试验,干草露天堆放,营养物质损失高者达23%～30%,胡萝卜素损失达30%以上。干草垛贮藏1年后,草垛周围变质损失的干草侧面厚为10厘米,垛顶厚为25厘米,基部厚为50厘米,其中以侧面损失最小。因此,适当增加草垛高度可减少干草堆藏中的损失。

(2)干草捆的贮藏　干草捆体积小,便于运输与贮藏。干草捆的贮藏可以露天堆垛或贮存在草棚中,草垛大小以草量大小而定。

调制的干草,除在露天堆垛贮存外,还可以贮藏在专用的仓库或干草棚内。简单的干草棚只设支柱和顶棚,四周无墙,成本低。干草在草棚中贮存损失小,营养物质损失在1%～2%,胡萝卜素损失在18%～19%。干草应贮存在畜舍附近,便于取运。规模较大的贮草场应设在交通方便、平坦干燥、离居民区较远的地方。贮草场周围应设置围栏或围墙。

5．品质鉴定　干草品质的好坏,应根据干草的营养成分来评定,即通过测定干草中水分、干物质、粗蛋白质、粗脂肪、粗纤维、无氮浸出物、粗灰分、维生素和矿物质含量以及各种营养物质消化率,来评价干草的品质。但在生产实践中,由于条件的限制,往往采用感官方法,对干草进行品质鉴定和分级。

(1)颜色与气味　干草的颜色是反映品质优劣最明显的标志。优质干草呈绿色,绿色越深,其营养物质损失就越小,所含可溶性营养物质、胡萝卜素及其他维生素越多,品质就越好。适时刈制的干草都具有浓厚的芳香气味。如果干草有霉味或焦灼的气味,其品质不佳。

(2)叶片含量　干草中叶片的营养价值较高,所含的矿物质、蛋白质比茎秆中多 1～1.5 倍,胡萝卜素多 10～15 倍,纤维素少1～2 倍,消化率高达 40%。干草中的叶量多,品质就好,鉴定时取1 束干草,看叶量的多少,就可确定干草品质的好坏。禾本科牧草的叶片不易脱落,优质豆科牧草的干草中,叶片应占干草总重量的50% 以上。

(3)牧草发育时期　适时刈割调制是影响干草品质的重要因素,初花期或初花以前刈割,干草中含有花蕾,未结实花序的枝条较多,叶量也多,茎秆质地柔软,适口性好,品质佳。若刈割过迟,干草中叶量少,带有成熟或未成熟的枝条量多,茎秆坚硬,适口性、消化率都下降,品质变劣。

(4)牧草组分　干草中各种牧草占的比例也是影响干草品质的重要因素,豆科牧草占比例大则品质较好,杂草数量多时,品质较差。

(5)含水量　干草的含水量应为 15%～18%,含水量较高时不宜贮藏。将干草束握紧或搓揉时无干裂声,干草拧成草辫松开时干草束散开缓慢,并且不完全散开,用手指弯曲茎上部不易折断时,水分含量适宜。干草束紧握时发出破裂声,草辫松手后迅速散开,茎易折断说明太干燥,易造成机械损伤,草质较差。草质柔软,草辫松开后不散开,说明含水量高,易造成草垛发热或发霉,草质较差。

6. 饲喂方法　青干草是冬、春季节肉羊的主要饲料。良好的干草所含的营养物质能满足肉羊维持营养的需要并略有增重。但在肉羊生产中,很少以干草作为单一饲料,除补充部分精饲料外,一般用一部分秸秆或青贮饲料代替青干草,以降低饲料成本。为避免粪便污染和浪费,干草通常放在草架上让羊自由采食。目前常采用的方法是把干草切短(3厘米左右),或粉碎成草粉,或切碎后压成一定大小的草块进行饲喂,以提高利用率和采食量。用草粉饲喂肉羊,不要粉碎得太细,并在饲喂时添加一定量长草,以便使羊进行正常反刍。

第四节 饲料安全与饲料标准

饲料对肉羊健康和生产力有影响,关系到肉类的安全质量和消费者的身体健康,并会影响公共卫生,其安全性成为肉用畜禽无公害生产的一个重要环节。国内外曾出现的二恶英、疯牛病、痒病和"瘦肉精"事件等都与畜禽的饲料有关。因此,为了保证羊肉产品的安全质量,在肉羊无公害饲养中必须加强饲料监督和检测,严格执行饲料标准,确保饲料安全。

一、影响饲料安全的因素

饲料本身含有天然有害物质,或者在生产、加工、贮存、运输和销售过程中受到污染或者人为添加有害成分,而影响饲料的安全。根据污染物性质的不同,可分为生物性污染、化学性污染和放射性污染。

(一)生物性污染

指微生物、寄生虫及其虫卵和害虫对饲料的污染,其中以微生物的污染较为常见。

1. 细菌污染 污染饲料的细菌主要有腐败菌和致病菌。腐败菌污染饲料,分解蛋白质,使饲料发粘,发出难闻的恶臭味;分解碳水化合物,使饲料酸度升高,出现酸味,色泽异常。饲料腐败后感官性状异常,适口性和营养价值降低,同时增大了致病菌及产毒霉菌污染的可能性。有些腐败变质产物具有一定毒性,可危害肉羊健康。污染饲料的致病菌主要有沙门氏菌、大肠杆菌、肉毒梭菌、葡萄球菌等,这些致病菌可通过被污染的饲料传播疾病。

2. 霉菌污染　饲料植物从田间生长到收获、加工、贮藏、运输等各个环节,都有可能被霉菌污染而发生霉变。饲料霉变后不仅营养价值降低,同时出现发热、发潮、结块等变化,并产生令人厌恶的霉味和辛辣味,颜色变成黄绿色直至灰黑色,最后完全霉烂,失去使用价值,甚至造成环境污染。

霉菌的代谢产物——霉菌毒素对羊和人均有很强的致病性。目前已知污染饲料的产毒霉菌有 100 多种,可产生 200 多种毒素,其中约有 30 多种霉菌对肉羊的危害较大,主要有黄曲霉和寄生曲霉(产生黄曲霉毒素)、赭曲霉(产生赭曲霉毒素)、烟曲霉(产生烟曲霉震颤素)、扩展青霉和荨麻青霉(产生展青霉素)以及镰刀菌(产生单端孢霉烯族化合物、玉米赤霉烯酮、串珠镰刀菌素、镰刀菌素和伏马菌素等)等。用霉变饲料饲喂肉羊,可引起肉羊的急性或慢性中毒。有些霉菌毒素可残留于羊的可食组织中,通过食物链进入人体,危害食用者健康。

3. 饲料害虫　饲料害虫种类繁多,分布广泛,抵抗力强,具有耐干燥、耐热、耐寒、耐饥饿、食性复杂、适应力和繁殖力强等特点,而且虫体小,易隐蔽,有些有翅,能远距离飞行和传播。因此,极易在饲料中生长繁殖,尤其是谷实类和油饼被害比较普遍。

常见饲料害虫主要是昆虫纲鞘翅目、鳞翅目的昆虫,还有蛛形纲蜱螨目的螨。害虫在饲料中生长繁殖,造成饲料损失。害虫分解饲料中蛋白质、脂类、淀粉和维生素,使其品质、营养价值和加工性能降低。害虫侵蚀饲料,遗留有分泌物、虫尸、粪便、蜕皮和饲料碎屑,使饲料更易被害虫和微生物污染。害虫大量孳生时,产生热量和水分,引起微生物增殖,导致饲料发热、发霉、变味、变色和结块。另外,苍蝇、蟑螂和螨可携带多种病原菌、霉菌、寄生虫及其虫卵,通过饲料传播疾病而威胁肉羊的健康。

(二)化学性污染

指有毒有害化学物质对饲料的污染,主要有环境污染物、农药和饲料添加剂等。工业"三废"中的重金属和有机化合物等环境污染物以及农药和化肥除了直接污染饲料作物和牧草外,还可通过空气、水、土壤向周围环境扩散。进入环境中的化学物质多数性质稳定,半衰期长,不易降解,长期滞留在环境中。通过羊的呼吸和饮水直接进入体内,也可通过被污染的饲料经食物链进入羊的体内,予以富集,致使其体内的含量成千上万倍增加,而引起肉羊中毒,危害其健康,并可引起肉羊产品中有毒有害物质残留。

1. 重金属 饲料中的重金属主要来自工业"三废",也可来自农药和矿物质饲料添加剂,常见的有汞、镉、铅、砷、铬等。汞可损害中枢神经系统、肾脏和肝脏。镉主要抑制酶的活性和免疫功能,损害肾脏、骨骼和消化系统,引起钙的负平衡和骨质疏松。铅主要损害神经系统、造血系统和肾脏,使机体的免疫功能、生育能力以及酶活性降低。砷损害神经系统、肾脏和肝脏,有些砷化物具致突变作用,无机砷有致癌性。

2. 农药 饲料中残留的农药主要来自施药时直接污染,或从环境中吸收,常见有杀虫剂(如有机氯、有机磷、氨基甲酸酯类、拟除虫菊酯类等)、杀菌剂(砷制剂、有机汞等)和除草剂等。有机磷农药是目前应用最广的一类农药,包括对硫磷、内吸磷、甲拌磷、乐果、敌百虫、敌敌畏等,这类农药污染饲料,进入羊的体内后,有的能通过血脑屏障对中枢神经系统产生毒性作用,有的则能通过胎盘屏障而影响胚胎的生长发育,有些还有致癌、致突变作用。

3. 氟 饲料中的氟化物主要来源于三个方面:①高氟地区引起的饲料污染;②某些工矿企业排出的"三废"中含有大量的氟,

可污染土壤,使饲料含氟量增高,也可污染大气,经饲料植物叶面直接吸收而使饲料富含氟;③长期饲喂未脱氟的矿物质添加剂,如磷酸钙、天然磷灰石、氟等经消化道进入胃和小肠上段被吸收后,可蓄积于体内,引起机体代谢障碍和氟骨症,造成骨质松软,易于骨折。

4. **饲料添加剂** 为了获得足够的羊产品,人们在饲料中添加一些肉羊快速生长所需要的化学物质,特别是集约化养殖所引起的饲养环境改变、疫病威胁、应激、营养限制等问题,都需要应用饲料药物添加剂。而许多添加剂尤其是药物添加剂有负面效应。如果非法使用违禁药物,不按规定正确使用饲料药物添加剂,过量添加微量元素等,必将影响饲料的安全性。有些添加剂随饲料进入羊的消化道,经吸收、代谢后有少量残留于体内,并富集于可食组织中,最终影响食用者的健康。

(1)药物添加剂 由于随意加大药物剂量、低水平用药或使用违禁药物等原因,造成饲料中抗菌药(抗生素、磺胺类、呋喃类、硝基咪唑、喹噁啉类等)、抗寄生虫药(咪唑类)和生长促进剂(β-兴奋剂、同化性激素、镇静剂、有机砷等)等残留。长期大量使用抗菌药物可引起细菌交叉感染或产生耐药性,并会造成环境污染,有些药物添加剂本身具有毒性。如氯霉素能损伤肝脏和造血系统,导致再生障碍性贫血和血小板减少,青霉素和链霉素易产生过敏反应,金霉素有致敏作用,磺胺类可损害肾功能。片面强调对氨基苯胂酸等有机砷制剂的促生长作用及医疗效果,而大量应用,可造成环境中砷的污染。

(2)矿物质和微量元素 高铜、高锌、高氟等添加剂的使用,使肉羊体内残留这类元素。使用营养不均衡、配比不合理、利用效率低的矿物质添加剂,不仅不能提高肉羊的生产性能,而且其未被消化的剩余部分,随着粪尿排到周围环境中,使各种不易被分解的物质在土壤中富集,造成不同程度的环境污染。

5. 饲料中天然有毒物质 有些植物本身含有天然有毒成分,或由于保存不当而产生了有毒成分,这些物质对肉羊会产生毒性作用。

(1)氰苷 很多植物含有氰苷,经水解后释放出氢氰酸,可引起肉羊氢氰酸中毒。含氰苷的植物和饲料有苏丹草、玉米和高粱幼苗、苕子(箭舌豌豆)、木薯和胡麻饼(粕)等。

(2)硝酸盐和亚硝酸盐 青绿饲料长时间高温堆放或煮后久置等,其中含有的硝酸盐还原为亚硝酸盐,用其饲喂肉羊,可引起中毒,出现组织缺氧症状。

(3)棉酚 棉籽饼(粕)中含有的游离棉酚,进入肉羊体内,可抑制酶的活性,损害心、肝、肾等实质器官,使神经系统的功能发生紊乱,并可影响公羊的生殖机能。

(4)芥酸和芥子碱 菜籽饼(粕)中含有芥酸、芥子碱、5-乙烯基噁唑烷硫酮、可溶性单宁等有害物质。如芥酸可影响动物生长,芥子碱有苦味。

(5)茄碱 茄碱又称龙葵素、龙葵碱、马铃薯素,在成熟马铃薯中含量甚微。但绿色未成熟的马铃薯或者因马铃薯贮存不当而发芽或者皮肉发绿,其茄碱的含量增加,用其饲喂肉羊,可引起中毒。

(6)其他天然有毒物质 草木犀贮存不当,发霉,所含香豆素转化为双豆香素,可引起肉羊中毒。饲用甜菜块根的表皮层和花生中含有皂苷,这类物质具有溶血作用,并可抑制酶活性。蓖麻籽中含有蓖麻毒蛋白,具有细胞毒性作用。

(7)光敏物质 有些饲料和野生植物含有特殊的光敏物质,被肉羊采食并经阳光照射后,可在皮肤的无色素部位出现红斑和发生皮炎。这类光敏物质一般存在于青绿多汁以及生长旺盛的一些植物中,如荞麦尤其是再生荞麦的嫩叶中含有的荞麦素,多年生黑麦草中的黑麦草碱等。

(8)抗营养物质 饲料中广泛存在着一些抗营养物质,可干扰动物的营养代谢,对肉羊健康和生产力产生潜在的危害。如大豆、豌豆、蚕豆、菜豆等豆科植物含有蛋白酶抑制剂,燕麦、大麦、荞麦和高粱等谷类饲料中,含有淀粉酶抑制剂;甜菜中含有胆碱酯酶抑制剂和蔗糖酶抑制剂,苜蓿中含有蛋白酶抑制剂;大豆、豌豆、蚕豆、菜豆等豆科植物及小麦、大麦、水稻、玉米等禾本科植物中,普遍存在红细胞凝集素。

6. 其他 影响饲料安全的因素多种多样,除了上述有毒、有害物质外,还有对人畜健康危害性较大的环境污染物多氯联苯、多环芳烃类等。另外,含有转基因成分的饲料也存在对动物与人类的健康和对环境的潜在危害问题,其安全性评价尚需进一步探索。

二、确保饲料安全的措施

(一)建立有效的监督管理和检测监控体系

为了加强对饲料和饲料添加剂安全性管理,1999 年 5 月 18 日国务院第 17 次常务会议讨论并通过了《饲料和饲料添加剂管理条例》,其他有关使用饲料和饲料添加剂的规定还有《饲料药物添加剂使用规范》(中华人民共和国农业部公告第 168 号)、《允许使用的饲料添加剂品种目录》(农业部公告第 105 号)(见附录九)、《禁止在饲料和动物饮水中使用的药物品种目录》(农业部公告第 176 号)、《农业转基因生物安全管理条例》等。

此外,还需进一步完善饲料安全卫生标准,对于新饲料添加剂应有严格的安全性评审规定,有关部门应该定期公布新添加剂产品和即将淘汰或禁止使用的添加剂产品,并加速新产品的推广应用。通过对肉羊养殖、饲料生产严格的监督管理和严格的执法来确保饲料的安全卫生,加快实施以监控、检测体系建设为主体的饲料安全工程。

(二)饲料原料种植要求

在饲料作物种植栽培中,农药的使用按《农药安全使用标准》

(GB 4285)规定执行,合理安全使用农药,严格遵守安全间隔期。灌溉用水、大气环境和土壤中污染物不得超过有关标准的规定。

(三)饲料加工中的要求

1. 严格遵守 GB/T 16764 的要求 饲料企业的工厂设计与设施卫生、工厂卫生管理和生产过程的卫生应符合《配合饲料企业卫生规范》(GB/T 16764)规定。

2. 原料 饲料原料应符合要求,禁用霉烂变质的原料。

3. 配料 定期对计量设备进行检验和正常维护,以确保其精确性和稳定性。微量组分应进行预稀释,并且应在专门的配料室内进行。配料室应有专人管理,保持整洁卫生。

4. 混合 混合工序投料应按先大量、后小量的原则进行。投入的微量组分应将其稀释到配料秤最大称量的 5% 以上。

5. 防止药物添加剂污染 肉羊配合饲料、浓缩饲料、精料补充料和添加剂预混合饲料中的药物饲料添加剂使用应遵守《饲料药物添加剂使用规范》。凡含有药物的饲料添加剂,均按兽药进行管理。

(1)药物添加的管理 专人负责添加,有完整详细的书面记录。药物不能直接加入饲料中使用,必须将其制成预混剂,经常校正计量设备,保证称量准确。

(2)加工排序、冲洗和设备清理 加药饲料的生产按同种药物含量,由多到少按序加工,最后用粉碎好的谷物原料冲洗 1 遍,再加工停药期的饲料,并定期清理粉碎、混合、输送、贮藏设备和系统。

(3)饲料标签 应标明药物的名称、含量、使用要求、休药期等。

(四)研制与推广使用新型安全饲料添加剂

在坚持现行标准和坚持质量的同时,要重视研究采用高新技术,提高饲料和饲料添加剂的档次,并开发质量高、无毒副作用、无残留、安全性好的新产品,特别要重视利用现代生物技术,研制和使用有机饲料、绿色饲料和无公害饲料及其添加剂。无公害饲料添加剂指用于生产无污染、无残留的畜产品,且不对环境造成任何污染的一类饲料添加剂的总称。在肉羊无公害生产中,可选用下列几类无公害饲料添加剂。

1. 糖萜素　是从植物中提取的天然物质,主要成分为三萜类和糖类。作为饲料添加剂,能明显提高动物机体的免疫功能,增强抗病能力,提高成活率。也可改善肉的品质。

2. 饲用微生态制剂　以活的形式在动物消化道中与病原菌进行竞争抑制,增强机体的免疫功能,并直接参与胃肠道微生物的平衡,加快达到胃肠道功能的正常化,产品没有抗药性和药物残留。

3. 饲用酶制剂　是微生物体内合成的具有高度催化活性的物质。添加饲用酶制剂,能促进肉羊对饲料的消化、吸收,提高饲料利用率,减少体内矿物质排泄,减轻环境污染。

4. 酸化剂　利用几种特定的有机酸和无机酸复合制成复合酸化剂,能迅速降低胃内 pH 值,保持良好的缓冲值和生物性能。

5. 甘露寡糖　能粘结诸如沙门氏菌和大肠杆菌等致病菌,调节机体的免疫系统。

6. 大蒜素　具有杀菌、防霉、诱食、促生长、提高饲料利用率等作用。

7. 有机微量元素添加剂　有机微量元素添加剂可以提高肉羊对微量元素的利用率,促进生长,增强免疫功能,改善胴体品质。

8. 饲用中草药制剂　中草药是一类天然、优质、新型饲料添加剂,含有多种氨基酸、维生素、微量元素等营养物质,能增进机体新陈代谢,促进蛋白质和酶的合成,从而促进肉羊生长,提高其繁殖力和生产性能,提高饲料报酬,且毒副作用小,无耐药性和药物残留。国内外已有用中草药组方的饲料添加剂,已取得一定成效,应用前景广阔。

(五)严禁使用和严厉查处违禁药物作为饲料添加剂

在肉羊无公害养殖中,应严格遵守《饲料和饲料添加剂管理条例》与《无公害食品 肉羊饲养兽药使用准则》,肉羊饲料中不得添加《禁止在饲料和动物饮水中使用的药物品种目录》中规定的违禁药物。违者严厉查处。

(六)慎用抗菌药和抗寄生虫药

改善饲养管理和卫生状况,使用安全绿色的添加剂。谨慎使用抗菌药和抗寄生虫药,减少对抗生素使用的依赖性和随意性。严格执行休药期。

三、饲料安全质量检测

(一)感官检验

取饲料原料、饲料或饲料添加剂样品,在自然光下检验其色泽、气味、组织状态等,以判断其新鲜度和卫生质量。合格饲料应具有该品种应有的色、嗅、味和形态特征,无发霉变质、无异臭、无异味、无结块和无霉变等。

(二)理化检验

采用理化方法,分析和检验饲料的一般成分(包括水分、粗蛋白质、钙、总磷),有毒有害物质(包括天然有毒物质、饲料腐败变质分解产物、残留的农药、兽药、重金属、霉菌毒素及其他化学污染物等)。其检验方法按《无公害食品 肉羊饲养饲料使用准则》执行(见附录三)。

(三)微生物学检验

饲料是否发霉变质或有致病菌污染不能仅凭感官鉴定,还应进行霉菌总数、沙门氏菌等检验。检验方法按《无公害食品 肉羊饲养饲料使用准则》执行。

四、饲料标准

（一）饲料卫生标准

1991 年我国颁布了第一部《饲料卫生标准》（GB 13078）。实施 10 年之后，于 2001 年对原有标准进行了重新修订与完善，发布了新版《饲料卫生标准》（表 4-3）。此外，还规定了饲料卫生检验方法。

表 4-3 饲料卫生指标 （GB 13078 - 2001）

卫生指标项目	适用范围	指 标	试验方法	备 注
砷(以总砷计)的允许量（毫克/千克）	石粉	≤2.0	GB/T 13079	不包括国家主管部门批准使用的有机砷制剂中的砷含量
	硫酸亚铁、硫酸镁			
	磷酸盐	≤20		
	沸石粉、膨润土、麦饭石	≤10		
	硫酸铜、硫酸锰、硫酸锌、碘化钾、碘酸钙、氯化钴	≤5.0		
	氧化锌	≤10.0		
	鱼粉、肉粉、肉骨粉	≤10.0		
	家禽、猪配合饲料	≤2.0		
	牛、羊精料补充料	≤10.0		
	猪、家禽浓缩饲料			以在配合饲料中20%的添加量计
	猪、家禽添加剂预混合饲料			以在配合饲料中1%的添加量计

续表 4-3

卫生指标项目	适用范围	指　标	试验方法	备　注
铅（以 Pb 计）的允许量(毫克/千克)	生长鸭、产蛋鸭、肉鸭配合饲料	≤5	GB/T 13080	以在配合饲料中20%的添加量计
	鸡配合饲料、猪配合饲料			
	奶牛、肉牛精料补充料	≤8		
	产蛋鸡、肉用仔鸡浓缩饲料	≤13		
	仔猪、生长肥育猪浓缩饲料			
	骨粉、肉骨粉、鱼粉、石粉	≤10		以在配合饲料中1%的添加量计
	磷酸盐	≤30		
	产蛋鸡、肉用仔鸡复合预混合饲料	≤40		
	仔猪、生长肥育猪复合预混合饲料			
氟（以 F 计）的允许量(毫克/千克)	鱼　粉	≤500	GB/T 13083	高氟饲料用 HG 2636-1994 中 4.4 条
	石　粉	≤2000		
	磷酸盐	≤1 800	HG 2636	
	肉用仔鸡、生长鸡配合饲料	≤250	GB/T 13083	
	猪配合饲料	≤100		
	产蛋鸡配合饲料	≤350		
	骨粉、肉骨粉	≤1 800		
	生长鸭、肉用鸭配合饲料	≤200		
	产蛋鸭配合饲料	≤250		
	牛（奶牛、肉牛)精料补充料	≤50		
	猪、禽添加剂预混合饲料	≤1 000		
	猪、禽浓缩饲料	按添加比例折算后，与相应猪、禽配合饲料规定值相同	GB/T 13083	以在配合饲料中1%的添加量计

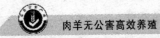肉羊无公害高效养殖

续表 4-3

卫生指标项目	适用范围	指 标	试验方法	备 注
霉菌的允许限量(每克产品中),霉菌总数 × 10^3 个	玉米	< 40	GB/T 13083	限量饲用:40~100 禁用:>100
	小麦麸、米糠	< 40		限量饲用:40~80 禁用:>80
	豆饼(粕)、棉籽饼(粕)、菜籽饼(粕)	< 50		限量饲用:50~100 禁用:>100
	鱼粉、肉骨粉	< 20		限量饲用:20~50 禁用:>50
	鸭配合饲料	< 35		
	猪、鸡配合饲料及浓缩饲料	< 45		
	奶牛、肉牛精料补充料			
黄曲霉毒素 B_1(微克/千克)	玉 米	≤50	GB/T 17480 或 GB/T 8381	
	花生(粕)、棉籽饼(粕)、菜籽饼(粕)			
	豆 粕	≤30		
	仔猪配合饲料及浓缩饲料	≤10		
	生长肥育猪、种猪配合饲料及浓缩饲料	≤20		
	肉用仔鸡前期、雏鸡配合饲料及浓缩饲料	≤10		
	肉用仔鸡后期、生长鸡、产蛋鸡配合饲料及浓缩饲料	≤20		
	肉用仔鸭前期、雏鸭配合饲料及浓缩饲料	≤10		
	肉用仔鸭后期、生长鸭、产蛋鸭配合饲料及浓缩饲料	≤15		
	鹌鹑配合饲料及浓缩饲料	≤20		
	奶牛精料补充料	≤10		
	肉牛精料补充料	≤50		

· 132 ·

续表 4-3

卫生指标项目	适用范围	指　标	试验方法	备　注
铬（以 Cr 计）的允许量（毫克/千克）	皮革蛋白粉	≤200	GB/T 13088	
	鸡、猪配合饲料	≤10		
汞（以 Hg 计）的允许量(毫克/千克)	鱼粉	≤0.5	GB/T 13081	
	石粉	≤0.1		
	鸡配合饲料，猪配合饲料			
镉（以 Cd 计）的允许量(毫克/千克)	米糠	≤1	GB/T 13082	
	鱼粉	≤2		
	石粉	≤0.75		
	鸡配合饲料，猪配合饲料	≤0.5		
氰化物(以 HCN 计)的允许量（毫克/千克）	木薯干	≤100	GB/T 13084	
	胡麻饼、粕	≤350		
	鸡配合饲料，猪配合饲料	≤50		
亚硝酸盐（以 $NaNO_2$ 计)的允许量(毫克/千克)	鱼粉	≤60	GB/T 13085	
	鸡配合饲料，猪配合饲料	≤15		
游离棉酚的允许量（毫克/千克）	棉籽饼、粕	≤1200	GB/T 13086	
	肉用仔鸡、生长鸡配合饲料	≤100		
	产蛋鸡配合饲料	≤20		
	生长肥育猪配合饲料	≤60		

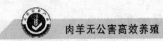

续表 4-3

卫生指标项目	适用范围	指　标	试验方法	备　注
异硫氰酸酯(以丙烯基异硫氰酸酯计)的允许量(毫克/千克)	菜籽饼、粕	≤4 000	GB/T 13087	
	鸡配合饲料	≤500		
	生长肥育猪配合饲料			
噁唑烷硫酮的允许量(毫克/千克)	肉用仔鸡、生长鸡配合饲料	≤1 000	GB/T 13089	
	产蛋鸡配合饲料	≤500		
六六六的允许量(毫克/千克)	米　糠	≤0.05	GB/T 13090	
	小麦麸			
	大豆饼、粕			
	鱼　粉			
	肉用仔鸡、生长鸡配合饲料	≤0.3		
	产蛋鸡配合饲料			
	生长肥育猪配合饲料	≤0.4		
滴滴涕的允许量(毫克/千克)	米　糠	≤0.02	GB/T 13090	
	小麦麸			
	大豆饼、粕			
	鱼　粉			
	鸡配合饲料,猪配合饲料	≤0.2		
沙门氏菌	饲　料	不得检出	GB/T 13091	
细菌总数的允许量(每克产品中),细菌总数×10^6个	鱼　粉	<2	GB/T 13093	限量饲用:2~5 禁用:>5

注:①所列允许量均以干物质含量为88%的饲料为基础计算

②浓缩饲料、添加剂预混合饲料添加比例与本标准备注不同时,其卫生指标允许量可进行折算

(二)肉羊无公害生产的饲料标准

2002年我国农业部颁布的《无公害食品肉羊饲养饲料使用准则》(NY 5150),规定了生产无公害肉羊所需的配合饲料、浓缩饲料、精料补充料、添加剂预混合饲料、饲料原料、饲料添加剂加工过程的要求,以及检验方法、检验规则、判定规则、标签、包装、贮存、运输的规范,适用于生产无公害肉羊所需的商品配合饲料、浓缩饲料、精料补充料、添加剂预混合饲料和生产无公害肉羊的养殖场自配饲料(见附录三)。

第五章　肉羊无公害饲养管理技术

第一节　羊的消化特点

羊所采食的饲料,通过消化器官的作用分解为比较简单的物质后被机体吸收,用作构建机体组织所需要的物质、维持代谢和营养物质的贮备。了解羊的消化特点,是进行科学养羊的基础。

一、羊消化器官的特点

羊是小型反刍动物,有 4 个胃室。根据羊胃的结构和生理功能特点,可将其分为前胃和真胃两大部分。前胃是反刍动物对饲料进行微生物发酵和营养物质吸收的重要场所,有三室,分别为瘤胃(占整个胃容量的 79%)、网胃(又叫蜂巢胃,其容积占整个胃容量的 7%)、重瓣胃(其内壁有大量皱褶)。瘤胃容积大,是 1 个天然的连续发酵罐,既能保证羊在较短的时间内采食大量的饲料,又有利于瘤胃内所共生的微生物生存和发酵,供给羊所需要的营养。羊所需能量的很大一部分是通过瘤胃吸收微生物发酵过程中产生的挥发性脂肪酸来满足的。真胃又叫皱胃,与其他单胃动物的胃一样,能分泌胃酸和消化酶,可进行有效的化学性消化。

小肠是羊的重要消化吸收器官,较长,具有较强的消化吸收能力,而大肠的长度仅有小肠的 1/10,其功能主要是吸收水分和形成粪便。

反刍是羊和其他反刍动物正常的消化生理功能。草料进入瘤胃后,未经仔细咀嚼或质地粗劣的草料会刺激瘤胃壁,引起逆呕反射,借助瘤胃的蠕动和食管的节律性收缩,将食团从瘤胃中反呕到口中,经反复咀嚼后再吞入瘤胃,促进瘤胃的机械消化和微生物发酵。羊每天的反刍次数约为 8 次,每次反刍持续的时间约 40~60 分钟,每天用于反刍的时间约 8~10 个小时,逆呕到口腔的总食团数约 500 个,每个食团再咀嚼的次数为 70~80 次。

影响羊反刍的因素很多,草料的种类、品质,日粮的调制方法,饲喂方式,气候、饮水以及羊的体况等都会影响反刍。当羊过度疲劳、患病或受到外界的强烈刺激时会造成反刍紊乱或停止,对羊的健康不利。当病羊表现出食欲废绝、反刍停止时,羊的病情已十分严重,往往预后不良。

二、瘤胃的消化功能

瘤胃不但是羊采食大量饲料的临时"贮藏库",而且寄生着 60 多种微生物,对羊消化、吸收有重要的作用。瘤胃微生物包括细菌和原虫,每 1 毫升瘤胃液中约含细菌 5 亿~10 亿个,原虫 2 000 万~5 000 万个。对粗纤维的分解和蛋白质合成起主要作用的是细菌。瘤胃的环境,对微生物的繁殖非常有利。瘤胃内温度 40℃左右,pH 值在 6~8 之间,是一个连续的厌氧发酵系统。瘤胃微生物与羊的共生关系,是在长期的生物进化过程中形成的,是反刍动物对恶劣自然环境的适应。正是由于反刍动物具有复杂的瘤胃消化功能,使反刍动物在利用品质粗劣的饲草方面,其利用效率高于单胃动物。

(一)分解消化粗纤维

羊本身并不能产生水解粗纤维的酶,必须借助于微生物活动产生的纤维水解酶把粗饲料中的粗纤维分解成容易被消化吸收的碳水化合物,通过瘤胃壁吸收利用,是羊主要的能量来源。羊通过瘤胃微生物对日粮营养物质的发酵、分解所得到的能量,约占羊能量需要量的 40%~60%。

（二）合成菌体蛋白，改善日粮的粗蛋白质品质

日粮中的含氮物质（包括蛋白质和非蛋白质含氮化合物）进入瘤胃后，大部分会经过瘤胃微生物的分解，产生氨和其他低分子含氮化合物，瘤胃微生物再利用这些低分子含氮化合物来合成自身的蛋白质，以满足自身生长和繁殖的需要。随食糜进入真胃和小肠的微生物，可被消化道内的蛋白酶分解，成为肉羊的重要蛋白质来源。通过瘤胃微生物的作用，把低品质的植物性蛋白质转化为高质量的、更符合羊营养生理需要的菌体蛋白，经过瘤胃微生物的分解和合成作用，日粮的必需氨基酸含量可提高 5～10 倍，可以满足肉羊的营养需要。试验表明，用禾本科干草或农作物秸秆饲喂绵羊时，由瘤胃转移到真胃的蛋白质约有 82% 属于菌体蛋白。可见，瘤胃微生物在肉羊的蛋白质营养方面具有重要的作用。

（三）合成维生素

维生素 B_1、维生素 B_2、维生素 B_{12} 和维生素 K 是瘤胃微生物的代谢产物，可以被羊在小肠等部位吸收利用，满足肉羊对这些维生素的需要。因而，成年羊一般不会缺乏这几种维生素。在放牧条件下，羊也很少发生维生素 A、维生素 D、维生素 E 的缺乏。但是，当肉羊长期舍饲或处于冬季断青的情况下，尤其对种公羊、生长期幼龄羊、妊娠后期的母羊易发生维生素缺乏症。因此，必须在日粮中添加这几种维生素或饲喂含维生素丰富的青绿多汁饲料、青贮料，以满足维持肉羊健康、生长发育及生产需要。

瘤胃的发酵类型对羊的生长发育和生产来说有特殊的意义，大致可分为以乙酸为主和以丙酸为主两大类型。瘤胃的发酵类型主要受日粮组成的影响。近期的一些试验研究表明，不同的瘤胃发酵类型对不同的生产目的具有不同的影响，乙酸发酵类型对提高乳用羊的生产能力是有利的，而丙酸发酵类型更有利于羊的快速生长发育和增重，这是因为丙酸发酵不产生甲烷，可以向羊提供

较多的有效能量,提高饲料利用率。所以,要尽量提高瘤胃内丙酸比例,通过增加谷物类精料以及粗料的磨碎、压粒,日粮中添加瘤胃素等,就可调节瘤胃发酵,提高丙酸比例,给肉羊供给更多的有效能,促进羊体生长。

对于羔羊,尤其是哺乳前期羔羊,其瘤胃微生物区系尚未形成,因而不能像成年羊那样大量利用粗饲料。羔羊的饲料要求纤维素要少,蛋白质质量要高。

第二节 肉羊的营养需要和饲养标准

一、肉羊的营养需要

了解肉羊的营养需要,是确定饲养标准,合理配合日粮,进行科学养羊的依据,也是维持肉羊的健康及其生产性能的基础。肉羊的营养需要包括能量、蛋白质、脂肪、矿物质、维生素和水。

（一）能 量

肉羊的呼吸、运动、体温维持、生长发育等全部生命过程都需要能量。肉羊从饲料的有机物质(碳水化合物、脂肪和蛋白质等)中获得能量。其中碳水化合物和脂肪是能量的主要来源,碳水化合物包括淀粉、糖和粗纤维。由于羊特殊的瘤胃消化生理特点,通过瘤胃微生物的发酵,可以有效地分解和利用植物性饲料原料中的粗纤维作为能量,因而在肉羊的日粮中供给一些优质粗饲料,不仅可以降低饲养成本,而且也是满足羊的正常消化生理功能所必需的。

饲料中的能量并不能完全被羊利用,没有被消化吸收的有机物的能量,随粪便的排除而流失。饲料中的总能减去粪能的差值称为消化能(DE),也称为表观消化能。消化能减去消化过程中产生的甲烷等气体和由尿排出的能称为代谢能(ME),也称生理有用能或表观代谢能(AME)。代谢能是羊生命活动所必需的。能量与其他营养物质(如可消化蛋白质)必须保持一定的比例,才能保证各种营养物质的有效吸收和利用。因而,在配合不同能量水平的日粮时,不仅要考虑组成日粮的各种饲料原料的数量,还要考虑不同营养物质的比例和利用的有效性,这样配制的饲料才会经济合理,满足不同生产目的的需求。

试验表明,羔羊每增重1克体重约需消化能40千焦,每增重1克蛋白质约需消化能48千焦,每沉积1克脂肪约需消化能81千焦。在羔羊生长发育前期,其体重的增长是以蛋白质的沉积为主,羔羊增重快,营养物质的转化效率高;而成年羊的体重增加是以脂肪的沉积为主,营养物质的转化效率较低。

(二)蛋 白 质

蛋白质是羊机体必需的重要成分。不但是羊体内各种组织、器官生长发育和修复所必需的原料,也是体内许多酶、激素、抗体以及肉、乳、皮、毛等产品的主要成分。蛋白质的营养作用是碳水化合物、脂肪等营养物质所不能替代的。饲料中蛋白质供应不足时,会造成肉羊的消功机能减退、体重减轻、生长发育受阻、抗病力减弱,严重缺乏时甚至引起死亡。同时,日粮中的蛋白质营养水平过低,还会影响羊体对其他营养物质的吸收和利用,降低日粮的利用效率,对肉羊生产极为不利。

各种饲料中的粗蛋白质含量不同。鱼粉、肉粉、血粉中含量最高,约60%~80%,饼粕类30%~45%,豆科子实类20%~40%,糠麸类10%~17%,豆科干草类9%~12%,秸秆类3%~6%,块根类0.5%~1%。在肉羊的肥育中,可根据饲料的来源、价格以及不同的肥育对象和增重要求,合理地配制日粮。肉羊日粮中的动物性蛋白质(鱼粉、蚕蛹粉、血粉等)的比例不应大于8%,否则既影响日粮的适口性,也会对羊肉的品质造成不良的影响。

蛋白质可以替代碳水化合物和脂肪为机体供应能量。当日粮中的能量供应不足时,羊体可分解体内贮备的脂肪和蛋白质来补充机体的能量需要。1 克蛋白质可产生 18.8 千焦的热量。但是,用蛋白质代替碳水化合物作为肉羊的能量供应是很不经济的。肉羊日粮中的蛋白质过高,不仅增加养羊的生产成本,而且还可能增加羊体代谢的负担,甚至造成羊的蛋白质中毒。羔羊肥育期的日粮粗蛋白质含量为 16%～18%,成年羊肥育时,日粮中的粗蛋白质水平可适当降低,一般为 12%～14%。

(三)脂 肪

羊体内的脂肪主要由饲料中碳水化合物转化为脂肪酸后再合成体脂肪,但羊体不能直接合成十八碳二烯酸(亚麻油酸)、十八碳三烯酸(次亚麻油酸)和二十碳四烯酸(花生油酸)三种不饱和脂肪酸,必须从饲料中获得。若日粮中缺乏这些脂肪酸,羔羊生长发育缓慢,皮肤干燥,被毛粗直,有时易患维生素 A、维生素 D 和维生素 E 缺乏症。

豆科作物子实、玉米糠及稻糠等均含有较多脂肪,是羊日粮中脂肪的重要来源,一般羊日粮中不必添加脂肪。肉羊的日粮中脂肪含量超过 10%,会影响羊的瘤胃微生物发酵,阻碍羊体对其他营养物质的吸收和利用。

(四)矿 物 质

矿物质是构成机体组织的重要组成成分,羊的骨骼和牙齿主要由矿物质组成。矿物质中的一些微量元素是组织中的重要酶类的组成成分,参与体内的许多代谢活动和生命过程,是保证羊体健康和生长发育所必需的营养物质。矿物质和微量元素在羊的器官组织中有一定的贮备,短期内日粮中矿物质和微量元素不足时,羊可以动用其体内的贮备加以弥补,保证羊的正常生长发育和生产繁殖;但矿物质和微量元素长期不足或过量,都会影响羊的健康,造成羊的矿物质和微量元素缺乏或中毒。羊对矿物质及微量元素的需要量见表 5-1。

表 5-1　羊对矿物质及微量元素的需要量

矿物元素	绵羊(每日每只)				山羊(每日每只)			最大耐受量
	幼龄羊	成年肥育羊	种公羊	种母羊	幼龄羊	种公羊	种母羊	
食盐(克)	9~16	15~20	10~20	9~16	7~12	10~17	10~16	—
钙(克)	4.5~9.6	7.8~10.5	9.5~15.6	6~13.5	4~6	6~11	4~9	2%
磷(克)	3~7.2	4.6~6.8	6~11.7	4~8.6	2~4	4~7	3~6	0.6%
镁(克)	0.6~1.1	0.6~1	0.85~1.4	0.5~1.8	0.4~0.8	0.6~1	0.5~0.9	0.5%
硫(克)	2.8~5.7	3~6	5.25~9.05	3.5~7.5	1.8~3.5	3~5.7	2.4~5.1	0.4%
铁(毫克)	36~75	—	65~108	48~130	45~75	40~85	43~88	500
铜(毫克)	7.3~13.4	—	12~21	10~22	8~13	7~15	9~15	25
锌(毫克)	30~58	—	49~83	34~142	33~58	30~70	32~88	300
钴(毫克)	0.36~0.58	—	0.6~1	0.43~1.4	0.4~0.8	0.4~0.8	0.4~0.9	10
锰(毫克)	40~75	—	65~108	53~130	45~76	40~85	48~88	1000
碘(毫克)	0.3~0.4	—	0.5~09	0.4~0.68	0.3~0.4	0.2~0.3	0.4~0.7	50

资料来源：李英等(1993)，最大耐受量的单位是每千克干物质的百分比或数量

1．钙和磷　钙和磷是羊体内含量最多的矿物质,约有 99% 的钙和 80% 的磷存在于骨骼和牙齿中。钙是细胞和体液的重要成分,也是一些酶的重要激活因子,缺钙时会影响肉羊生理机能的发挥,如血液中缺钙,会严重影响凝血酶的生物学活性。磷是核酸、磷脂和磷蛋白的组成成分,具有重要的生物学功能。羊的日粮中钙磷的比例以 1.5~2:1 为宜。日粮中缺钙或钙、磷比例不当时,羊食欲减退、生长发育不良,幼羊易患佝偻病,成年羊易患软骨症或骨质疏松症,高产泌乳母羊有可能发生骨折或瘫痪。磷缺乏时,羊出现"异食癖",如啃食羊毛、砖块、泥土等。一般植物性饲料都缺钙,但豆科牧草和苋科植物中含钙量较多。大量饲喂某些含草酸多的青饲料可能影响钙的吸收。农作物秸秆含磷较低,青绿玉米、甜菜叶含磷最低。谷实类、饼粕、糠麸含磷较高,动物性饲料如鱼粉含磷丰富。日粮补钙磷应使用碳酸钙、氯化钙、磷酸氢钙、磷

酸二氢钙和磷酸三钙等。由于瘤胃微生物的作用,反刍动物对植酸磷的利用率高于单胃动物。

2. 钠和氯 钠和氯是维持细胞渗透压及酸碱平衡的重要离子,参与水盐代谢。氯是胃液中盐酸分子的重要成分,与羊的消化功能有关。钠和氯元素长期缺乏,会影响羊的食欲。补充钠和氯一般用食盐,可提高羊的食欲,促进生长发育。植物性饲料,尤其是作物秸秆含钠、氯较少,必须在日粮中加以补充。一般按日粮干物质的0.15%～0.25%或混合精料的0.5%～1%补给。青粗饲料中含钾较多,钾能促进钠的排出,为此,对放牧饲养的羊要经常地补饲食盐,以粗饲料为主的羊的食盐喂量要比以精料为主的羊多一些。但食盐过量而又饮水不足,易导致羊的食盐中毒。为了避免中毒发生,可以将食盐与其他的矿物质及辅料混合后制成舔砖让羊舔食。

3. 铁 铁主要存在于羊的肝脏和血液中,为血红素、肌红蛋白及许多呼吸酶类的成分。饲料中缺铁时,易导致羊患贫血症,对羔羊尤为敏感。铁过量会引起磷的利用率降低,导致软骨症。羊对铁的耐受性明显低于猪等单胃动物。青绿饲料和谷类含铁丰富,成年羊一般不易缺铁,对哺乳早期的羔羊和舍饲的生长期肥育羊应注意补铁,以免影响其生长发育。在生长肥育羊日粮中,铁的添加量为1 154～1 345毫克/千克饲料。

4. 铜 铜与铁的代谢关系密切,是许多氧化酶的组成成分,参与造血过程,促进血红素的合成。当机体缺铜时,会减少铁的利用,造成贫血、消瘦、骨质疏松、皮毛粗硬、毛品质下降等。由于牧草和饲料中含铜较多,放牧饲养的成年羊一般不会缺铜。但如果长期饲喂生长在缺铜地区土壤中的植物或当草地土壤中钼的含量较高时,容易造成铜的缺乏。通常在羊的日粮中补充硫酸铜、蛋氨酸铜等添加剂。在肉羊的日粮中,铜的添加量为9.2～23毫克/千克饲料。需要注意的是,羊对铜的耐受性较低,补饲不当会引起铜中毒。

5. 锌 锌是构成动物体内多种酶的重要成分,参与脱氧核糖核酸的代谢作用,能影响性腺活动和性激素分泌,可防止皮肤干裂和角质化。日粮中缺乏锌时,羔羊生长缓慢,皮肤不完全角化,可见脱毛和皮炎;公羊睾丸发育不良,缺乏性欲,精液品质下降,严重影响母羊的受胎率。羊缺锌时,注射维生素 E 可缓解症状,但维生素 E 不能替代锌的生物学功能。锌在青草、糠麸、饼粕类中含量较多,玉米和高粱中含锌较少,高钙日粮易引起缺锌。在配合羊的日粮时,要综合考虑这些因素。在羊的日粮中,锌的添加量为42～128 毫克/千克饲料。

6. 锰 锰是多种生物酶的重要组成成分,对羊的生长发育、繁殖等生理功能都有重要影响。严重缺锰时,羔羊生长缓慢,骨组织损伤,形成弯曲、骨折,繁殖困难。锰在青绿饲料、米糠、麸皮中含量丰富,块根、块茎等饲料中的含量较低。放牧饲养的羊一般不会发生锰的缺乏症。

7. 硫 硫是蛋氨酸、胱氨酸、半胱氨酸等含硫氨基酸的组成成分,对维持蛋白质的高级结构和正常的生物学功能具有重要的作用。硫对体蛋白、激素的合成和被毛生长,以及碳水化合物代谢也具有重要的作用。羊瘤胃中微生物能利用无机硫和非蛋白氮合成含硫氨基酸,日粮干物质中氮硫比例以 5～10∶1 为宜。

8. 钴 钴是维生素 B_{12} 的组成成分,如果饲料缺钴会影响瘤胃微生物对维生素 B_{12} 的合成,使动物出现钴缺乏症。土壤中缺钴的地区生长的牧草含钴量较低,当每千克饲草干物质含钴量低于0.07 毫克时,应补钴。可选用氯化钴加入到微量元素添加剂中,再均匀地混入肉羊的日粮中。在羊的日粮中,钴的添加量为0.43～1.15 毫克/千克饲料。由于羊对钴的耐受量很低,补饲时一定要混合均匀,以免发生钴中毒。

9. 硒 硒是谷胱甘肽过氧化物酶的组成成分。这种酶有抗氧化作用,能把过氧化脂类还原,防止这类毒素在体内蓄积。缺硒可引起羔羊白肌病。在缺硒地区要补硒,一般用亚硒酸钠加入到微量元素添加剂、注射硒制剂或在草地上施用含硒的肥料等方法来解决缺硒的问题。羊对硒的耐受量很低,补饲时一定要混合均匀,以免发生硒中毒。

(五)维 生 素

维生素对维持羊的健康、生长发育和繁殖具有十分重要的作用。成年羊瘤胃微生物能合成 B 族维生素及维生素 C、维生素 K。除哺乳期羔羊、生长期的幼羊和长期缺乏青绿饲料的舍饲羊外,羊很少发生维生素缺乏症。对舍饲的成年羊,尤其是舍饲的种公羊和泌乳前期的母羊的日粮中,要注意供给足够的维生素 A、维生素 D 和维生素 E。羊的维生素需要量见表 5-2。

表 5-2　羊对维生素的需要量

名　称	绵羊(每日每只)				山羊(每日每只)			最大耐受　量
	幼龄羊	成年肥育羊	种公羊	种母羊	幼龄羊	种公羊	种母羊	
维生素 A (单位)	4000 ~ 9000	5.7 ~ 8	9.8 ~ 33	5.7 ~ 14	3.5 ~ 5.7	6.9 ~ 13	4 ~ 12	14 ~ 1320
维生素 D (单位)	420 ~ 700	0.56 ~ 0.76	0.5 ~ 1.02	0.5 ~ 1.15	0.4 ~ 0.55	0.33 ~ 0.62	0.42 ~ 0.9	7.4 ~ 25.8
维生素 E (毫克)			51 ~ 84			32 ~ 61		560 ~ 1500

资料来源: 李英等(1993),最大耐受量的单位是每千克干物质的百分比或数量

1. 维生素 A　维生素 A 又叫抗干眼病维生素,它能促进机体上皮细胞的正常生长,维持呼吸道、消化道和生殖系统粘膜的正常功能,并保障视力正常。缺乏维生素 A 时,羊采食量下降,生长停滞、消瘦,出现干眼症或夜盲症,母羊受胎率低,易流产或产死胎,公羊性欲低,射精量少,精液品质下降。维生素 A 不直接存在于植物性饲料中,但植物中的胡萝卜素可以在肝脏内转化为维生素

A。一般优质青干草和青绿饲料中含有丰富的胡萝卜素。而作物秸秆、饼粕中缺乏胡萝卜素，给肉羊长期饲喂这些饲料时，要补充维生素 A。市售的制品有维生素 A 乙酸酯和维生素 A 棕榈酸酯。

2. 维生素 D　维生素 D 又叫抗佝偻病维生素，它可以促进小肠对钙、磷的吸收。缺乏维生素 D 时会影响钙、磷代谢，羊表现食欲不振，体质虚弱，四肢强直，被毛粗糙。羔羊易患佝偻病，成年羊易发生关节变形、骨质疏松。获得维生素 D 最经济的办法是让羊多晒太阳。因羊的皮肤和被毛中含有 7 脱氢胆固醇，经紫外线照射就能转化为维生素 D_3 而被机体吸收利用。因此，放牧饲养的羊群，一般很少发生维生素 D 缺乏症。

3. 维生素 E　维生素 E 又叫生育酚、抗不育维生素，在机体内起催化和抗氧化作用。缺乏维生素 E 时，羔羊易患白肌病，公羊睾丸发育不良，精液品质差，母羊受胎率降低，流产或死胎。一般羔羊每千克日粮干物质中维生素 E 不应低于 15～16 单位。成年羊一般日粮所含维生素 E 可满足需要。谷实的胚芽和幼嫩的青绿饲料中含维生素 E 较多，但加工过程中易被氧化破坏。维生素 E 的补充可用 DL-α 生育酚醋酸酯。在我国北方，冬季枯草期长，羊在长期断青的情况下，母羊可能发生维生素 E 的缺乏。羔羊出生后，体内的维生素 E 的贮备十分有限，如果不及时补饲，也可能使羔羊白肌病的发生呈季节性和地方性流行，给肉羊生产造成重大的损失。因此，对冬季舍饲的种公羊、妊娠母羊和青年育成羊，要重视其日粮中维生素 E 的补充。

（六）水

水是羊体重要组成成分之一。水最容易得到，所以有时不把水作为营养物质，这种看法是片面的。水分是饲料的消化吸收、营养物质代谢、体内废物排泄及体温调节等生理活动所必需的物质，是羊的生命活动所不可缺少的。水分一般可占体重的 60%～70%。水分不足会使羊的胃肠蠕动减慢，消化紊乱，血液浓缩，体温调节功能遭到破坏。在缺水情况下,羊只体内脂肪过度分解,会诱发毒血症,并导致肾炎。饮水不足会影响食物的适口性,羊的采食量明显下降。有研究认为,当体内水分损失 5% 时,羊有严重的渴感,食欲下降或废绝;当损失 10% 的水分时,羊只出现代谢紊乱,生理过程遭到破坏;损失达 20% 时,可引起羊只死亡。

肉羊对水需要主要由饮水和草料中所含的水分满足。成年羊每采食 1 千克饲料干物质一般需水 3 ~ 5 升。每日应让羊自由饮水2 ~ 3 次。肉羊的饮水必须清洁卫生,符合有关标准规定,以免感染寄生虫或其他疾病。

二、能量和蛋白质评价体系

(一)能量体系

用于制定绵羊、山羊饲养标准的能量体系很多,在资料中常见的有:消化能(DE)、代谢能(ME)、可消化总养分(TDN)、净能(NE,包括饲料单位和淀粉价)。普遍采用的是消化能和代谢能体系,淀粉价已很少使用。

美国国家科研协会(NRC)在制定羊的饲养标准时,同时规定了可消化总养分(千克)、消化能和代谢能(兆焦)。

在前苏联制定的羊饲养标准中,除保留原有的"饲料单位"外,新增一项"能量饲料单位",能量饲料单位属于代谢能体系(1 个能量饲料单位代表 10.46 兆焦代谢能)。

(二)蛋白质体系

在羊的营养需要和饲养标准中普遍采用的粗蛋白质(CP, %)和可消化粗蛋白(DCP, %)来表示日粮的蛋白质含量。尽管从 20世纪 80 年代以来,许多试验研究对这一评价体系应用于反刍动物的蛋白质需要量评价的合理性、准确性提出了质疑,并设计出一些改良的方案和体系,但由于原体系直观易懂,简单实用,在世界各国仍得到广泛的采用。

英、美等国的动物营养学家制定的新的反刍动物(牛、羊)蛋白质营养评价体系,将反刍动物食入的粗蛋白质分为两大部分,即可降解蛋白(RDP)和非降解蛋白(UDP)(英国农业研究委员会,1980),并给出了食入粗蛋白质、日粮能量水平、羊组织蛋白需要量之间的关系公式,现摘录于下,仅供参考。

RDP(克/日) = 7.8×(ME)(兆焦/日)

UDP(克/日) = 1.91TP – 6.25×(ME)(兆焦/日)

TMP(克/日) = 3.3×(ME)(兆焦/日)

其中:TMP 表示羊体组织蛋白;TP 表示羊组织蛋白的需要量(克/日),即羊的维持 + 生产的需要量。

美国在新的反刍动物蛋白质营养需要中采用了可代谢蛋白(MP)和可代谢氨基酸体系(MAA),该体系包括对反刍家畜可代谢蛋白质和可代谢氨基酸需要量的测定、饲料中可代谢蛋白质和可代谢氨基酸含量的评定、饲料尿素发酵潜力的计算等内容。

三、肉羊的饲养标准

羊的饲养标准就是羊的营养需要量,它是根据羊的品种、性别、年龄、体重、生理状况、生产方向和水平,科学合理地规定每只羊每天应通过饲料供给的各种营养物质的推荐量。饲养标准是进行科学养羊的依据和重要参数,其内容有两部分,一是羊的营养需要量,二是各种饲料对羊的营养价值,二者配合使用就能计算出羊在特定生理状况下的日粮配方。

我国对绵羊、山羊的营养需要和饲养标准的研究与其他先进国家和地区相比,存在很大的差距,缺乏应有的全面性和系统性。在肉羊生产中,大多借用英、美和俄罗斯等国的资料,根据各地的生产实际和不同的品种进行适当的调整。

四、肉羊的日粮配合原则

羊在一昼夜内所采食的各种饲料的总量叫做日粮。日粮中各种营养物质的种类、数量及其相互比例合理,能满足肥育羊的各种营养需要,则称这样的日粮为全价日粮或平衡日粮。肉羊的日粮配合要根据不同生产类型和生理阶段的羊只对营养物质的不同需要来确定,尤其是羊在不同肥育阶段和肥育模式下对营养物质的需求差异较大,要根据羊不同的营养需要特点和生产要求,合理搭配精、粗饲料。既要充分地利用当地的草料资源,尽可能降低饲养成本,又要保证羊只达到一定肥育的强度,提高肉羊产品的质量和经济效益。

配合日粮的依据是各种肥育羊的营养需要或饲养标准,按照肥育羊的年龄、体重、拟达到的日增重以及不同的环境(季节、气候)等因素而定。日粮配合是否合理直接影响着肉羊的肥育效果及饲料报酬。羊虽是草食家畜,可以利用较多的青粗饲料,但仅用青粗饲料或单一的饲料难以取得好的肥育效果,甚至不能满足肉羊的营养需要,阻碍羊的生长发育。对肥育阶段的生长期肉羊,日粮中的精料比例应达到60%以上。采用全价颗粒饲料肥育肉羊时,日粮中优质青干草等粗饲料的比例应为15%～20%,以适应反刍动物的消化代谢特点,减少消化道疾病。有资料显示,用全价颗粒饲料肥育肉羊的效果优于一般的配合日粮,它能使肉羊增重快,饲料报酬高,经济效益好。肉羊的日粮配合还应注意以下几个问题。

(一)饲料种类应多样化

饲料种类多,可以弥补营养物质的不足。精料在日粮中的种类应不少于3～5种。

在国外,肥羔生产多以精料为主,采用全价颗粒饲料进行强度肥育,肉羊的生产周期短,屠宰日龄低,羊肉品质好,经济效益高。

在我国的许多地区,羊的肥育仍以粗饲料为主,饲养管理比较粗放,肉羊的肥育期长,羊肉品质相对较差,但养殖成本低,可以充分利用天然的草地资源,比较适合我国的国情和生产条件。有试验证明,日粮中精料或粗饲料过多都是不合适的,精粗饲料应有适当比例。此外,日粮中精饲料的比例要根据青粗饲料的营养价值进行适当调整,如豆科干草多时,可适当减少精料的饲喂量,禾本科干草或农作物秸秆多时,则应增加日粮中精料(尤其是豆科子实、饼粕等)的比例。

(二)注意饲料的适口性

不同的饲料适口性不同,一些营养好而适口性差的饲料称不上是好的饲料。配制日粮要适合羊的嗜好。一般来说羊采食不挑剔,但对有异味及粗老的饲草不愿采食,对品质较差的干草和农作物秸秆要进行合理的加工处理和调制(如氨化处理等),并与精料拌匀后饲喂,可以取得较好的饲喂效果。

(三)日粮要有适宜的容积

羊的采食量有限,过多饲喂大容积饲料,难以满足羊只对营养物质的需要。单独饲喂青草、瓜菜、水生植物(如浮萍、水葫芦等)的育成羊,生长发育缓慢,日增重低,羊容易发生腹泻,饲养效果不好。相反,日粮容积过小,即使羊的营养需要能够得到满足,由于瘤胃充盈度不够,羊也难免有饥饿感。

(四)饲料原料要尽可能采用当地的饲料资源

要根据当地条件,选择营养丰富而又价格便宜的饲料,做到既满足羊对营养物质的需要,又能降低肉羊生产成本。饲料支出一般占到经营成本的60%以上。因此,降低饲料成本是提高肉羊生产经济效益的重要途径,也是养羊生产经营中必须始终重视的问题。

(五)日粮的组成和比例要保持相对稳定

日粮成分直接影响瘤胃微生物区系的变化和生理活动,对肉羊营养物质的消化吸收及生长发育有明显的影响。日粮成分改变的幅度过大或变化过频,都会破坏瘤胃微生物的原有区系,影响瘤胃发酵,降低饲料的消化率,甚至引起消化不良或腹泻等疾病,尤其是羊的日粮从粗料型转变为精料型时,羊容易发生瘤胃臌胀和酸中毒。调整日粮时,日粮组成的变化不应超过 1/3,并在 7～10 天内逐步完成。

在气候炎热地区或高温季节,羊的采食量下降,为减轻热应激、降低采食的热增耗,保持羊只摄入的净能大致不变,在配合日粮时,要减少粗饲料比例,增加精料的比例,保持较高的能量、蛋白质浓度,添加适量的维生素,以提高羊的抗热能力。常用的安全饲料添加物有维生素 C、碳酸氢钠、无机磷、瘤胃素(莫能霉素)、碘化酪蛋白等。在寒冷地区或寒冷季节,除搞好羊舍的防寒保暖工作外,要增加草料的补饲水平,对种公羊、幼羊、妊娠母羊,要增加精料的补饲量。

第三节　各类羊的饲养管理

一、种公羊的饲养管理

俗话说"母好只一窝,公好好一坡",种公羊的好坏对羊群影响很大。种公羊的饲养要细致周到,使其既不过肥也不过瘦,保持中上等膘情,活泼健壮,精力充沛,性欲旺盛,配种能力强,精液品质好。对种公羊应单独组群放牧和补饲,避免公母混养,防止偷配和影响羊群的放牧采食。种公羊舍应通风向阳,宽敞坚固,清洁卫生,防寒保暖性能良好。

种公羊的饲料要求营养价值高,适口性好,容易消化。适宜的精料有燕麦、大麦、豌豆、黑豆、玉米、小米、高粱、豆饼、麸皮等。多汁饲料有胡萝卜、甜菜和青贮玉米等。粗饲料有苜蓿干草、青莜麦干草、青燕麦干草、三叶草等。

种公羊的饲养最好采用放牧和舍饲相结合的方式,在夏秋季节以放牧为主,在冬春季节以舍饲为主。非配种期的种公羊,除放牧采食外,冬春季节每日可补给混合粗料 400～600 克,胡萝卜等多汁饲料 0.5 千克,干草 3 千克,食盐 5～10 克。夏秋季节因以放牧为主,不补青粗饲料,每天只补喂精料 500～800 克。

种公羊配种期的饲养分为配种准备期(配种前 1～1.5 个月)、配种期和配种后复壮期(配种后 1～1.5 个月)等 3 个不同的阶段。配种准备期应逐渐增加种公羊的精料饲喂量,从按配种期 60%～70%喂量供给开始,逐渐增加至配种期的精料供给量。配种期种公羊的放牧主要是为了达到运动的目的,其营养供给应以补饲为主,尽可能满足种公羊对各类营养物质的需要量。除了要保证供给日粮的数量外,还必须考虑饲料的品质,对配种或采精任务繁重的种公羊,其日粮中的动物性蛋白质要占有一定比例。这一时期种公羊每天的饲料补饲量大致为:混合精料 0.8～1.2 千克,胡萝卜 0.5～1 千克,禾本科、豆科混播牧草 3～4 千克或青干草 2 千克,食盐 15～20 克。草料分 2～3 次饲喂,每日饮水 3～4 次。在配种后复壮期,公羊的饲养水平在 1～1.5 个月保持与配种期相同,使种公羊能迅速地恢复体重,并根据公羊体况恢复的情况逐渐减少精料,直至过渡到非配种期的饲养标准。

从配种期过渡到非配种期,约需 2.5～3 个月的时间。在配种后复壮期,要加强种公羊的放牧运动,锻炼种公羊的体质,逐渐适应非配种期的饲养管理。种公羊的日粮范例见表 5-3。

表 5-3　种公羊日粮范例

饲料名称	非配种期	配种期	营养成分	非配种期	配种期
青干草(千克)	1.5	1.7	代谢能(兆焦)	22.7	27.0
青贮料(千克)	1.5	—	干物质(千克)	2.3	2.8
玉米(千克)	0.7	1.0	粗蛋白质(克)	289	440
豌豆(千克)	—	0.2	可消化蛋白质(克)	188	287
向日葵油粕(千克)	—	0.1	钙(克)	16.1	19.0
饲用甜菜(千克)	—	1.0	磷(克)	7.5	11.4
胡萝卜(千克)	—	0.5	镁(克)	6.6	6.9
饲用磷(克)	10	10	硫(克)	6.2	8.7
元素硫(克)	1.1	3.5	铁(毫克)	2013	2364
食盐(克)	14	18	铜(毫克)	18.6	23.0
硫酸铜(毫克)	50	50	锌(毫克)	70.0	82.0
饲料单位	2.0	2.4	钴(毫克)	0.53	0.74
			锰(毫克)	216	280
			碘(毫克)	0.75	0.85
			胡萝卜素(毫克)	55	97
			维生素 D(单位)	650	960
			维生素 E(毫克)	67	78

引自赵有璋《羊生产学》(2002)

二、母羊的饲养管理

母羊的饲养管理可分为空怀期、妊娠期和哺乳期 3 个阶段。对每个阶段的母羊应根据其配种、妊娠、哺乳等不同的生产任务和生理阶段对营养物质的需求,给予合理饲养,使母羊能正常的发情配种和繁殖。产羔后,母羊体内应贮备一定的营养,以满足泌乳的需求,为羔羊的生长发育奠定一个良好的基础。

(一)空怀期母羊的饲养管理

空怀期母羊的饲养管理相对比较粗放,其日粮供给通常略高于维持需要的饲养水平即可,一般不补饲或只补饲少量的干草。但是,由于年龄、胎次、带羔的数量和时间长短等因素的影响,母羊的体况差异很大。对于后备青年母羊,发情配种前仍处在生长发育的阶段,需要供给较多的营养;泌乳力高或带双羔的母羊,在哺乳期内的营养消耗大、掉膘快、体况弱,必须加强补饲,以尽快恢复母羊的膘情和体况。

由于母羊的体况直接影响着母羊的发情、排卵及受孕情况,营养好、体况佳的母羊发情整齐,排卵数多,受胎率高。因此,加强空怀期母羊的饲养管理,尤其是配种前的饲养管理,对提高母羊的繁殖力十分重要。在配种前 1~1.5 个月,应安排繁殖母羊在较好的草地放牧,促进抓膘,使母羊在繁殖季节能正常地发情配种。对体况较差的母羊,要单独组群,给予短期补饲(每日补精料 200~300克),促使母羊快速复壮。羊群膘情一致,有利于母羊集中发情、配种、产羔,有利于提高劳动效率,降低生产成本。空怀期和妊娠期母羊的日粮范例见表 5-4。

(二)妊娠期的饲养管理

羊的妊娠期约 5 个月。妊娠期可分为妊娠前期和妊娠后期两个阶段。妊娠前期即妊娠前 3 个月,其特点是胎儿增重较缓慢,所需营养与空怀期基本相同。夏秋季节,妊娠前期母羊的饲养一般以放牧为主,不补饲或少量补饲精料,在冬春季节应补些精料或青干草。

妊娠后期,即妊娠的最后 2 个月,此时胎儿生长迅速,妊娠期胎儿增重的 80%~90% 是在此阶段完成的。因此,这一阶段需要给母羊提供营养充足、全价的饲料。如果此期母羊营养不足,母羊体质差,会影响胎儿的生长发育,羔羊初生重小,被毛稀疏,生理功能不完善,体温调节能力差,抵抗力弱,极易发生疾病,羔羊成活率低。

表 5-4　空怀期和妊娠期母羊的日粮范例

饲料名称	空怀和妊娠前半期	妊娠最后7~8周	营养成分	空怀和妊娠前半期	妊娠最后7~8周
青干草(千克)	0.8	1.0	饲料单位	1.11	1.35
春播禾本科秸秆(千克)	0.4	0.3	代谢能(兆焦)	13.8	16.3
			干物质(千克)	1.7	1.9
青贮玉米(千克)	2.6	2.5	粗蛋白质(克)	174	183
大麦碎粒(千克)	0.1	0.3	可消化蛋白质(克)	97	135
尿素(克)	7	—	钙(克)	12.3	14.8
食盐(克)	10	13	磷(克)	4.5	5.5
二钠磷酸盐(克)	—	8	镁(克)	6.08	5.86
饲用磷(克)	8	—	硫(克)	3.98	4.6
元素硫(克)	—	0.5	铁(毫克)	1114	1315
硫酸铜(毫克)	30	40	铜(毫克)	12	14
氯化钴(毫克)	1.0	0.5	锌(毫克)	42	47
			钴(毫克)	0.5	0.63
			锰(毫克)	64	69
			碘(毫克)	0.4	0.51
			胡萝卜素(毫克)	42	55
			维生素 D(单位)	620	870

引自赵有璋《羊生产学》(2002)

据研究,母羊妊娠后期日粮能量水平比空怀期高 20%~30%,蛋白质增加 40%~60%,钙、磷增加 1~2 倍,维生素增加 2 倍。因此,这一阶段,母羊除放牧外,需补饲一定的混合精料和优质青干草。根据母羊放牧采食情况,每天可补精料0.45千克,青干草1~1.5千克,青贮料1千克,胡萝卜0.5千克。

在妊娠母羊管理上,前期要防止发生早期流产,后期要防止母羊由于意外伤害而发生早产。应避免羊群吃冰冻饲料和发霉变质饲料,不饮冰碴水;防止羊群受惊吓,不能紧追急赶,出入圈时严防拥挤;要有足够数量的草架、料槽及水槽,防止喂饮时拥挤造成流产。母羊在预产期前1周左右,可放入待产圈内饲养,适当进行运动。

(三)哺乳期的饲养管理

在传统养羊生产中,羔羊的哺乳期为3~4个月,可分哺乳前期和哺乳后期两个阶段。哺乳前期即哺乳期前2个月,母乳是羔羊的主要营养来源。母乳量多、充足,则羔羊生长发育快,体质好,抗病力强,存活率就高;反之,对羔羊的生长发育不利。因此,必须加强哺乳前期母羊的饲养管理,促进其泌乳。哺乳母羊的日粮范例见表5-5。

在我国北方地区,母羊的哺乳前期一般正处于早春枯草期,放牧条件差,单靠放牧不能满足母羊泌乳需要,因此必须补饲草料。补饲量应根据母羊体况及哺乳的羔羊数而定。产单羔的母羊每天补精料0.3~0.5千克,青干草1千克,多汁饲料1.5千克。带双羔母羊每天补精料0.4~0.6千克,青干草1千克,多汁饲料1.5千克。

产羔后1个月左右,母羊的泌乳量达到高峰,2个月以后逐渐下降。此时羔羊的生长发育强度大、增重快,对营养物质的需求量多,单靠母乳已不能完全满足羔羊的营养需要。同时,2月龄以上羔羊的胃肠功能已趋于完善,可以利用一定的优质青草和混合精料,对母乳的依赖性下降,母羊的泌乳也进入了后期。对哺乳后期的母羊,应以放牧为主,补饲为辅,逐渐取消精料补饲,而代之以补喂青干草。母羊的补饲水平要根据母羊的体况作适当的调整,体况差的多补,体况好的少补或不补。羔羊断奶后,可按体况对母羊重新组群,分别饲养,以提高补饲的针对性和补饲效果。

表 5-5　泌乳前期 6~8 周母羊的日粮范例

饲料名称	用　量	营养成分	含　量
青干草(千克)	1.3	代谢能(兆焦)	23
大麦碎粒(千克)	0.6	干物质(千克)	2.3
玉米青贮料(千克)	3.0	粗蛋白质(克)	305
食盐(克)	19	可消化蛋白质(克)	206
二钠磷酸盐(克)	7	钙(克)	20.8
元素硫(克)	1.3	磷(克)	8.0
氯化钴(毫克)	3.0	镁(克)	8.5
饲料单位	2.0	硫(克)	6.9
		铁(毫克)	1524
		铜(毫克)	21
		锌(毫克)	128
		钴(毫克)	1.15
		锰(毫克)	130
		碘(毫克)	0.89
		胡萝卜素(毫克)	65
		维生素 D(国际单位)	880

引自赵有璋《羊生产学》(2002)

三、羔羊的培育

羔羊时期是羊一生中生长发育最旺盛的时期,加强对羔羊培育,为其创造适宜的饲养管理条件,既是提高羊群生产性能,培育高产羊群的重要措施,也是增加羊肉产量,提高羊肉品质的重要措施。

（一）羔羊的护理

羔羊出生时身体各器官发育都未成熟，体质较弱，适应力较差，极易发生死亡，这一阶段是羊一生中饲养难度最大的时期。为了提高羔羊的成活率，减少发病死亡，需对羔羊进行特殊的护理工作。

1. 保温防寒　初生羔羊体温调节能力差，对外界温度变化极为敏感，因而对冬羔及早春羔必须做好初生羔羊的防寒保暖工作。待产室温暖要适宜，舍内温度要保持在5℃以上。温度低时，应设置取暖设备，地面铺上一些御寒的材料，如柔软的干草、麦秸等，并注意检查门窗是否密闭，墙壁不应有透风的缝隙，防止因贼风侵袭造成羊只患病和其他不必要的损失。羔羊出生后，让母羊尽快舔干羔羊身上的粘液，母羊不愿舔羔时，可在羔羊身上撒些麸皮诱其舔羔。初生羔羊口鼻内粘液较多时，应先用手将羔羊口腔和鼻腔内的粘液清除，以免羔羊发生窒息。

2. 吃好初乳　初乳（母羊产后3~5天内分泌的乳汁）粘稠，含有丰富的蛋白质、维生素、矿物质等营养物质，其中镁盐还有促进胃肠蠕动和排出胎粪的功能。初乳中还含有大量抗体，对增强羔羊的体质、预防疾病具有重要的作用。因此，要保证羔羊在初生30分钟内吃到初乳。由于母羊产后无奶或母羊产后死亡等情况，吃不到自身母羊初乳的羔羊，也要让它吃到代乳羊的初乳，否则很难成活。

多数羊的母性强，产后就会主动识别和哺乳羔羊，但有少数母羊特别是初产母羊，无护羔经验，母性差，产后不去哺羔，必须强制人工哺乳。即：先将母羊保定住，把羔羊推到乳房跟前，让羔羊去寻找乳头和吸乳，调教几次之后，母羊就能让羔羊自己吮乳了。对于缺母乳的羔羊，应为其找保姆羊，也就是让死了羔的或产单羔、奶水好的母羊代养。为了避免保姆羊拒绝羔羊吃奶，甚至伤害羔羊，可把保姆羊的奶汁或尿液涂抹到羔羊头部和后躯，以混淆母羊的嗅觉,经过几次训练之后,保姆羊就能认仔哺乳了。对于1胎多羔母羊,要采用人工辅助方法,让每一只羔羊吃到初乳。如果1胎产,3羔以上,要找保姆羊,尽可能使每只羔羊成活。否则,1胎多羔也就失去了意义。对于大型肉羊场,可以购置专门的设备进行人工哺乳。

3. 安排好羔羊吃奶时间 母羊产后至少3~7日内,母仔应在产羔室生活,一方面可为羔羊随时哺乳,另一方面可促使母仔亲和、相认。对于有条件的羊场,母仔最好一起舍饲15~20天,这段时间羔羊吃奶次数多,几乎隔1个多小时就需要吃1次奶。20天以后,羔羊吃奶次数减少,可以让羔羊在羊舍饲养,白天母羊出去放牧,中午回来哺1次羔,这样加上出牧和归牧时哺1次羔,可保证羔羊1天吃3次奶。

4. 搞好环境卫生,减少疾病发生 羔羊体质弱、抗病力差、发病率高,发病的原因大多由于羊舍及其周围环境卫生差,使羔羊受到病原菌的感染。因此,搞好圈舍的卫生管理,减少羔羊接触病原菌的机会,是降低羔羊发病率的重要措施。饲养人员每天在添草喂料时要认真观察羊只的采食、饮水、排便等是否正常,发现病情及时诊治。

采用人工哺乳时,搞好人工哺乳各个环节的卫生消毒,对羔羊的健康和生长发育非常重要。喂养人员在喂奶前要洗净双手,平时不接触羔羊。发现病羔应及时隔离,由专人管理。迫不得已病羔和健康羔都由一个人管理时,应先喂健羔,再喂病羔,并且喂完后马上洗净消毒手臂,脱下衣服,开水冲洗消毒处理。羔羊所食奶粉、饮水、草料等都应注意卫生。奶粉、豆粉等溶解后应用4层纱布过滤,在喂前煮沸消毒。奶瓶等用具应保持清洁卫生,喂完后随即冲洗干净。饲喂病羔的奶瓶在喂完后要用高锰酸钾消毒,再用清水冲洗干净。采用机械哺乳时,喂奶器械必须清洗和严格消毒。

（二）羔羊的培育方法

1.加强母羊妊娠后期饲养　保证母羊妊娠后期营养是羔羊正常发育、增强羔羊体质的关键。妊娠期营养良好的母羊，到分娩前应增重 10～15 千克以上。对配种时营养不良、体况较差的母羊，在妊娠后期更应加强补饲（每日补喂优质青干草 1～1.5 千克，混合精料 0.45 千克），以保证母羊健康和胎儿的正常发育。同时，使母羊在妊娠期内能贮备必要的营养，以满足产后泌乳的需要。在预产期前 1 周，要减少或停止补喂精料，以减少由于胎儿初生重过大造成的难产。这种情况在初产母羊以及用大型肉用品种羊与小型地方品种羊杂交时容易发生。

2.人工哺乳　如果由于母羊产后死亡、患乳房炎或产羔多而又找不到合适的保姆羊时，可人工哺乳。人工乳可用鲜牛奶、羊奶、奶粉、豆浆等代替。用牛奶、羊奶喂羔羊时，尽量用新鲜奶，奶越新鲜，味道及营养成分越好，病菌及杂质也越少。用奶粉喂羔羊时，应该先用少量温开水把奶粉溶解，然后再加热，防止对好的奶粉起疙瘩。有条件时再加些鱼肝油、胡萝卜汁、多种维生素等。用豆浆、米汤、豆面等自制食物喂羔羊时，应添加少量食盐，有条件的再添加些蛋黄、鱼肝油、胡萝卜汁等。传统的人工哺乳方法费工、费时，仅适于饲养量较少的羊场，在大型肉羊场，提倡采用自动哺乳机械进行人工哺乳，以降低工人的劳动强度，提高工作效率。人工哺乳的关键是掌握好温度、浓度、喂量、次数和卫生消毒等 5 个环节。

（1）温度　羔羊食用人工乳的温度一定要掌握好。温度高，容易伤害羔羊，或发生便秘；温度低，容易发生消化不良、腹泻、腹胀等。一般冬季 1 月龄以内的羔羊，奶的温度在38℃～39℃，夏季35℃～36℃。随着羔羊日龄的增长，人工乳的的温度可适当降低些。

（2）浓度　主要观察羔羊的粪尿来确定，特别是人工哺乳第一周要注意观察,根据不同的情况及时调整。如果羔羊尿多,羊舍潮湿,说明乳太稀;尿少,粪呈油黑色、粘稠发臭或消化不良,腹泻,说明乳汁太稠。人工乳浓度在羔羊前期应浓一些,后期可适当稀一些。

(3)喂量 羔羊人工哺乳的喂量宁少勿多,切忌过量。每次饲喂可掌握在"八成饱"的程度,做到少喂多餐。具体喂量应根据羔羊体格健壮程度来确定,初生羔羊全天喂量相当于初生重的1/5为宜。喂粥、汤时,其量应低于喂奶量的标准,尤其是最初几天内,先少给,适应后再加量。羔羊食欲良好时,每隔1周应比上周喂量增加1/4~1/3;如果消化不良时,应减少喂量,加大饮水,并采取相应的治疗措施。

(4)次数 初生羔羊每天应喂6次,每隔3~5个小时喂1次,夜间睡眠时可延长时间或减少次数。10天以后每天喂4~5次,每隔5~6个小时喂1次。20天以后羔羊即可采食一定的草料,每天喂奶次数可减少到3~4次。

3.及时补饲 母羊的泌乳量在羔羊出生后4周左右达到高峰,以后逐渐下降。而羔羊的增重随日龄的增加而上升,2月龄以后,仅靠母乳不能满足羔羊快速增重的营养需要,对羔羊必须进行补饲。一般羔羊生后15天左右开始学习采食一些嫩草、树叶或精料,应抓住这一时机对羔羊进行诱饲或补饲。用豆科子实补饲时要磨碎,最好炒一下,并添加适量食盐。补饲多汁饲料时要切成丝,并与精料混拌后饲喂。补饲量可做如下安排:15~30日龄的羔羊,每天补混合精料20~75克;1~2月龄,每日100克;2~3月龄,每日200克。每只羔羊哺乳期需补精料9~10千克。羔羊习惯采食草料后,可将青绿饲料或优质青干草放在草架上,任羔羊自由采食。

4.羔羊的放牧 为了促进羔羊生长发育,早日采食,以减少母羊负担,便于管理,增强合群性,在羔羊1月龄左右将母仔分开,羔羊单独组群放牧。母仔分开放牧有利于增重、抓膘和防止寄生虫病的传播。

羔羊放牧不同于成年羊。羔羊性情活泼、顽皮,放牧时常欢蹦乱跳,边吃边玩。因此,放牧羔羊时一定要有责任心和耐心,走路时要让羔羊慢行。放牧头几天,要把羔羊圈在一起吃草,对于离群的羔羊要把它赶回来归群。放牧羔羊时要注意远离母羊群,避免互相干扰,影响放牧和采食。刚开始放牧要将羔羊放在圈舍附近的专用优质草场上,时间不宜太长,以后可逐渐远牧,并增加放牧时间。放牧羔羊的哺乳在 1.5~2 月龄前,每隔 4 个小时母羊、羔羊回来喂奶 1 次。2 月龄以后,羔羊瘤胃微生物区系已形成,羔羊可以大量利用植物性饲料,母羊可晚出早归,中午不回来喂奶。对放牧羔羊也要补给适量的精料、食盐,并给予充足卫生的饮水。

5.羔羊的断奶　断奶时间各地不一,一般为 3 个月。条件好的羊场,采取全年频密繁殖时,可 2 月龄左右断奶。如果自然条件差、饲养管理粗放,过早断奶会增大羔羊的死亡率,造成不必要的损失,但断奶时间过晚(超过 4 月龄),既不利于羔羊的生长发育,也不利于母羊的生产和繁殖。

羔羊断奶有两种主要方法,一次性断奶和逐渐断奶,规模羊场一般多采用一次性断奶。即将母仔一次性分开,不再接触。逐渐断奶法是在预定的断奶日期前几天,把母羊赶远离羔羊的地方,每天将母羊赶回,让羔羊吃几次奶,并逐渐减少羔羊吃奶的次数直到断奶。断奶对羔羊是一个较大的刺激,处理不当会引起羔羊生长缓慢。为此,可采取断奶不离圈、不离群的方法。即将羔羊留在原羊圈舍饲养,母羊另外组群。尽量保持羔羊原有的生活环境,饲喂原来的饲料,减少对羔羊的不良刺激和对生长发育的影响。羔羊断奶后要加强补饲,日粮的精粗比应为 6∶4,高品质的蛋白质饲料或优质青干草要占一定比例。

四、肉羊的肥育

肥育的目的就是要增加羊体内的肌肉和脂肪,改善肉的品质。因此,不论肥育羔羊还是成年羊,供给的营养物必须超过它本身维持营养所需的营养物,才可能在体内蓄积一定的营养物质,用于肌肉和脂肪的生产。羔羊的肥育包括羊的生长发育和肥育过程。羔羊的代谢十分旺盛,对能量、蛋白质、维生素的需求量大,必须给予高的饲养水平。对成年羊来说,肥育期体重的增加,主要是脂肪的积累。肥育羔羊与肥育成年羊相比,日粮中需要更多的蛋白质饲料,而成年羊的肥育需要消耗更多的能量饲料。羔羊增重速度很快,饲料报酬高,产品品质好,因此,肥育羔羊比肥育成年羊更经济有效。

由于羔羊的肥育与其生长发育同时进行,这就要求肥育期间的饲料营养丰富,全面,适口性好,蛋白质饲料的全价性好,能量含量高。同时,要供给各种必需的矿物质及维生素,使羔羊增重快,肥育效果好。舍饲肥育使用颗粒饲料效果好,饲料报酬高,而且以粗饲料 60%~70%(含秸秆 10%~20%)和精饲料 30%~40%的配合颗粒饲料最佳。用谷粒饲料催肥时,用整粒的比用压扁和粉碎的效果好。在集约化、工厂化条件下肥育羔羊时,最重要的是配制成分稳定的全价饲料。羔羊用的颗粒饲料由 30%的精料、44%青干草粉、25%大麦秸和 1%无机盐添加剂组成,每千克含 0.55 饲料单位和 77 克可消化蛋白质。成年羯羊的颗粒饲料由 25%精料、74%大麦秸或干草粉及 1%无机盐添加剂制成,每千克含 0.4 饲料单位和 60 克可消化蛋白质。母羔的日喂量,颗粒饲料 0.5~0.8千克,优质干草 2 千克;小羯羊的日喂量,颗粒饲料 0.8~1 千克,优质干草 2~3 千克;成年羯羊的日喂量,颗粒饲料 1~1.5 千克,优质干草 3 千克。10 月龄育成羊的日粮范例见表5-6。

表5-6　10月龄育成羊日粮范例

饲料名称	母羊(体重40千克)	公羊(体重50千克)	营养成分	母羊(体重40千克)	公羊(体重50千克)
青干草(千克)	0.7	1.0	饲料单位	1.15	1.35
玉米青贮料(千克)	2.50	2.00	代谢能(兆焦)	12.5	16.0
大麦碎粒(千克)	0.15	0.23	干物质(千克)	1.5	1.8
豌豆(千克)	0.09	0.1	粗蛋白质(克)	195	244
向日葵油粕(千克)	0.06	0.12	可消化蛋白质(克)	114	156
食盐(克)	12	14	钙(克)	7.6	10.1
二钠磷酸盐(克)	—	5	磷(克)	4.5	6.0
元素硫(克)	—	0.7	镁(克)	1.9	2.1
硫酸铵(毫克)	2	3	硫(克)	4.2	4.7
硫酸锌(毫克)	20	23	铁(毫克)	1154	1345
硫酸铜(毫克)	8	10	铜(毫克)	9.2	12.4
			锌(毫克)	45	52
			钴(毫克)	0.43	0.63
			锰(毫克)	56	65
			碘(毫克)	0.35	0.41
			胡萝卜素(毫克)	39	40
			维生素D(单位)	465	510

引自赵有璋《羊生产学》(2002)

　　我国肥育羊的方法归纳起来有3种,即放牧肥育、舍饲肥育和混合肥育。

(一)放牧肥育

　　这是一种应用最普遍、最经济的肥育方法,适合于放牧条件较好的地区。尤其是在夏秋季节的北方天然草场上进行短期放牧肥育，不仅可以充分地利用天然牧草资源生产优质的羊肉，而且可以加快羊群的周转，减少羊群对冬春草场的压力，降低生产成本，提高经济效益。肥育前，对淘汰的公羊及公羔先进行去势，羊群按年龄、性别、体况分群，驱虫、药浴和修蹄。肥育期一般在 8～10 月份，此时牧草开始结籽，营养充足，易消化，羊只抓膘快，肥育效果好。一般放牧肥育 60～120 天，成年羊体重可增加 25%～40%，羔羊体重可成倍增长。

（二）舍饲肥育

传统的舍饲肥育主要是为了调节市场羊肉供应和充分利用各种工农业加工副产品进行肉羊肥育。饲养期通常为 60～90 天。在良好的饲料条件下，一般羔羊可增重 10～15 千克。在国外，舍饲肥育主要用于肥羔生产，肥育期 60 天左右。采用全价配合饲料，定时喂料、饮水，对羔羊进行短期强度肥育。在我国，专业化的肥羔生产企业还不多见，但从长远发展的观点来看，专业化、集约化的肉羊生产经营方式将是发展我国羊肉生产的一条好途径。尤其对于农作物秸秆和农副加工产品十分丰富的农区来说，充分、合理、科学有效地利用这些宝贵的饲料资源，既解决了由于焚烧秸秆而造成的环境污染，又缓解了发展肉羊生产与放牧地紧缺的矛盾。因此，发展肉羊舍饲饲养，是优化农业产业结构、增加农民收入的有效途径之一。

（三）混合肥育

混合肥育有两种情况：一是在秋末冬初，牧草枯萎后，对放牧肥育后膘情仍不理想的羊，采用补饲精料，延长肥育时间，进行短期强度肥育，肥育期 30～40 天，使其达到屠宰的标准，提高胴体重和羊肉品质；二是由于草场质量或放牧条件差，仅靠放牧不能满足快速肥育的营养要求，在放牧的同时，给肥育羊补饲一定的混合精料和优质青干草,使肥育羊的日粮满足饲养标准的要求。混合肥育既能缩短羊肉生产周期,增加肉羊出栏数、出肉量,又可以充分地利用有限的饲草资源,降低生产成本,提高经济效益。羊群每天放牧的时间为 6~8 个小时,早、晚补喂优质青干草和混合精料。精料由玉米、高粱、麸皮、花生饼、豆饼、棉籽饼、菜籽饼、贝粉、食盐、尿素及矿物质添加剂等组成。每千克风干日粮中含干物质0.87 千克,消化能 13.5 兆焦,粗蛋白质 12%~14%,可消化蛋白质106 克。粗饲料主要利用作物秸秆、树叶、青干草、青贮饲料等。精料每日每只羊喂量 250~500 克,粗料不限,自由采食,每日饮水2~3 次。

第四节　现代肉羊生产模式简介

一、现代专业化和工厂化的生产模式

专业化肉羊生产是以现代养羊科技为支撑的一种集约化肉羊生产模式,它体现了养羊科技与经营管理的最高水平,在一些国家如美国、英国、法国、澳大利亚、新西兰以及俄罗斯等被广泛采用。各国根据本国的山羊、绵羊品种特性、饲草资源和生产条件组织肉羊生产,建立了分工合理、科学完善的肉羊生产、繁育体系以及完善、高效的社会化科技服务体系,使肉羊生产获得了很高的经济效益。专业化和工厂化肉羊生产有以下特点。

第一,人工控制环境条件,采用最佳环境参数按市场需要组织生产。一些国家采用现代化羊舍,对温度、湿度和光照等采用自动控制技术,使羊的生产、繁殖基本不受自然气候环境变化的影响。饲养管理的机械化、自动化程度高,尽量减少人、羊直接接触。同时,肉羊日粮的配制严格按照生产要求和不同类型羊的营养需要和饲养标准组织生产。在许多国家,高产优质人工草场的建设、围栏分区放牧是肉羊生产管理的重要内容,大部分人工草地实现了饲喂和饮水的自动化,劳动生产率显著提高。

第二,采用专门化肉用品种,实行多品种杂交,保持高度杂种优势。各国均选择适合本国条件的优秀品种,研究出最佳杂交组合方案,实行三四个品种的杂交,把高繁殖性能、高泌乳性能和高产肉性能有机地结合起来,保持高度的杂种优势,组织商品肉羊生产。在英国,根据不同地区的海拔、气候和农业生产的特点,对肉羊生产进行了合理地分工。高山地区,由于冬季寒冷,气候恶劣,主要以饲养粗毛型的绵羊为主;丘陵地区,以饲养长毛型和杂交型绵羊及其杂交后代为主;在低地及农区,以饲养肉用绵羊品种及商品肥羔为主,使全国的养羊业形成了一条既紧密联系又相互补充的产业链,极大地提高了生产效益。

第三,密集产羔,全年繁殖,均衡生产。一些国家在肉羊生产中,充分利用多胎绵羊品种,或采用现代畜牧技术调节母羊的繁殖周期,缩短产羔间隔,增加产羔数,实现母羊全年均衡产羔。在不同的地区,根据不同的气候条件、品种及市场需求,实行母羊1年2产、2年3产或3年5产的繁殖配种制度;或对母羊实行分组配种繁殖,2个月左右一批,全年每个季节都有羔羊生产。美国康乃尔大学设计了一种"星式"繁殖、配种模式和高产、耐频密繁殖母羊选育方案,母羊的选育以3年为1个周期,在1个周期内母羊可生产5胎,达到要求的母羊被称为"星级母羊"。通过持续不断的选育,使母羊的产羔率有了明显的提高。

第四,羔羊采用早期断奶,强度肥育。在美国、俄罗斯等国采取羔羊超早期(1~3日龄)或早期(30~45日龄)断奶;在法国,羔羊的断奶时间通常为28日龄,既可以降低羔羊人工哺育的成本,又有利于羔羊的生长发育,具有较高的实用价值。而超早期断奶羔羊必须用人工乳(脱脂乳、脂肪、磷脂、微量元素、矿物质、维生素、氨基酸、抗生素配制而成)或代乳粉(按羊奶成分配制而成)进行哺育。但超早期断奶对羔羊的保育条件很高,当保育和补饲条件达不到相应的要求时,会造成羔羊的大量死亡和巨大的经济损失。因而,在自然环境条件恶劣、经济基础落后的国家和地区难以实施。肉羊的集约化肥育一般是以精料、干草、添加剂组成肥育日粮(不喂青饲料)进行舍饲肥育,在专门化的肥育工厂进行。在以人工草场放牧为主的国家如澳大利亚和新西兰,肥羔生产以放牧加补饲的方式进行。在工厂化肥育的情况下,断奶羔羊以体重分组,成批肥育,定时出栏,每年肥育 4~6 批,每批肥育 60~90 天,轮流供应市场。

二、舍饲与放牧相结合的生产模式

在天然牧草资源比较缺乏的地区或冬、春牧草枯萎的季节,单依靠放牧不能满足肥育羊的营养需要,要想取得较高的增重和肥育效果,必须给羊补饲一定的青干草、青贮饲料和精料,以满足羊的生长发育和增重水平。尤其是对于种公羊、妊娠后期的母羊、后备青年羊等,冬春补饲是加强饲养管理的重要内容,必须引起高度重视。

对于肥育的商品肉羊,冬春季节的放牧时间以每天 4~6 个小时为宜,放牧距离要短一些,尽可能选择在羊舍附近、牧草生长较好的冬季备用草场上放牧,避免过多运动对养分的消耗,提高羊的增重速度和肥育效果。

对我国南方省区,在发展肉羊无公害生产中,采用舍饲与放牧相结合的肉羊生产模式比较理想。充分利用当地丰富的农作物秸秆和食品加工副产品来调制肉羊的补饲饲料,辅以草山草坡和田边地角、农闲茬地的放牧饲养,可以取得较理想的肥育效果。

三、短期放牧肥育的生产模式

放牧肥育是将断奶羔羊在优质人工草场自由放牧,并用一定数量的干草、青贮饲料和精料进行补饲,羔羊达到一定体重时即出栏销售。一些国家推行羔羊断奶、剪毛后开始肥育。剪毛后肥育有利于促进羊的代谢和生长发育,提高肥育效果。与上述两种肥育方式相比,放牧肥育的周期较长,但饲养成本低,可以充分利用天然牧草资源,有利于羊的健康。

放牧肥育的效果受许多因素的影响,如草场类型、植被生长、季节、气候、补饲水平、病虫害防治等。试验表明,在以豆科、禾本科混播为主的高产人工草场上放牧肥育的效果较好。在国外,断奶羔羊放牧肥育的饲养周期为 2~4 个月,肥羔的活重 38~55 千克,胴体重 18~27 千克。我国的北方牧区,夏秋季节的天然草场牧草丰茂、气候凉爽,非常适宜于肉羊的放牧肥育。选择高产优质的草地对断奶羔羊进行单独放牧,羔羊的增重快、效益高,肥育周期一般为 3~4 个月。入冬前,将羔羊集中屠宰上市。在我国的内蒙古、新疆等地区,对羔羊的季节性短期放牧肥育方法和效果进行了许多研究,取得了许多成熟的经验,为提高当地养羊业的技术水平和经济效益做出了贡献。

放牧肥育要尽可能采用围栏放牧或划区轮牧的方式,根据草场的面积、产草能力和肥育羊的增重要求,合理确定羊群大小和放牧时间。羔羊集中放牧肥育前,要做好防疫、驱虫等日常管理工作,减少寄生虫等病虫害对羊的危害和对草场的污染。

第五节 肉羊的日常管理

羊的日常管理包括抓羊、导羊、编耳号、去角、去势和修蹄等项工作,必须形成严格的制度并加以认真的贯彻和落实,以免由于工作中粗心大意给整个肉羊生产造成重大的经济损失。

一、抓羊和导羊

在进行羊的体型外貌鉴定、称重、配种、防疫、检疫和羊的买卖时,都需要进行抓羊、保定羊和导羊前进等操作。

(一)抓　羊

在抓羊时要尽量缩小羊的活动范围,将羊赶到羊圈或运动场的一角,最好用活动围栏将羊圈在一个较小的范围内。抓羊的动作要快、准,出其不备,迅速抓住羊的欣部或飞节上部。因为欣部皮肤松弛,柔软,容易抓住,又不会使羊受伤。除此两部位,其他部位不能随意乱抓,以免伤害羊体。

(二)保　定

保定羊时,操作人员一般是蹲在羊的右侧,一手扶住羊的颈部或下颌,一手扶住羊的后臀即可。另外,也可用两腿把羊颈夹在中间进行羊只保定,人的腿部抵住羊的肩部,使其不能前进,也不能后退,以便对羊只进行各种处理。

(三)导　羊

羊抓住后,当需要移动羊时就须导羊前进。方法是:一手扶在羊的颈下部,以掌握前进方向;另一手在尾根处搔痒,羊即短距离前进。喂过料的羊,可用料盆逗引前进。切忌用力扳羊角或抱头硬拉。

二、编 耳 号

编耳号是羊育种和免疫工作中不可缺少的环节。编耳号后便于识别,可以记载血统、生长发育、生产性能和免疫情况。目前,羊场编耳号大多采用带耳标的方法。耳标用铝或塑料制成,用特制的钢字把号数打在耳标上,或用特制的笔编写。各地在编号时应建立一套统一的编号系统,以便于育种资料的管理和交流。尤其是为了适应育种资料的计算机管理,最好采用 8 位数字或字母来编写羊的耳号。笔者在参与四川凉山半细毛羊育种工作中采用的耳号编制体系为:在 8 位代码中,前 2 位以拼音字母代表羊场,次 2 位为年号,后 4 位为羊的个体号,按照公单母双的原则,每年由 1 和 2 起编,如 HG020018 代表 2002 年好谷羊场生产的第九只母羊。多年的生产实践证明,这种编号体系是行之有效的。尤其在计算机管理育种资料的统计和分析方面非常便利。

当羊群小时,编号也可用耳缺法,即用耳缺钳在羊的两耳上剪一定数量的缺口来代表个体编号。遵循的原则是"左小右大,上 3 下 1"。如上缘的一个缺为 3,下缘的一个缺为 1,左耳为个位数,右耳为十位数,耳尖为百位或专门用来代表级进杂交的代数。采用耳缺法时,要尽可能用较少的缺口代表一定的编号数字。

三、去 角

羊去角可以防止争斗时致伤,对有角绵羊、山羊,去角是一个很重要的管理措施。羔羊一般在出生后 7 ~ 10 天内进行去角手术。去角可采用烧烙法或化学去角法。

(一)烧 烙 法

将羊羔侧卧保定,烙铁烧至暗红(也可用功率为 300 瓦左右的电烙铁),在羊的角基部进行烧烙。烧烙时用力均匀,分次进行,每次烧烙的持续时间不超过 15 秒钟,烙至角基部皮下稍有出血,生角组织被破坏即可。

(二)化学去角法

将羊羔侧卧保定,用手摸到角基部,剪去角基部羊毛,在角基部周围抹上凡士林,以保护周围皮肤。然后将苛性钠(或钾)棒,一端用纸包好,作为手柄,另一端在角蕾部旋转摩擦,直到见有微量出血为止。摩擦时要注意时间不能太长,位置要准确,摩擦面与角基范围大小相同,术后敷上消炎止血粉。羔羊化学去角后的半天内不应让其接近母羊,以免苛性钠烧伤母羊乳房。

四、去 势

对于出生 3~5 天的羔羊可用结扎法,即用皮筋扎紧睾丸的颈部。1 周后,睾丸因血管阻塞而坏死脱落。此法去势比较安全。对于稍大一些的小公羊或成年公羊则要采用手术去势。其方法是:先用 3%石碳酸或碘酊消毒阴囊术面,然后用 1 只手握住阴囊上方,将睾丸挤向阴囊下端,另 1 只手持手术刀在阴囊底部做一切口,约为阴囊宽度的 1/3,以能将睾丸挤出为度,切开后把睾丸连同精索一起挤出拧断。成年公羊要先将精索结扎后再行剪下,以防造成大出血而发生意外事故。摘除睾丸后,伤口涂上碘酊。

五、修蹄及蹄病防治

对舍饲饲养的绵羊、山羊种羊要定期进行修蹄,以减少和预防蹄病。专门的肉用绵羊、山羊品种的体格大,体重高,放牧运动量小,又加上蹄壳生长较快,如不整修,易成畸形,导致系部下坐,步履艰难,从而影响其生产性能和公羊的配种能力。修蹄最好是用果园整枝用的剪刀,先把较长的蹄角质剪掉,然后再用刀具把蹄周围的角质层修理成与蹄底接近平齐。对于蹄形十分不正者,每隔10~15 天就要修整 1 次,连修 2~3 次才能修好。在修蹄时,不可操之过急、动作鲁莽,用力要均匀,一旦剪伤造成出血,可用烧烙法止血。修蹄时间应选在雨后进行为好,因蹄质被雨水浸软,容易修整。

第六章 肉羊无公害生产的繁育技术

第一节 肉羊的繁殖生理特点

一、性成熟与初配年龄

(一)公羊的初情期、性成熟和适配年龄

性成熟是个连续的过程。初情期是公羊初次出现性行为和能够射出精子的时期,是性成熟过程中的开始阶段。性成熟是公羊生殖器官和生殖功能发育趋于完善,达到能够产生具有授精能力的精子并有完全的性行为的时期。

公羊达到性成熟的年龄与体重增长速度呈一致的趋势。体重增长快的个体,其到达性成熟的年龄要比体重增长慢的个体要早。群体中如有异性存在,可促使性成熟提前。此外,品种、遗传、营养、气候和个体差异等因素均可影响达到性成熟的年龄。

公羊在达到性成熟时,身体仍在继续生长发育,配种过早,会影响身体的正常生长发育,并且降低繁殖力。通常公羊开始配种的年龄应在达到性成熟后推迟数月。体重也是很重要的指标之一,通常要求公羊的体重接近成年时才可开始配种。

绵羊和山羊在 6~10 月龄时性成熟,以 12~18 月龄开始配种为宜,此即为公羊的适配年龄。

(二)母羊的初情期、性成熟和初配年龄

母羊出生以后,身体的各部分不断生长发育,当达到一定年龄后,脑垂体开始具有分泌促性腺激素的功能,机体亦随之发生一系

列复杂的生理变化。例如，卵巢上有卵泡发育成熟，并具有内分泌机能；母羊有发情表现，并接受公羊交配等行为。这时，母羊的生殖器官已基本发育完全，具有繁殖后代的能力。通常把母羊初次表现发情并发生排卵的时期称为初情期，一般绵羊为 6~8 月龄，山羊为 4~6 月龄；把已具备完整繁殖周期（妊娠、分娩、哺乳）的时期称为性成熟。

母羊达到性成熟时，最显著的表现是具有协调的生殖内分泌机能，表现出有规律的发情周期和完全的发情征候，排出能受精的卵子，此时即具有繁衍后代的能力。

性成熟的年龄因母羊的品种、个体、饲养管理条件、气候等因素而存在一定的差异。母羊到性成熟时，并不等于已经达到适宜的配种繁殖年龄。因为，此时其身体生长发育尚未完成，生殖器官的发育也未完善，过早妊娠就会妨碍自身的生长发育，而且还可能造成难产，产生的后代也可能体质较弱、发育不良甚至出现死胎，泌乳性能也较差，故此时一般尚不宜配种。

母羊的繁殖适龄期应是母羊既达到性成熟，又达到体成熟。通常母羊适宜的初配年龄应以体重为依据，即体重达到正常成年体重的 70% 以上时可以开始配种，此时配种繁殖一般不影响母体和胎儿的生长发育。

适宜的初配时期也可以考虑年龄。绵羊和山羊的适宜初配年龄一般为 1~1.5 岁。因为初配年龄和肉羊的经济效益密切相关，即生产中要求越早越好，所以，在掌握适宜的初配年龄情况下，不应该过分地推迟初配年龄，做到适时、及时配种。

二、发情季节

绵羊和山羊均为季节性多次发情的动物，即均为夏末和秋季发情，且以秋季发情旺盛。除光照因素外，纬度、海拔、气温、营养状况等因素也影响发情。羊只的季节性发情是其长期自然选择的结果,是生物适应环境的具体表现。羊的发情季节因品种、地区而有差异。原始类型的品种,或者在较粗放的条件下饲养管理的羊只,其发情季节较为明显。但在有些地区,一些绵羊、山羊品种一年四季都能发情,从而使配种时间不受季节限制。

公羊繁殖的季节性变化虽然没有母羊那样明显,但在不同季节,其繁殖功能是不同的。日照长度的变化能明显地控制公羊精子的生成过程。精液品质的季节性变化很明显,精子总数和精子活力以秋季最高,冬季次之,夏季最低。

三、发情周期

母羊达到性成熟年龄以后,卵巢上出现了周期性的排卵现象,生殖器官也周期性地发生一系列的变化,这种变化按一定顺序循环进行,一直到性功能衰退以前,表现为周期性活动。把前后两次排卵期间,整个机体和它的生殖器官所发生的复杂生理变化过程称为发情周期。绵羊的发情周期平均为17(14~20)天,山羊平均为21(16~24)天。发情周期周而复始,一直到绝情期为止。根据1个发情周期中生殖器官所发生的形态、生理变化和相应的性欲表现,将发情周期分为4个阶段:发情前期、发情期、发情后期和间情期。

(一)发情前期

发情前期也称前情期。这一时期的特征是,上一次发情周期形成的黄体进一步呈退行性变化,逐渐萎缩,卵巢中有新的卵泡发育增大,子宫腺体略有增殖,生殖道轻微充血肿胀,子宫颈稍开放,阴道粘膜的上皮细胞增生,母羊有轻微发情表现。

(二)发情期

此时母羊性欲进入高潮,接受公羊的爬跨。这一时期卵泡发育迅速,外阴部充血,肿胀加剧,子宫颈开张,有较多粘液排出,在发情期末排卵。由于卵泡分泌大量雌激素,此期母羊发情表现最明显。绵羊发情期持续时间一般为 24～36 个小时,山羊为 24～48 个小时。初配母羊的发情期较短,年老母羊较长。

绵羊和山羊均属于自发性排卵动物,即卵泡成熟后自行破裂排出卵子。排卵时间,绵羊和山羊分别在发情开始后 24～27 小时和 24～36 小时。

(三)发情后期

发情后期也称后情期。这个时期,母羊由发情盛期转入静止状态。生殖道充血逐渐消退,蠕动减弱,子宫颈封闭,粘液量少而稠,发情表现微弱,破裂的卵泡开始形成黄体。

(四)发情间期

发情间期也称休情期或间情期。在此阶段,母羊的交配欲完全停止,精神状态已恢复正常。卵巢上形成黄体,并分泌孕激素。

四、受精和妊娠

(一)受 精

受精是指精子进入卵细胞,二者融合成 1 个细胞——合子即受精卵的过程。羊属于阴道授精型动物,即交配时精液射在阴道内子宫颈口的周围。随后精子由射精部位运行到受精部位——输卵管壶腹部,经过一系列生理反应过程,完成精子和卵子的融合,形成受精卵。

(二)妊 娠

精子进入卵子后所发生的一系列变化的最终结果是妊娠。妊娠是从受精开始,经由受精卵阶段、胚胎阶段、胎儿阶段,直至分娩(妊娠结束)的整个生理过程。从精子和卵子在母羊生殖道内形成受精卵开始,到胎儿产出时所持续的时间称为妊娠期(或胚胎发育期)。妊娠期包括受精卵卵裂、桑椹胚、囊胚、囊胚后期的胚泡在子宫内的附植、建立胎盘系统、胚胎发育,继而形成胎儿,最后胎儿成熟,娩出体外。

绵羊和山羊的妊娠期均为5个月左右,其中绵羊平均为146~155天,山羊平均为146~160天。在这个时期,受精卵经过急剧的细胞分化和强烈的生长,发育成具有器官系统完整及结构复杂的有机体。一般可将妊娠期划分为胚期、胎前期和胎儿期3个阶段。

母羊妊娠后,生殖器官和体况均发生明显变化。胚胎时期是动物发育最强烈的阶段,特别表现在细胞分化上,从而产生了有机体各部分的复杂差异。通常随着胚胎日龄的增长,发育速度逐渐加快,即由细胞分化转入相似细胞的迅速增多与体积增大。

了解胚胎时期的生长发育特点,可为妊娠期母羊的饲养管理提供科学依据。在胚胎发育的前期和中期,绝对增重不大,但分化很强烈。因此,对营养物质的质量要求较高,而营养物质的数量则容易满足母体的需要。在胚胎发育后期,胎儿和胎盘的增重都很快,母体还需要贮备一定营养以供产后泌乳,所以,此时对营养物质的数量要求急剧增加。若营养物质不足,将会直接造成胎儿的发育受阻和产后缺乳或少乳。

五、分娩和泌乳

(一)分 娩

妊娠期满,母羊将发育成熟的胎儿和胎盘从子宫排出体外的生理过程即为分娩,亦称产羔。

1. 分娩预兆 母羊分娩前,机体的一些器官在组织和形态方面发生显著变化,其行为也与平时不同,这一系列的变化是为了适应胎儿的产出和新生羔羊哺乳的需要。同时,可根据这些征兆来预测母羊的分娩时间,做好接羔工作。

(1)乳房的变化 母羊在妊娠中期乳房即开始增大,分娩前夕,母羊乳房迅速增大,稍现红色而发亮,乳房静脉血管怒张,触之有硬肿感,此时可挤出初乳。但个别母羊在分娩后才能挤出初乳。

(2)外阴部的变化 临近分娩时,母羊阴唇逐渐柔软、肿胀,皮肤上的皱纹消失,越接近产期越表现潮红。阴门容易开张,卧下时更加明显。生殖道粘液变稀,牵缕性增加,子宫颈粘液栓也软化,潴留在阴道内,并经常排出阴门外。

(3)骨盆韧带的变化 在分娩前1~2周开始松弛。

(4)行为的变化 临近分娩时,母羊精神状态显得不安,回顾腹部,时起时卧。躺卧时两后肢呈伸直状态。排粪、排尿次数增多。放牧羊只则有离群现象,寻找安静处,等待分娩。

2. 分娩过程 分娩过程可分为3个阶段,即子宫颈开张期(第一产程)、胎儿产出期(第二产程)和胎衣排出期(第三产程)。

(1)子宫颈开张期 从子宫角开始收缩,至子宫颈完全开张,使子宫颈与阴道之间的界限消失,这一时期称为宫颈开张期,大约历时1~1.5小时。这一阶段子宫颈变软扩张,一般仅有阵缩,没有努责。母羊表现不安,时起时卧,食欲减退,进食和反刍不规则,有腹痛感。

(2)胎儿产出期 从子宫颈完全开张,胎膜被挤出并破水开始到胎儿产出为止的时期,称为产出期。在这一时期,阵缩和努责共同发生作用。母羊表现极度不安,心跳加速,呈侧卧姿势,四肢伸展。此时,胎囊和胎儿的前置部分进入软产道,压迫刺激盆腔神经感受器,除子宫收缩以外,又引起了腹肌的强烈收缩,出现努责,在这两种动力作用下将胎儿排出。此期约为0.5~1小时。羊的胎儿排出时,仍有相当部分的胎盘尚未脱离,可维持胎儿在产前有氧的供应,使胎儿不致窒息。

(3)胎衣排出期 从胎儿产出到胎衣完全排出的时间称为胎衣排出期,需要1.5~2小时。当胎儿开始娩出时,由于子宫收缩,脐带受到压迫,供应胎膜的血液循环停止,胎盘上的绒毛逐渐萎缩。当脐带断裂后,绒毛萎缩更加严重,体积缩小,子宫腺窝紧张性降低,所以绒毛很容易从子宫腺窝中脱离。胎儿产出后,由于激素的作用,子宫又出现了阵缩。胎膜的剥落和排出主要依靠阵缩,并且伴有轻微的努责。阵缩是从子宫角开始的,胎盘也是从子宫角尖端开始剥落,同时由于羊膜及脐带的牵引,使胎膜常呈内翻状态排出。

羔羊出生后 0.5~3 个小时排出胎衣。排出的胎衣要及时取走,以防被母羊吞食而养成恶习。

(二)泌 乳

在胎儿出生之前,母羊的乳房已开始发育。母羊分娩后立即开始泌乳,以哺育新生羔羊。泌乳包括乳的分泌和排乳两方面。前者包括乳在腺泡上皮细胞内的合成及合成后乳汁从细胞内排至腺泡腔;后者指腺泡周围的肌上皮细胞受催产素的刺激而收缩,使乳汁排入导管系统。

泌乳启动后,就必须经常有吸吮或挤奶的刺激,使之发生排乳反射。同时,羔羊吮乳或挤奶的刺激还可促进促乳素、促肾上腺皮质激素和肾上腺皮质激素的释放,这些激素有助于维持泌乳。当泌乳量自然下降、断奶或停止挤奶时,母羊的乳房实质就加快复原。下一次妊娠时,乳房腺泡组织重新生长发育,并在分娩后开始又一次的泌乳活动。

第二节 肉羊的配种技术

一、常用配种方法

羊的配种方法包括自由交配、人工辅助交配和人工授精 3 种。

(一)自由交配

自由交配为最简单的配种方式。在配种期内,可根据母羊的多少,将选好的种公羊放入母羊群中任其自由寻找发情母羊进行交配。该法省工省事,适合小群分散的生产单位。若公、母羊比例适当,可获得较高的受胎率。

但该方法也存在一些不足,如无法控制产羔时间;公羊追逐母羊,无限制地交配,不安心采食,耗费精力,影响其健康,同时也影响母羊采食;无法掌握交配情况,后代血统不明,容易造成近亲交配或早配,难以实施计划选配;种公羊利用率低,不能发挥优秀种公羊的作用,同时也容易传播生殖道传染病等。

为了克服上述缺点,可在非配种季节把公、母羊分群饲养管理,配种期内将适量的公羊放入母羊群,每隔2~3年,群与群之间有计划地调换公羊,交换血统。

(二)人工辅助交配

人工辅助交配也称个体控制交配,是将公、母羊分群隔离饲养,在配种期内用试情公羊对母羊试情,把挑选出来的发情母羊与指定的公羊交配。这种交配方式不仅可以记载清楚公、母羊的耳号、交配日期,了解后代的血缘关系,而且能够预测分娩期,节省公羊精力、增加受配母羊头数。交配时间,一般是早晨发情的母羊于傍晚进行配种,下午或傍晚发情的母羊于次日清晨配种。为确保受胎,最好在第一次交配后间隔12个小时左右再重复配种1次。

(三)人工授精

人工授精是采用器械,以人为的方法采集公羊精液,经品质检查等处理,再通过器械将精液输入到发情母羊生殖道内,而使母羊受孕的配种方法。人工授精可以充分利用优良种公羊的潜在繁殖能力,提高母羊的受胎率,加速肉羊品种改良;可以节省购买和饲养大量种公羊的费用;可防止疾病传播与流行;能克服公母羊体格差异过大造成的配种困难;用超低温可以长期保存精液并可使精液使用不受时间和地域的限制;促进其他繁殖新技术的发展。

二、母羊的适期配种技术

母羊的适期配种是提高母羊受胎率的重要条件。从理论上讲,配种应在排卵前几小时或十几小时内进行,才能获得较高的受胎率。但是,由于排卵时间很难准确判断,因此,一般多根据母羊发情开始的时间和发情征兆的变化来确定配种的适宜时期,同时采用人工授精重复配种技术,来提高母羊的受胎率。羊配种的最佳时间是发情开始后 18~24 个小时,这时子宫颈口开张,容易进行子宫颈内配种输精。一般可根据阴道流出的粘液来判定发情的早晚。粘液呈透明粘稠状即是发情开始,颜色为白色即到发情中期,如已混浊呈不透明的粘胶状,则到了发情晚期,是配种输精的最佳时期。但一般母羊发情的开始时间很难判定。根据母羊发情晚期排卵的规律,可以采取早晚两次试情的方法挑选发情母羊。早晨选出的母羊下午输精 1 次,第二天早上再重复输精 1 次;晚上选出的母羊第二天早上第一次输精,下午重复输精 1 次,这样可以大大提高受胎率。

三、人工授精技术

人工授精包括精液采集、品质检查、稀释、保存和输精等主要技术环节。

(一)公羊和母羊的管理

1. 公羊的选择与管理

(1)种公羊 种公羊一般选用遗传价值高的优良品种个体,行动灵活,性欲旺盛,无生殖机能紊乱和遗传缺陷。使种公羊保持中等能量饲养水平,对精子活率、采精量和精子对冷冻的抵抗力有益。增加蛋白质饲料的比例、补充维生素 A 并适当进行运动,可改善精子生成并增加精子的抗冻能力。配种开始前 1~1.5 个月,对参加配种的种公羊精液的品质进行检查,以确定种公羊精液的品质,并可促进种公羊的性机能活动。

(2)试情公羊　由于部分母羊发情征候不明显,发情持续期短,因此,在人工授精工作中,必须用试情公羊每天从大群待配母羊中找出发情母羊适时进行配种。试情公羊的个体必须是体质结实,健康无病,行动灵活,性欲旺盛,生产性能良好,年龄在 2～5 岁。其数量一般为参加配种母羊数的 2%～4%。

2. 母羊的管理　母羊要单独组群,防止公、母羊混群与偷配。在配种前和配种期,应加强饲养管理,做到膘满配种。

(二)试　情

每天清晨或早、晚各 1 次,将试情公羊赶入待配母羊群中进行试情。凡愿意与公羊接近,并接受公羊爬跨的母羊即认为是发情羊,应及时将其捕捉送至发情母羊圈中。为了防止试情公羊偷配,试情时应在其腹下系一试情布,并要捆扎结实。在试情工作中,要认真负责,仔细观察,随时注意试情公羊的动向,及时捕捉发情母羊,随时驱散成堆的羊群,为试情公羊接触母羊创造条件。

(三)采　精

采精为人工授精技术的一个重要步骤,为保证公羊性反射充分,射精顺利、完全,精液量多而洁净,采精必须做到稳当、迅速、安全。

1. 台羊的准备　采精前应选好台羊,台羊通常为母羊,台羊的选择应与采精公羊的体格大小相适应,且发情明显。台羊也可用公羊或羯羊。

2. 假阴道的安装　安装假阴道时,注意内胎不要出褶,装好后用酒精棉球消毒,再用生理盐水棉球擦洗数次。采精前的假阴道应保持有一定的压力、温度和滑润度。安装好的假阴道内温度为 40℃～42℃。为保证一定的滑润度,用清洁玻棒蘸取少许灭菌的医用凡士林均匀涂抹在内胎的前 1/3 处,也可用生理盐水棉球擦洗保持滑润。通过气门活塞压入气体,使假阴道保持一定的松紧度。内胎的内表面呈三角形,合拢而不向外鼓出为宜。

3.采精方法 采精操作是将台羊用采精架保定,引公羊到台羊处,采精人员蹲在台羊右后方,右手握假阴道,贴靠在台羊尾部,入口朝下,与地面呈 35°~45°角,当公羊爬跨时,轻快地将阴茎导入假阴道内,保持假阴道与阴茎呈一直线。公羊用力向前一冲时即为射精,此时操作人员应在公羊跳下时将假阴道紧贴包皮退出,并迅速将集精瓶口向上,稍停,放出气体,取下集精瓶。

(四)精液品质检查

精液品质和受胎率有直接关系。通过精液品质检查,以确定稀释倍数和采得的精液能否用于输精,这是保证输精效果的一项重要措施,也是对种公羊种用价值和配种能力的检验。精液品质检查要快速准确,取样要有代表性。检精室要洁净,室温保持在 18℃~25℃。

1.外观检查 检查精液的色泽、气味和状态。正常精液呈浓厚的乳白色混悬液体,略有腥味。若色泽异常或有腐臭味者,均不得用于输精。

2.精液量 羊 1 次射精量为 0.5~2 毫升,可用灭菌输精器抽取测量。

3.精子活率 精子活率是评定精液品质的重要指标之一。精子活率的测定是检查在 37℃左右条件下精液中呈直线前进运动的精子百分率。检查时以灭菌玻棒蘸取 1 滴精液,置于载玻片上加盖玻片,放大 300~500 倍观察。全部精子都作直线前进运动则评为 1 级,90%的精子作直线前进运动为 0.9 级,余此类推,通常原精液精子活率在 0.7 级以上。原精液稀释后精子活率 0.4 级,冻精解冻后活率 0.35 级以下者不宜进行输精,以免影响受胎率。

4.精子密度 指单位体积中的精子数,公羊待冷冻用的鲜精密度应在 20 亿/毫升以上。常用的密度测定方法有显微镜观察法、计数法以及光电比色法。

（1）显微镜观察法　取 1 滴新鲜精液于载玻片上，置于显微镜下观察，根据视野内精子多少将精子密度分以下几等。

①密：视野中精子密集，无空隙，看不清单个精子运动。

②中：精子间距相当于 1 个精子的长度，可以看清单个精子的运动。

③稀：精子数不多，精子间距很大。

④无：没有精子。

（2）计数法　用血球计数板进行计数。先用红血球稀释管吸取原精液至刻度处，用纱布擦去吸管头上沾附的精液，再吸取 3%～5% 的氯化钠溶液到刻度处，以拇指及中指按住吸管两端充分摇动，使氯化钠溶液与精液充分混匀，将精液稀释到 200 倍。吹掉管内最初几滴液体，然后将吸管尖放在计数板中部的边缘处，轻轻滴入被检精液一小滴，让其自然流入计数室内，然后在 600 倍显微镜下计算精子数。计数 5 个大方格精子总数乘以 1 000 万即为 1 毫升精液的精子数。

（3）光电比色法　先将经过精确计数的原精液样本 0.1 毫升加入 5 毫升蒸馏水中混匀，在光电比色计中测定透光度，读数记录，做出精子密度表。以后测定精子密度时，只要按上法测定透光度，然后查表即可得知精子密度。

5. 精子形态　凡是精子形态不正常的均为畸形精子，如头部过大或过小、双头、双尾、断裂、尾部弯曲、带原生质滴等。合格精液的精子畸形率不得超过 14%，精液中畸形精子过多，会降低受胎率。

（五）精液的稀释

稀释精液的目的在于扩大精液量，充分利用精液，提高优良种公羊的配种效率；保持精子的受精能力，延长精子存活时间，使精子在保存过程中免受各种物理、化学、生物因素的影响,能长时间地维持精子的活力,便于精液的保存与运输。

人工授精所选用的稀释液要求配制简单,费用低廉,具有延长精子寿命、扩大精液量的效果。最常用的简易稀释液有以下几种。

1. 生理盐水稀释液 常用注射用生理盐水,或用经过灭菌的生理盐水做稀释液,稀释后应立即输精。这种方法简单易行且比较有效,其稀释倍数不宜超过2倍。

2. 葡萄糖卵黄稀释液 称取葡萄糖3克,柠檬酸钠1.4克,溶解于100毫升蒸馏水中,过滤灭菌,冷却至30℃,加新鲜卵黄20毫升,充分混合。

3. 牛乳或羊乳稀释液 取新鲜牛乳或羊乳以脱脂纱布过滤,蒸汽灭菌15分钟,冷却至30℃,吸取中间乳液即可作稀释液用。

上述各种稀释液中,每毫升稀释液应加入500~1 000单位青霉素和1毫克链霉素,调整溶液的pH值为6.8~7,精液稀释应在温度25℃~30℃下进行。稀释后的精液经过品质检查,各项指标合格后方可输精。

(六)精液的保存

为扩大优秀种公羊的利用效率、利用时间及利用范围,需要有效地保存精液,延长精子的存活时间。为此,必须降低精子的代谢,减少能量消耗。在实践中可采用降低温度、隔绝空气和稀释等措施,以达到保存精液的目的。

1. 常温保存 精液稀释后,保存在20℃以下的室温环境中。在这种条件下,精子运动明显减弱,可在一定限度内延长精子的存活时间。常温保存时间一般仅为1~2天。

2. 低温保存 在常温保存的基础上,进一步缓慢降温至0℃~5℃。在这个温度范围内,物质代谢和能量代谢降到极低水平,营养物质的损耗和代谢产物的积累缓慢,精子运动完全消失。低温保存的有效时间为2~3天。

3. 冷冻保存　家畜精液的冷冻保存,是人工授精技术的一项重大革新,可长期保存精液。冷冻精液保存的主要过程为:稀释、平衡、冷冻等。冷冻方法分为安瓿冷冻法、颗粒冷冻法、细管冷冻法等。羊的精子由于不耐冷冻,冷冻精液受胎率较低,一般受胎率为 40%~50%,少数试验结果达到 70%。

(七)输　精

输精是在母羊发情期的适当时间,用输精器械将精液送进母羊生殖道的操作过程。它是人工授精的最后一个技术环节,也是保证较高受胎率的关键。

1. 输精前的准备

(1)输精器材的准备　主要包括玻璃(或金属)输精器、开膣器、输精管等的消毒与清洗。输精器械应用蒸汽、75%酒精或置于高温干燥箱内消毒,开膣器洗净后可在消毒液中消毒,输精管可用酒精消毒。所有器械在使用前均需用稀释液冲洗 2~3 遍。

(2)母羊的准备　用于输精的母羊,均应进行发情鉴定,以确定最适的输精时间。羊的适宜输精时间是发情开始后的 18~24 个小时。输精时对母羊要实施保定。

(3)精液的准备　常温、低温或冷冻保存的精液,需要升温到 35℃左右,并再次镜检活力和精液品质,符合要求才能用于输精。

2. 输精方法

(1)开膣器输精　用开膣器将待配母羊的阴道扩开,借助光源寻找子宫颈,然后把输精注射器的导管插入子宫颈口,将精液注射于子宫颈内。

(2)倒立阴道底部输精法　将母羊后肢提起倒立,用两腿夹住母羊颈部保定,输精员用手拨开母羊阴门,把输精管沿母羊背侧轻轻插入阴道底部输精。

(3)细管输精　分装好精液的塑料细管两端是密封的,输精时先剪开一端,由于空气的压力,管内的精液不会外流。将剪开的一端缓慢地插入阴道内 10~15 厘米(根据羊的体型大小而定),再将细管的另一端剪开,细管内的精液便自动流入母羊阴道内。细管输精时,必须采用倒立阴道底部输精法进行保定与操作,以防精液倒流。

3. 输精剂量和次数

(1)输精剂量 一般为 0.05~0.1 毫升,中倍(3~4 倍)和高倍(30~50 倍)稀释的精液应适当加大输精量(0.2~0.4 毫升),高倍稀释通常应用于山羊的人工授精。一次输精的有效精子数应保证在 0.2 亿以上,若用冻精,剂量需适当增加,有效精子数应保证在 0.5 亿以上。

(2)输精次数 一般应输 1~2 次,重复输精的间隔时间为 8~10 个小时。

第三节 繁殖新技术在肉羊无公害生产中的应用

一、超数排卵和胚胎移植技术

(一)超数排卵

绵羊和山羊胎产羔数较少,其繁殖力在很大程度上限制了生产力的发挥。随着生物技术的发展,超数排卵从某种程度上解决了这一问题。应用外源性促性腺激素诱发母羊卵巢多个卵泡同时发育并排出具有受精能力的卵子的方法,称为超数排卵,简称"超排"。超排是进行胚胎移植时对供体母羊必须进行的程序,目的在于得到较多的胚胎。

母羊的超数排卵,通常是在发情周期的前几天以人为的方法使用药物,使功能性黄体消退,这时卵巢上的卵泡正处于开始发育时期,用适当剂量的促性腺激素处理,可提高供体羊体内促性腺激素水平,从而使卵巢上产生较自然状况下数量多十几倍的卵子,并在同一时期内发育成熟,以利于集中排卵。

目前用于超数排卵的促性腺激素主要有下述两种。

1. 孕马血清促性腺激素(PMSG)　在山羊供体母羊发情周期的第十六天,即周期性黄体期向卵泡期过渡,周期黄体正在消退时期,给予1次皮下注射孕马血清促性腺激素25～30单位/千克体重,基本能达到较好的超数排卵效果。

2. 促卵泡素(FSH)　在山羊供体母羊发情后9～10天,每天以促卵泡素2次肌内注射,每次剂量为40～50单位,连续注射5天。如果发现发情即停止注射。或注射促卵泡素48个小时后,肌内注射前列腺素($PGF_{2\alpha}$)15～20毫克,发情时再静脉注射人绒毛膜促性腺激素(hCG)1 000单位,这种方法可以取得良好的超排效果。

在超排处理中,目前尚不能准确地控制供体母羊的排卵数,供体母羊个体之间的排卵数差异很大,这可能受个体反应、年龄、胎次、超排时期、品种、季节等因素的影响,实践中应逐渐探索其原因。

(二)胚胎移植

胚胎移植是从超排处理母羊(供体)的输卵管或子宫内取出早期胚胎,移植到另一群母羊(受体)的输卵管或子宫内,以达到产生供体后代的目的。供体通常是选择优良品种或生产性能高的个体,其职能是提供移植用的胚胎;而受体则只要求是繁殖功能正常的一般母羊,其职能是通过妊娠使移植的胚胎发育成熟,分娩后继续哺乳抚育后代。受体母羊并没有将遗传物质传递给后代,所以,胚胎移植实际上是以"借腹怀胎"的形式产生出供体的后代。这是一种使少数优良供体母羊产生较多的具有优良遗传性状的胚胎,使多数受体母羊妊娠、分娩而达到加快优良供体母羊品种繁殖的一种先进生物技术。其程序包括:供体母羊的选择和检查,供体母羊发情周期记载,供体母羊超数排卵处理,供体母羊的发情和人工授精;受体母羊的选择,受体母羊的发情记载;供体、受体母羊的同期发情处理;供体母羊的胚胎收集,胚胎的检验、分类、保存;受体母羊移入胚胎;供体、受体母羊的术后管理;受体母羊的妊娠诊断;妊娠受体母羊的管理及分娩,羔羊的登记等。

自 1934 年绵羊胚胎移植成功以来,各种家畜以及实验动物的胚胎移植相继成功。我国于 1974 年在绵羊上成功地进行了胚胎移植,1980 年在山羊上获得成功。现在,绵羊、山羊的胚胎移植已向着生产应用方面发展,所以越来越受到人们的重视。如果说人工授精技术是提高良种公羊利用率的有效方法,那么胚胎移植则为提高良种母羊的繁殖力提供了新的技术途径。

二、精液冷冻与保存技术

冷冻精液是精液保存的一种方法,它是在超低温环境(-79℃或-196℃)下,将精液冻结成固态,能够使精子长期保存,并保持其受精能力。冷冻精液技术在肉羊养殖中应用,能高度发挥优良种公羊的利用率,可同时配许多母羊,降低生产成本,提高经济效益,并不受地域限制和种公羊生命的限制。

(一)精液冷冻保存的原理

采用液氮(-196℃)或干冰(-79℃)保存精液,即在超低温环境下,使精子的活动停止,处于休眠状态,代谢也几乎停止,从而延长精子的存活时间。

低温环境对精子细胞的危害主要表现在细胞内外冰晶的形成,从而改变了细胞膜的渗透压环境,使细胞膜蛋白质和精子的顶体结构受损伤。同时,冰晶的形成和移动会对精子及其细胞膜结构造成机械破坏。在一般条件下,冷冻不可避免地要形成冰晶,因此,冷冻精液成败的关键取决于冰晶的大小。只要避免对生物细胞足以造成物理伤害的大冰晶的形成,并稳定在微晶状态,则会使细胞得到保护。精子在低温环境下,形成冰晶的危险区

为 -15℃~ -50℃。因此,在制作和解冻冷冻精液时,均须快速降温和升温,使其快速地通过危险温度区域而不形成冰晶。目前,绵羊、山羊精液冷冻技术已较为成熟,并已经进入生产应用阶段。

(二)冷冻精液的制作

1. **精液的稀释和降温** 为了防止对精子产生的低温危害,应将采出的精液立即用含有牛乳或卵黄的稀释液稀释。

(1)降温 使用 30℃以上与精液温度相等的稀释液,经 1~2 小时缓慢降低温度,最后到 4℃~5℃。

(2)稀释液 用于冷冻精液的稀释液一般由营养物质(葡萄糖、果糖、乳糖、卵黄和乳等)、保护性物质(包括缓冲剂、低温保护剂和抗生素等)、稀释剂(等渗氯化钠、葡萄糖、果糖溶液或卵黄液、乳液等)和其他添加剂(包括酶类、维生素、精氨酸等)。低温保护剂常用卵黄、乳类,冷冻防护剂有甘油、二甲基亚砜等,维持渗透压和酸碱度的有糖类、柠檬酸钠等。表 6-1 为绵羊、山羊冷冻精液稀释液的常用配方,供参考。

表 6-1 绵羊、山羊精液冷冻稀释液配方

稀释液		绵　羊			山　羊		
		葡3-3液	葡-柠-乳液	糖-乳液	奶山羊		绒山羊
					1	2	
基础液	蒸馏水(毫升)	100	80	50	100	100	100
	葡萄糖(克)	3.0	7.5	3.0	1.12	3.0	2.0
	乳糖(克)	-	10	11	-	3.18	9.0
	柠檬酸钠(克)	3.0	-	3.0	1.7	2.0	-
	柠檬酸(克)	-	-	-	1.0	-	-
	三羟甲基氨基甲烷(克)	-	-	-	1.84	-	-
	脱脂乳(毫升)	-	20	50	-	-	20.0

续表6-1

稀释液		绵 羊			山 羊		
					奶山羊		绒山羊
		葡3-3液	葡-柠-乳液	糖-乳液	1	2	
第一液	基础液(毫升)	80	80	80	85	80	80
	卵黄(毫升)	20	20	20	15	20	20
	青霉素	10万单位			10万单位		
	链霉素	10万单位			10万单位		
第二液	第一液(毫升)	44	45	44	46	45	45
	甘油(毫升)	6	5	6	4	5	5

引自许怀让《家畜繁殖学》(1992)

(3)精液稀释方法

①一次稀释法:即按稀释精液的要求,将含有甘油抗冻剂的稀释液按一定比例一次加入精液内。

②二次稀释法:即将精液在等温条件下,立即用不含甘油的第一稀释液稀释至精液最后总量的一半,经1~2个小时缓慢降温至4℃~5℃后,再加入等温的含甘油的第二稀释液,加入的量等于第一次稀释后的精液量。

2.稀释精液的平衡 精液经含甘油的稀释液稀释后,需在原温度(通常在5℃左右)下放置一段时间,使甘油充分渗透,进入精子细胞内,从而在冷冻过程中产生抗冻保护作用。甘油稀释液对精液作用的时间称为平衡,时间为2~3个小时。平衡后才可进行精液分装。

3.精液的分装和冷冻 凡需要保存的精液都必须进行分装。绵羊、山羊的冷冻精液采用颗粒型、细管型和安瓿型3种分装与冷冻形式。

(1)颗粒型 将平衡后的精液直接滴成0.1毫升的颗粒。颗粒冷冻精液制作简单,容积小,便于贮存。但因其直接暴露于液氮或空气中,易受污染,也不易标记,造成混杂。

颗粒精液在分装与冷冻时,是在盛有液氮的容器上放置一铝薄板或金属网(若用聚四氟乙烯塑料板,则精液冷冻效果更好),冷冻板与液氮面保持0.5～1.5厘米距离。待冷冻板充分冷却后,用吸管吸取精液,定量连续滴在冷冻板上,经3～5分钟,待精液充分冻结、颗粒色泽发亮时,铲下精液颗粒,收集到纱布袋内并加标签,即可浸入液氮罐中保存。颗粒的大小一般在0.1毫升左右。

(2)细管型 一般分为0.25毫升、0.5毫升及1毫升等规格的塑料细管。细管型的优点是可避免精液受污染,便于标记,体积小,在冷冻过程中,细管冷冻效果好,适用于机械化生产,解冻和输精操作简便,但成本较颗粒型为高。

细管精液在冷冻时,是将分装到塑料细管并经平衡处理的细管精液用毛巾擦干,排列于细管分配器上。用一内装1/2液氮量的大口径液氮罐,将冷冻网放至距离液氮面1～2厘米处,温度控制在-130℃～-140℃,再将盛有精液细管的分配器置于冷冻网上,加盖10分钟,精液细管温度即从4℃降至-140℃而完成冷冻,再分装到提筒内,浸入液氮中保存。

(3)安瓿型 一般为0.5毫升、1毫升和5毫升3种规格的玻璃安瓿。安瓿分装精液虽然可以避免污染,便于标记,但因在冷冻过程中容易爆裂,所以目前使用已日趋减少。

4.冷冻精液的保存 冷冻精液的贮存不能脱离冷源,必须在精子冷冻的危险温区以下贮存。因为干冰温度(-79℃)接近于精子危险温区,加之使用不便,目前国内一般已不再用作冷冻精液的冷源。而液氮的温度(-196℃)远比精子冷冻危险温区要低,使用方便,保存冷冻精液可靠,因此被广泛采用。冷冻精液在液氮中可以长期保存,精子活率不会下降。

(三)冷冻精液的解冻与输精

1.解冻方法 冷冻精液的解冻过程,同冷冻过程一样,必须迅速通过精子冷冻的危险温度区域,以免对精子细胞造成损伤。

(1)颗粒冻精的解冻 羊的颗粒冻精的解冻方法可分为干解冻法和湿解冻法。采用干解冻(不加解冻液)法解冻时,将1粒冻精放入灭菌小试管中,置于60℃水浴中快速融化至1/3颗粒大小时,迅速取出在手心中轻轻擦动至全部融化。湿解冻是将1毫升解冻液装入灭菌试管内,置于35℃~40℃温水中预热,然后投入1粒冻精,摇动至融化,取出使用。解冻液有多种。近年来,羊的冻精用37℃维生素 B_{12} 解冻效果也较好。

(2)细管冻精的解冻 可在38℃~42℃下解冻。但有研究表明,75℃解冻的存活率高于35℃解冻。而69.5℃解冻有利于提高精子的存活率,缓慢解冻(45.6℃)有利于保护精子顶体。目前认为,较好的解冻方法是两步法,即先用较热的水待精液融化1/3~1/2时,将其移至与室温相近的水浴中继续解冻。

(3)安瓿冻精的解冻 绵羊安瓿冻精可以在37℃的水浴中解冻。

2. 输精方法 解冻后精子经检查,其活率不低于0.35级时,即可用于输精。输精方法与鲜精输精完全相同。为了提高羊冻精受胎率和产羔率,在输精时应注重输精部位和输精次数。

(1)输精部位 输精的部位有子宫颈输精、子宫内输精等。以子宫颈管深部输精法效果较好,而通过子宫镜或腹腔镜操作进行子宫内输精的产羔率更高。

(2)输精次数 采用每日1次试情,3次输精法,即当日发情母羊于早、晚各输精1次,翌日早晨再输精1次。

(3)输精量 输精量为0.2毫升,要求含活精子数0.7亿~0.8亿/毫升。

三、早期妊娠诊断技术

简便而准确的妊娠诊断,特别是早期妊娠诊断,是提高受胎率、减少空怀、保证产羔的重要技术措施。目前绵羊、山羊的妊娠诊断方法主要有以下几种。

(一)外部观察法

母羊配种 21 天后不再发情,就可能已经怀孕。母羊妊娠后,食欲增加,毛色变光变亮,体态逐渐丰满,性情温驯,行动谨慎,好静,喜卧,阴唇收缩,阴门紧闭,阴道粘膜苍白,粘液浓稠、滞涩。妊娠后期,乳房膨胀,腹围增大,体重增加,呼吸加快,排粪、尿的次数增多。头胎母羊妊娠 60 天后乳房开始发育,颜色红润,乳头周围有蜕掉的皮屑和污垢,乳头基部厚而松软。

(二)腹部检查法

对妊娠 2 个月以后的经产羊,可采取腹部检查进行妊娠诊断。检查者背向着羊头部,面向着后躯,用双腿夹住羊的颈部,用两手兜住羊的腹部,向上轻掂,左手在羊右侧腹下触摸是否有硬物,反复掂摸几次,如有硬块,即为胎儿。

(三)公羊试情法

母羊配种后的下一个发情期若不表现发情征候,可初步认为已经怀孕。用公羊试情时,怀孕母羊已无性欲,不接受公羊爬跨。

(四)B超法

将母羊站立保定于采精架内,用单绳固定颈部,分直肠和体外两个途径检查,先从直肠进行,当直肠检测不到时用体外检查。直肠检查时,先掏出直肠内蓄粪,探头涂耦合剂后由手指带入直肠内,送至盆腔入口前后,向下呈 $45° \sim 90°$ 角进行扫描。体外检查时,主要在两股根部内侧或乳房两侧的少毛区,不必剪毛,探头涂耦合剂后,贴皮肤对准盆腔入口子宫方向进行扫描,选择典型图像进行照像和录像。

未孕羊子宫角的断面呈弱反射,位于膀胱的前方或前下方,形状为不规则圆形,边界清晰,直径超过 1 厘米,同时可查到多个这样的断面,并随膀胱积尿程度而移位。有时在断面中央可见到一很小的无反射区(暗区),直径 0.2 ~ 0.3 厘米,可能是子宫的分泌物。

怀孕母羊子宫角断面呈暗区,因胎水对超声不产生反射,配种后 16 ~ 17 天最初探到时为单个小暗区,直径超过 1 厘米,称胎囊,一般位于膀胱前下方。由于扫描角度不同,子宫断面呈多种不规则的圆形等。胎体的断面呈弱反射,位于子宫颈区的下部,贴近子宫壁,初次探到时还不成形,为一团块,仔细观察可见其中有一规律闪烁的光点,即胎心搏动。

(五)激素测定法

根据母羊的激素变化与妊娠的密切关系,可测定激素进行早期妊娠诊断。据研究,当母羊血液中孕酮含量达到 1.5 微克/毫升,诊断为怀孕,准确率达 90% 以上。但按每增加 1 个胎儿母羊血液中孕酮含量相应地增加 1 微克/毫升来判断怀孕数,其准确率只有 63% ~ 69%。

四、发情控制技术

发情控制技术包括同期发情技术和诱导发情技术。同期发情是通过人为干预母羊自然发情周期,实现群体母羊发情同期化。诱导发情是对处于非繁殖季节(乏情季节)的母羊通过特殊处理,人工诱导其发情并排卵。

(一)同期发情技术

1. 药物诱发同期发情 常用方法有孕激素阴道栓法和前列腺素注射法两种。

(1)孕激素阴道栓法 将孕激素阴道栓放置于母羊子宫颈外口处,绵羊放置 12 ~ 14 天、山羊放置 16 ~ 18 天后取出。2 ~ 3 天后,母羊发情率可达 90% 以上。阴道栓可以使用厂家的产品,也可以自制。取 1 块海绵,截成直径和厚度均为 2～3 厘米的小块,拴上 35～45 厘米长的细线,每块海绵浸吸一定量的孕激素的溶液(孕激素与植物油相混)即成。常用孕激素的种类和剂量为:孕酮 150～300 毫克,甲孕酮 50～70 毫克,甲地孕酮 80～150 毫克,18 甲基 – 炔诺酮 30～40 毫克,氟孕酮 20～40 毫克。

可用送栓导入器将阴道栓送入母羊阴道内。送栓导入器由一外管和推杆组成。外管前端截成斜面,并将斜面后端的管壁挖一缺口,以便用镊子将海绵栓置于外管前端。推杆略长于外管,前部削成一个平面,以防送栓时推杆将阴道栓的细线卡住。埋栓时,将送栓导入器浸入消毒液消毒,将阴道栓浸入混有抗生素的润滑剂(经高温消毒的食用植物油)中使之润滑,然后用镊子从导入管前端斜面的缺口处将阴道栓放入导入管前端,细线从导入管前端之后的缺口处引出置于管外,将推杆插入导入管,使推杆前端和海绵栓接触。保定母羊呈自然站立姿势,将外管连同推杆倾斜 20°角,缓缓插入阴道 10～15 厘米处,用推杆将阴道栓推入子宫颈外口处。将导入管和推杆一并退出,细线引至阴门外,外留长度 15～20 厘米。如果连续给母羊埋栓,外管抽出浸入消毒液消毒后可以继续使用。

也可使用肠钳埋栓。将母羊固定后,用开膣器打开阴道,用肠钳将蘸有抗生素粉的自制阴道栓放入阴道内 10～15 厘米处,使阴道栓的线头留在阴道外即可。幼龄处女羊阴道狭窄,应用送栓导入器有困难时,可以改用肠钳,或者用手指将阴道栓直接推入。

埋栓时,应当避免现场尘土飞扬,防止污染阴道栓。母羊埋栓期间,若发现阴道栓脱落,要及时重新埋植。撤栓时,用手拉住线头缓缓向后、向下拉,直至取出阴道栓。或用开膣器打开阴道后,用肠钳取出。撤栓时,阴道内有异味粘液流出,属正常情况,如果有血、脓,则说明阴道内有破损或感染,应立即使用抗生素处理。取栓时,阴门不见有细线,可以借助开膣器观察细线是否缩进阴道内,如见阴道内有细线,可用长柄钳夹出。遇有粘连的,必须轻轻操作,避免损伤阴道,撤栓后用 10 毫升 3%的土霉素溶液冲洗阴道。

(2)前列腺素注射法 给母羊间隔 10~14 天,连续注射 2 次前列腺素,每次注射剂量为 0.05~0.1 毫克。第二次注射后 2~3 天,母羊发情率可达 90%以上。

为提高同期发情母羊的配种受胎率,可于配种时肌内注射适量的促排卵素 3 号或促黄体素。

2. 公羊效应 将公、母羊在繁殖季节分群隔离饲养 1 个月之后再混群饲养,大多数母绵羊在放进公羊后 24 天,母山羊在放进公羊后 30 天可表现发情。此法较药物诱导发情的同期化程度低,但由于方法简单,不增加药费开支,故也可作为同期发情的一种实用技术。

(二)诱导发情技术

在母羊乏情季节,使用外源性生殖激素,可诱导母羊发情,使母羊提前配种受孕,从而缩短母羊产羔间隔。对于季节性或生理性乏情的母羊,可用孕马血清促性腺激素并结合孕激素激发乏情母羊卵巢机能的活动。方法是将孕激素阴道栓放置于母羊子宫颈外口处。绵羊放置 12~14 天,山羊放置 16~18 天。于撤栓前 2 天肌内注射 300~500 单位孕马血清促性腺激素,于撤栓的同时肌注氯前列烯醇 0.05 毫克。处理母羊发情率可达 90%以上。

需要注意的是,单纯给母羊注射雌激素,如雌二醇、雌酮、雌三醇以及苯甲酸雌二醇等,虽然也可以诱导乏情母羊有发情表现,但不能使其排卵。对于黄体持久不消,抑制卵泡发育而表现乏情的母羊,可注射氯前列烯醇溶解持久黄体,使黄体停止分泌孕酮,为卵泡发育创造条件,诱导母羊恢复发情和排卵。

五、诱发分娩技术

诱发分娩亦称人工引产,是指在妊娠末期的一定时间内,注射激素制剂,诱发孕畜妊娠终止,在比较确定的时间内分娩,产出正常的仔畜。针对于个体称之为诱发分娩,针对于群体则称之为同期分娩。

(一)诱发分娩的意义

通过诱发分娩,可将孕羊分娩时间控制在相对集中的时间内,便于进行必要的分娩监护和开展有准备的护理工作,能够减少或避免新生羔羊和孕羊在分娩期间可能发生的伤亡事故。例如,可以将分娩控制在工作和上班时间内,避开假日和夜间,便于安排人员进行接产和护理,也便于有计划地利用产房和其他设施;控制孕羊同期分娩,可为母羊集中产仔和羔羊同时断乳、同期肥育、集中出栏的全进全出工厂化生产管理提供技术保障,也可为分娩母羊之间新生羔的调换(例如窝产羔多的和窝产羔少的母羊之间)、羔羊并窝或为孤羔寻找养母提供较大的机会和可能性;对患妊娠后期疾病(如产前瘫痪、妊娠毒血症、妊娠周期性阴道脱和肛门脱、产前不食综合征等)的危重病例或预期可能发生分娩并发症者(例如怀多胎、胎儿过大等),可通过采用诱发分娩技术再配合其他辅助治疗的措施,避免母子双亡。

(二)诱发分娩方法

1. 单独使用糖皮质激素或前列腺素 在妊娠期的最后 1 周内,用糖皮质激素进行诱发分娩。在羊妊娠的 144 天,注射 12～16 毫克地塞米松,多数母羊在 40～60 小时产羔。或对妊娠 141～144 天的羊,肌内注射 15 毫克前列腺素或 0.1～0.2 毫克氯前列烯醇,可有效地诱发母羊在处理后 3～5 天产羔。

2. 合用雌激素与催产素 据报道,在中卫山羊和湖羊诱发分婉研究中,肌内注射己烯雌酚和催产素,取得了成功。但在肉羊无公害生产中,禁止使用己烯雌酚,可尝试研究使用其他雌激素。

六、诱怀双羔技术

对于产羔率较低的羊,可通过遗传选择、促性腺激素、生殖激素免疫、胚胎移植和营养调控等途径实现诱怀双羔。目前国内外应用上述方法可使羊的双胎率提高 10% ~ 68%,这样可显著提高羊的繁殖力,增加后代数量,相对减少基础母羊饲养只数,节省饲养管理费用,降低生产成本,提高饲养效益。

(一)遗传选择法诱导双胎

有研究表明,代表母羊繁殖力的某些性状的遗传力为:多胎性 0.1 ~ 0.3,排卵率 0.3 ~ 0.5,胚胎和羔羊存活率 0.1 以上。产羔率可通过选择表型理想的羊只作为种羊而得到稳步提高。如果表型性状是可以遗传的,那么具有理想性状的羊只就可以发展起来。研究表明,通常情况下多产性遗传力每代一般不超过 2%。因此,羊群即使有较高的产羔率,采用一般的遗传方式也不可能使每代的产羔率增加 2% 以上。也就是说,产羔率增加 4% 约需 20 代才能完成。

公、母羊的配种成绩和产羔率同样可对其后代的产羔性能有所影响。有研究表明,3 年中产羔 4 ~ 6 只的母羊,其女儿的产羔性能显著高于 3 年中产羔 3 只母羊的女儿(双胎率为 37.7% ~ 40%)。此外,由双羔育成的母羊较由单羔育成的母羊双羔率高 5.82%。异性孪生中的母羊,不但具有正常的生殖功能,而且双胎率(50.19%)明显高于同性孪生母羊(45.51%)。另有报道,单胎公羊的双胎率为 31.6%,多胎公羊为 37.6%;单胎母羊为 25.6%,多胎母羊为 32.9%。因此,通过对个体遗传性能的选择,可逐步提高群体的双羔率。

(二)复合促性腺激素诱导双胎

用于诱导双胎的促性腺激素主要是促卵泡素和孕马血清促性腺激素。20世纪30年代,前苏联最先用孕马血清促性腺激素提高卡拉库尔羊产羔率。现在试验研究的药物达十几种之多,提高双羔率的效果在15%左右,但双羔率控制程度小,成活率低。最初诱导双胎,只是单独使用孕马血清促性腺激素和促卵泡素。因促卵泡素半衰期短,需数天多次注射才能起作用,比较烦琐。用妊娠60~100天的孕马血也可诱导双胎,因受保存条件限制,难于推广,因此将孕马血制成孕马血清促性腺激素,使用起来比较方便。

孕马血清促性腺激素、促卵泡素等制成复合促性腺激素使用效果比较稳定。我国研究者用"新八一"绵羊双羔素(主要成分为促卵泡素、促黄体素类似物、促黄体素、绒毛膜促性腺激素等),试验绵羊1685只,产羔率达148.13%,比当地羊提高52.63%。用"新八一"双羔素对287只沂蒙黑山羊进行试验,双羔率达29.8%,比对照组的4.9%提高了24.9%。

用促性腺激素诱导羊双胎,提高双胎率效果显著,使用简便。但也存在一些问题:一是成本高;二是作用时间短,只在一个情期起作用;三是由于个体在不同生理状态下对同一种处理方法的反应存在差异,难于准确控制双胎,3胎或多胎也时有发生,易造成流产。

(三)生殖激素免疫诱导双胎

1. 甾体(类固醇)激素免疫诱导双胎　从20世纪70年代初开始,澳大利亚CSIRO和Glaxo公司共同用10年时间研制出一种提高母羊排卵率的类固醇-蛋白质偶联制剂(steroid protein conjugates),叫双羔素或双胎素。它用性腺激素免疫的方法,调节机体生殖内分泌系统的机能,使母羊多排卵、多产羔。其用法是母羊配种前7周进行第一次免疫注射,间隔3周以后(即配种前4

周）进行第二次免疫注射，每只羊每次颈部皮下注射 2 毫升。据1982～1983 年统计，在澳大利亚、新西兰的 50 个农场对 1.6 万只母羊的 5～6 个品种进行试验，提高产羔率 20%～30%。我国甘肃、新疆等地应用澳大利亚雄烯二酮抗原（Fecundin）主动免疫绵羊，双羔率和产羔率分别提高 18%～27%和 20%～25%。

继引入澳大利亚双羔素后，我国学者对应用于主动免疫的类固醇激素抗原做了大量的研究，并研制了产品，在生产应用中也取得了一定的效果。

利用双羔素诱导双羔的特点：①使用方便，不需用专门的仪器设备，不受场地空间的限制，技术人员或饲养人员可进行注射；②对羊提高产羔率的幅度因其品种和营养水平不同而异。饲养条件好，提高幅度大，本身产羔率高的品种提高的幅度亦高；③对于单胎母羊，能有效地挖掘母羊自身怀双胎、产双羔及哺育双羔的潜力，提高母羊的双羔率，而不出现 3 羔、4 羔，免疫的效果是在羊群本身自然产羔率的基础上，一般提高双羔率 20～50 个百分点；④饲养条件越优越，效果越佳。

影响双羔素免疫效果的因素有羊的品种、营养水平、年龄以及双羔素的使用剂量和时间等。因此，一定要按"双羔素"说明书的要求严格执行，不可随意更改。

2．抑制素免疫诱导双胎　抑制素是一种由动物性腺分泌的糖蛋白激素，它可以选择性地抑制垂体促卵泡素分泌的水平，从而影响动物的内分泌调控，因而利用抑制素主动或被动免疫母羊后，内源性抑制素被抗体中和，血液中促卵泡素浓度升高，从而促进卵巢活性提高，有更多的卵泡发育，使排卵增加。在非繁殖季节末期免疫，可使母羊产生适宜的抗体滴度并维持 2～3 个情期。所以，可同时处理 1 个羊群中所有的母羊，而不需要考虑其是否处于相同的发情周期。

国外研究者分别以纯化融合蛋白主动免疫边区莱斯特羊，发现纯化组羊排卵率、产羔率显著高于非纯化组。国内研究者采用抑制素主动免疫绵羊,使母羊的双羔率达 50% ~ 80%,较对照组(5%)提高了 45% ~ 75%。

(四)胚胎移植诱导双胎

可采用追加 1 枚胚胎到已输精母羊体内,给受体羊移植 2 枚胚胎或半胚均可诱导母羊怀双胎,移植多枚胚胎可增加产多胎的几率。

(五)营养调控诱导双胎

营养对肉羊的繁殖力影响很大,尤其是配种前营养好坏对提高羊日增重及双胎率效果显著,许多研究结果证实了这一结论。

七、胚胎冷冻保存技术

胚胎冷冻保存一般指在 0℃ ~ -80℃ 的温度下保存胚胎。而超低温冷冻保存则是在极低的温度(液氮 -196℃,液氦 -269℃)下保存动物的胚胎。处于超低温状态下的胚胎,其新陈代谢几乎完全暂时停止,因而可以达到长期保存的目的。胚胎冷冻保存可促进胚胎移植技术产业化,便于胚胎运输和建立肉羊基因库。目前,胚胎冷冻主要采取玻璃化冷冻方法,这项技术现已日趋成熟,有望在肉羊生产中得到推广和应用。

八、性别控制技术

性别控制技术是指通过人为的干预并按人们的意愿使雌性动物繁殖出所需性别后代的一种繁殖新技术。一般来说,这种控制技术主要在两方面进行:一是在受精之前,二是在受精之后。前者是通过对精子进行干预,可在受精之时便决定后代的性别。后者是通过对胚胎的性别进行鉴定,从而获得所需性别的后代。借此技术可使受性别限制的生产性状(如泌乳性状)和受性别影响的生产性状(如肉用、毛用性状等)能获得更大的经济效益。如饲养奶羊希望从其优质、高产的核心群中繁殖出更多的母羔来更换奶羊群,而饲养肉用羊则希望繁殖出更多的小公羔。因为肉羊的生产速度和肉的品质与性别有关,公羔生长速度比母羔快,可增强选种的强度和提高育种效率,以获得最大的遗传进展。

受精之前性别控制的依据是,决定哺乳动物性别的关键是与卵子受精的精子,精子含 X 染色体产雌性后代,精子含 Y 染色体产雄性后代。目前认为最科学和最可靠的分离精子方法是根据 X 精子和 Y 精子的核糖核酸(DNA)含量存在差异的原理,利用流式细胞检测仪分选 X 精子和 Y 精子。

受精之后对性别进行控制是利用胚胎性别鉴定。分子生物学 SRY-PCR 鉴定法是目前最具有商业应用价值鉴定胚胎性别的方法,由于这种方法对胚胎损害较小而且不易被粘附在胚胎表面或透明带里的精子污染,同时准确率也较高,可达 90%以上,故被国内外研究人员广泛应用于家畜,特别是牛、羊胚胎的性别鉴定。

第四节 肉羊无公害生产的繁育体系

一、纯种繁育

纯种繁育是指同一品种内公、母羊之间的繁殖和选育过程。当品种经长期选育,已具有不少优良特性,并已完全符合国民经济发展需要时,即应采用纯种繁育技术。其目的是增加品种内羊只数量,且可继续提高品种质量。因此,不能把纯种繁育看成是简单的复制过程,它仍然有不断选育提高的任务。

在实施纯种繁育的过程中,为了进一步提高品种质量,在保持品种固有特性、不改变品种生产方向的前提下,可根据需要采用下列纯种繁育方法。

(一)品系繁育

品系是品种内具有共同特点,彼此有亲缘关系的个体所组成的遗传性稳定的群体。它是品种内部的结构单位,通常1个品种至少应当有4个以上的品系,才能保证品种整体质量的不断提高。在品种的繁育过程中同时考虑的性状越多,各性状的遗传进展就越慢,但若分别建立几个不同性状的品系,然后通过品系间杂交,把这几个性状结合起来,这对提高品种质量的效果就会好得多。因此,在现代绵羊、山羊育种中常采用品系繁育这一育种技术手段。

品系繁育的过程,基本上包括优秀种公羊的选择、品系基础群组建、闭锁繁育品系形成和品系间杂交4个阶段。

1. 优秀种公羊作为系祖的选择阶段　系祖的选择与创造,是建立品系最重要的第一步。系祖应是羊群中最优秀的个体,不但一般生产性能要达到品种的一定水平,而且必须具有独特的优点。理想型系祖的产生主要是通过有计划有意识的选种选配,加强定向培育等产生。凡准备选作系祖的公羊,经过本身性能、系谱审查以及后裔测验,证明能将本身优良特性遗传给后代的种公羊,方可作为系祖使用。

2. 品系基础群组建阶段　根据羊群的现状、特点和育种工作的需要,确定要建立哪些品系。然后根据要组建的品系来组建基础群。通常采用以下两种方式组建品系基础群。

(1)按血缘关系组群　首先分析羊群的系谱资料,查明各配种公羊及其后代的主要特点,将具有拟建品系突出特点的公羊及其后代挑选出来,组成基础群。这里要注意的是,虽有血缘关系,但不具备所建品系特点的个体不能选入基础群。遗传力低的性状,如产羔数、体况评分、羊肉品质等,按血缘关系组群效果好。当公羊配种数量大,其亲缘后代数量多时,宜采用此法。

(2)按表型特征组群　这种方法比较简单易行,不需考虑血缘关系,而是将具有拟建品系所要求的相同表型特征的羊只挑选出来组建为基础群。由于绵羊经济性状的遗传力大多较高,加之按血缘关系组群往往受到后代数量的限制,故在绵羊育种和生产实践中,在进行品系繁育时,常根据表型特征组建基础群。

3. 闭锁繁育品系形成阶段　品系基础群组建起来以后,不能再从群外引入公羊,而只能进行群内公母羊的"自群繁殖",即将基础群"封闭"起来进行繁育。目的是通过这一阶段的繁育,使品系基础群所具备的品系特点得到进一步的巩固和发展,从而达到品系的逐步完善和成熟。在实施这一阶段的繁育工作时要坚持以下原则。

(1)选择和培育系祖　按血缘关系组建的品系基础群,要尽量扩大群内品系性状特点,突出其遗传性稳定的优秀公羊——系祖的利用率,并从该公羊的后代中注意选择和培育系祖的继承者。按表型特征组建的品系基础群,从一开始就要通过后裔测定的办法,注意发现和培养系祖。系祖一旦认定,则要尽早扩大其利用率。

(2)淘汰不合格个体　要坚持不断地进行选择和淘汰,特别是要注意将不符合品系要求的个体从品系群中淘汰出去。

(3)实行有计划的近亲繁殖　为了巩固品系优良特性,使基因纯合,为选择和淘汰提供机会,近亲繁育在此阶段不可缺少,但要实行有目的、有计划的人工控制的近亲繁殖方法。开始时可采用嫡亲交配,以后逐代疏远,或者连续采用三四代近亲或中亲交配,最后控制近交系数不超过20%为宜。

(4)实行群体选配　由于品系基础群的个体基本上是同质的,因此可采用群体选配办法,不必用个体选配,但最优秀的公羊应该多配一些母羊。

(5)控制近交程度　如果限于人力和其他条件,闭锁繁育阶段是采用随机交配的办法,则应利用控制公羊数来掌握近交程度。

其计算公式是利用微分原理推导出一个近似公式,称之谓"逐代增量估计法"。

$$\triangle F = 1/8N$$

式中:△F 为每代近交系数的增量,N 为群内配种公羊数。

上式得出的是每代近交系数的增量,再乘以繁殖世代数就可以获得该群第五代羊的近交系数。

例如,一个封闭的羊群连续 5 代没有从外面引入公羊,并始终保持 4 头配种公羊,假设该羊群开始时近交系数为零,那么该群羊现在的近交系数是:

$$5 \times \triangle F = 5 \times \frac{1}{8 \times 4} = 15.625\%$$

4. 品系间杂交阶段　当品系完善成熟以后,可按育种需要组织品系间的杂交,目的在于结合不同品系的优点,使品种质量得以提高。由于这时的品系都是经过较长期同质选配和近交,遗传性比较稳定,所以品系间杂交的目的一般容易达到。在进行品系间杂交后,应根据杂交后羊群的新特点和育种工作的需要再着手创建新的品系。这样周而复始,以期不断提高品种水平。

(二)血液更新

血液更新指从外地引入同品种的优秀公羊来替换原羊群中所使用的公羊。当出现下列情况时应采用此法:当羊群小,长期闭锁繁殖,已出现由于亲缘繁殖而产生近交危害;当羊群的整体生产性能达到一定水平,性状选择差变小,靠自身的公羊难以再提高;当羊群引入到一个新的环境,经数年繁育后,在生产性能或体质外形等方面出现某些退化。

(三)本品种选育

本品种选育是地方优良品种的一种繁育方式。它是通过品种内的选择、淘汰,加之合理的选配和科学的培育等手段,以达到提高品种整体质量的目的。

凡属地方优良品种都具有某一突出的生产性能,并且往往没有合适的品种与之杂交改良。同时,地方良种的另一特点是,品种内个体间、地区间的性状表型差异较大,品种类型也往往不如培育品种那样整齐一致,因此,选择提高的潜力较大。只要不间断地进行本品种选育,品种质量就会得到提高和完善。本品种选育的基本做法包括以下几个方面。

1. 摸清品种现状 要全面地调查品种分布的区域及自然生态条件,品种内羊只数量的区域分布及质量分布的特点,羊群饲养管理和生产经营特点以及存在的主要问题等。

2. 制订科学的鉴定方法和鉴定分级标准 选育工作应以品种的典型产区(即中心产区)为基地,以被选品种的代表性产品为基点,制订品种的代表性产品应具备特殊的经济性状和品种标准。

3. 拟订选育方案 严格按品种标准,分阶段地(一般以 5 年为一个阶段)制定科学合理的选育目标和任务。然后根据不同阶段的选育目标和任务拟订切实可行的选育方案。选育方案是指导选育工作实施的依据。其基本内容包括: 种羊选择标准和选留方法、羔羊培育方法、羊群饲养管理制度、生产经营制度以及选育区内地区间的协作办法、种羊调剂办法等。

4. 组建核心群或核心场 为了加速选育进展和提高选育效果,凡进行本品种选育的地方良种,都应组建选育核心群或核心场。组建核心群(场)的数量和规模,要根据品种现状和选育工作需要来定。选入核心群(场)的羊只必须是该品种中最优秀的个体。核心群(场)的基本任务是为本品种选育工作培育和提供优质种羊,主要是种公羊。与此同时,在选育区内要严格淘汰劣质种羊,杜绝不合格的公羊继续作种用。一旦发现特别优秀并证明遗传性很稳定的种公羊,应采用人工授精等繁殖技术,尽可能地扩大其利用率。

5.成立品种协会　为了充分调动品种产区群众对选育工作的积极参与,可以考虑成立品种协会,其任务是组织和辅导选育工作,负责品种良种登记,并通过组织赛羊会、产品展览会、交易会等形式,引入市场竞争机制,搞活良种羊产品流通,这对推动本品种选育工作具有极为重要的实际意义。

二、杂交繁育

杂交是养羊业中广泛采用的繁育方法之一。杂交可以将不同品种的特性结合在一起,创造出亲代原本不具备的表型特征,并且还能提高后代的生活力。因此,杂交在绵羊、山羊生产上被广泛用来改良低产品种、创建新品种和最有效、最经济地获得羊产品。

(一)级进杂交

当一个品种生产性能很低,又无特殊经济价值,需要从根本上改良时,可应用另一改良品种与其进行级进杂交。

级进杂交是以2个品种杂交,即以改良品种公羊连续同被改良品种母羊及各代杂种母羊交配。一般来说,杂交进行到第四五代时,杂种羊才接近或达到改良品种的生产性能指标和其他特性,与改良品种基本相似,但这并不意味着级进杂交就是将被改良品种完全变成改良品种。

在进行级进杂交时,需要在杂交后代中创造性地应用和保留被改良品种的一些特性。例如,对当地生态环境的适应性、抗病力以及某些品种的高繁殖力特点等。因此,级进杂交并不意味着级进代数不受限制,越高越好,而要根据杂交后代的具体表现和杂交效果,并考虑当地生态环境和生产技术条件等来确定。当基本上达到预期目的时,这种杂交就应停止。进一步提高生产性能的工作则应通过其他育种手段去解决。

级进杂交模式如下:

被改良品种♀
　　　　　× ─→ F₁♀
改良品种♂　　× ─→ F₂♀
　改良品种♂　　× ─→ F₄♀
　　改良品种♂　　× ─→ ……
　　　改良品种♂

式中：♀表示母羊，♂表示公羊，F_1表示杂交一代羊，F_2表示杂交二代羊，F_3表示杂交三代羊，F_4表示杂交四代羊。

在组织级进杂交时，首先要特别注意选择改良品种。当引入改良品种对当地生态条件能很好适应，并且对饲养管理条件的要求不甚高，或者是经过努力，能够基本满足改良品种的要求时，则往往容易达到级进杂交的预期目的。否则，应考虑更换改良品种。其次，在级进杂交过程中，当级进到第三代、第四代后，同代杂种羊的各种性能，并不完全一致，因此，对不同的杂种个体来讲所需的杂交代数也就不同，应视其具体表现而定。

凡是大范围的长期进行级进杂交改良的地区，杂交改良历史在15年以上，杂种羊4代以上，并且杂种羊数量庞大，可根据需要上报主管部门，申请进行杂种羊的品种归属工作。

（二）育成杂交

当原品种不能满足需要时，则利用2个或2个以上的品种进行杂交，最终育成1个新品种。用2个品种杂交育成新品种的称为简单育成杂交，用3个或3个以上品种杂交育成新品种的称为复杂育成杂交。在复杂育成杂交中，各品种在育成新品种时的作用并非相等，其所占比重和作用必然有主次之分，这要根据在杂交过程中杂种后代的具体表现而定。育成杂交的基本出发点，就是要把参与杂交的品种的优良特性集中在杂种后代身上，从而创造出新品种。

应用育成杂交创造新品种时一般要经历3个阶段，即杂交改良阶段、横交固定阶段和发展提高阶段。这3个阶段有时是交错进行的,很难截然分开。当杂交改良进行到一定阶段时,会出现理想的杂种个体,这样就有可能开始进入第二阶段即横交固定。所以,在实施育成杂交过程中,当进行前一阶段的工作时,就要为下一阶段工作准备条件,以加快育种进程,提高育种工作效率。

1. 杂交改良阶段　这一阶段的主要任务是以培育新品种为目标,选择参与育种的品种和个体,较大规模地开展杂交,以便获得大量的优良杂种个体。在我国大规模群众性绵羊杂交改良时,通常对母羊选择的可能性很少,全部母羊几乎都用于繁殖,从而影响育种速度。因此,在培育新品种的杂交阶段,选择较好的基础母羊,就能缩短杂交改良过程。

2. 横交固定阶段　即自群繁育阶段。这一阶段的主要任务是选择理想型杂种公母羊互交,固定杂种羊的理想特性。此阶段的关键在于发现和培育优秀的杂种公羊,往往个别杰出的公羊在品种形成过程中起着十分重要的作用,这在国内外绵羊育种中已不乏先例。

横交初期,后代性状分离比较大,需严格选择。凡不符合育种要求的个体,则应归到杂交改良群里继续用纯种公羊配种。有严重缺陷的个体,则应淘汰出育种群。在横交固定阶段,为了尽快固定杂种优良特性,可以采用一定程度的亲缘交配。横交固定时间的长短,应根据育种方向、横交后代的数量和质量而定。

3. 发展提高阶段　发展提高阶段是品种形成和继续提高的阶段。这一阶段的主要任务是,完善品种整体结构,增加肉羊数量,提高肉羊品质和扩大品种分布区。杂种羊经横交固定阶段后,遗传性已较稳定,并已形成独特的品种类型,只是在数量、产品品质和品种结构上还不完全符合品种标准。此阶段可根据具体情况组织品系繁育,以丰富品种结构,并通过品系间杂交和不断组建新品系来提高品种的整体水平。

当今世界上为数众多的绵羊、山羊育成品种,多半是通过育成杂交培育出来的。我国正是采用此法培育出不少新品种和新品种群。

(三)经济杂交

在绵羊、山羊生产中广泛应用经济杂交这一繁育手段,目的在于生产更多更好的肉、毛、绒、奶等羊产品,而不是为了生产种羊。它是利用不同品种杂交,以获得第一代杂种,即利用第一代杂种所具有的生活力强、生长发育快、饲料转化率高、产品率高等优势,而在商品养羊业中被普遍采用,尤其是在羊肉产品的生产方面。但是,这种杂种优势并不总是存在的,所以,经济杂交效果的好坏也要通过不同品种杂交组合试验来确定,以发现最佳组合。不能认为任何2个品种杂交都会获得满意结果。

国外在提高肉羊生产效率的研究中,发现用3个品种或4个品种的交替杂交或轮回杂交效果更好。美国马里兰州贝茨维乐动物研究中心,用汉普夏羊、雪尔普夏羊、南丘羊和美利奴羊4个品种进行的杂交试验,表明了不同杂交方式下所表现的杂种优势程度(表6-2)。

表6-2　汉普夏羊、雪尔普夏羊、南丘羊和美利奴羊
不同杂交方式表现的杂种优势率

性　　状	杂种相当于纯种的百分数(%)		
	2品种杂交	3品种杂交	4品种杂交
每只产羔母羊产羔数	93	108	109
出生活羔羊的断奶羔羊数	105	105	111
每只配种母羊断奶羔羊数	102	117	130
羔羊断奶重	110	119	120
每只配种母羊的断奶羔羊重	113	138	156

引自赵有璋《羊生产学》(第二版)(2002)

这一试验表明,每只配种母羊的断奶羔羊在体重方面,2个品种杂交的杂种优势比纯种高13%;3个品种杂交超过纯种38%,超过2个品种25%;4个品种杂交的优势又超过3个品种18%。所以,在商品肥羔生产中,组织3个品种或4个品种的杂交则更有利于提高经营效果。组织经济杂交时提倡用多品种杂交的杂种母羊留种繁殖,是提高杂交效益的重要手段之一。其优点在于既可发挥杂交中所用高产品种的加性基因的作用,又可以尽可能地利用杂种优势。美国1个比较成熟的杂交组合是,先用萨福克公羊同西部牧区母羊(主要为兰布列羊级进种)、得克萨斯州母羊、塔基母羊及哥伦比亚母羊杂交,所得杂种母羊再同芬兰公羊、汉普夏公羊依次杂交。这一方案主要是以生产肥羔为主。所以,决定采用的杂交父本品种,一定要根据养羊业经营方向及杂交组合试验结果慎重考虑。

经济杂交过程中,杂种优势的产生是由于非加性基因作用的结果,包括显性、不完全显性、超显性、上位以及双因子杂交遗传等因素。实践证明,采用具有杂种优势的杂种个体间交配来固定杂种优势的做法都未见成功,所以,固定杂种优势很困难,甚至是不可能的。生产实践中利用杂种优势的有效做法是,必须形成和保留大量的各自独立的种群(品种或品系),以便能够不断地组织它们之间进行杂交,才能不断地获得具有杂种优势的第一代杂种。还必须指出,绵羊、山羊的所有经济性状并不是以同样程度受杂种优势的影响。一般说来,在个体生命早期的性状如断奶存活率、幼龄期生长速度等受的影响较大;近亲繁殖时受有害影响较大的性状,杂种优势的表现程度相应地也较大;同时,杂种优势的程度还决定于进行杂交时亲代的遗传多样性的程度。

经济杂交过程中,如何度量"杂种优势",是十分重要的问题。有人认为,最好的度量是杂交一代超过其较高水平亲代的数量;而另一种观点认为,杂种优势最好是通过杂交一代平均数和双亲平

均数的比较来度量,所用公式如下:

$$杂种优势率(\%) = \frac{杂交一代 \times 性状平均数 - 双亲 \times 性状平均数}{双亲 \times 性状平均数} \times 100\%$$

从遗传学观点来看,后一种度量方法比较合理,并且已在生产实践中所应用。

(四)导入杂交

当1个品种基本上符合生产需要,但还存在某些个别缺点,而用纯种繁育不易克服时,或者是用纯种繁育难以提高品种质量时,可采用导入杂交的方法。

导入杂交的模式是,用所选择的导入品种的公羊配原品种母羊,所产杂种一代母羊与原品种公羊交配,一代公羊的优秀者也可配原品种母羊,所得含有1/4导入品种血统的第二代,就可进行横交固定;或者用第二代的公母羊与原品种继续交配,获得含外血1/8的杂种个体,再进行横交固定。因此,导入杂交的结果在原品种中导入品种血含量为1/4或1/8。

导入杂交时,要求所用导入品种必须与被导品种是同一生产方向。导入杂交的效果在很大程度上取决于导入品种及个体的选择,杂交中的选配及羔羊培育条件等方面。

第五节　提高肉羊繁殖力的措施

一、选用多胎羊的后代留作种用

羊的繁殖力是有遗传性的。一般母羊若在第一胎时生产双羔,这样的母羊则在以后胎次的生产中,产双羔的重复率较高。许多研究表明,为了提高产羔率,选择具有较高生产双羔潜力的公羊进行配种,比选择母羊在遗传上更为有效。

另外,引入具有多胎性绵羊的基因,也可以有效地提高绵羊的繁殖力。例如,小尾寒羊的产羔率平均为270%,前苏联美利奴羊为140%,考力代羊为125%,经过杂交后,杂种的繁殖力也得到提高。苏寒一代杂种的产羔率平均为171%,苏寒二代杂种平均为162%,考苏寒杂种平均为148%。同时,考苏寒杂种羊在特定生态条件下,还保持了小尾寒羊常年发情、1年2产的遗传特性。因此,从羊只自身的遗传特性来提高繁殖率具有十分重要的意义。

二、提高种公羊和繁殖母羊的营养水平

羊的繁殖力不仅要从遗传角度提高,而且在同样的遗传条件下,更应该注意外部环境对繁殖力的影响。这主要涉及到肉羊生产者对羊只的饲养管理水平。

营养水平对羊只的繁殖力影响极大。种公羊在配种季节与非配种季节均应给予全价的日粮。在肉羊生产中,若只重视配种季节种公羊的饲养管理,而放松对非配种季节的饲养管理,结果往往造成在配种季节到来时,公羊的性欲、采精量和精液品质等均不理想,轻者影响当年配种能力,重者影响公羊的一生配种能力。因此,必须加强种公羊的饲养管理,应该有"养兵千日,用兵一时"的饲养种公羊的观念。但也要注意,种用体况并不是指公羊膘情越肥越好。种用体况是一种适宜的膘情状况,过瘦或过肥的体况都不是理想的种用体况。公羊良好种用体况的标志应为:性欲旺盛,接触母羊时有强烈的交配欲;体力充沛,喜欢与同群或异群羊只挑逗打闹;行动灵活,反应敏捷;射精量大,精液品质好。

母羊是羊群的主体,是肉羊生产性能的主要体现者,量多群大,同时兼具繁殖后代和实现羊群生产性能的重任。母羊的营养状况具有明显的季节性,在枯草期和青草期是不相同的;而且妊娠母羊、哺乳母羊及断奶后恢复期的母羊,其营养情况也不相同。草料不足,饲料单一,尤其缺少蛋白质和维生素,是羊只不发情的主

要原因。为此,对营养中下等和瘦弱的母羊,要在配种前1个月给予必要的补饲。进行肉羊生产时,至少应做到在妊娠后期及哺乳期对母羊进行良好的饲养管理,以提高羊群的繁殖力。

三、增加羊群中适龄繁殖母羊比例

羊群结构主要指羊群中的性别结构和年龄结构。从性别方面讲,有公羊、母羊和羯羊3种类型的羊只,羊群中母羊的比例越高越好;从年龄方面讲,有羔羊、周岁羊、2岁羊、3岁羊、4岁羊、5岁羊、6岁羊及老龄羊,羊群中年龄由小到大的个体比例应逐渐减少,形成有一定梯度的"金字塔"结构,从而使羊群始终处于一种动态的、后备生命力非常旺盛的状态。

养羊业发达国家,育种群的适繁母羊比例在70%以上,我国广大农牧区则多在50%左右,从而限制了羊群的繁殖速度和发展。因此,提高现有羊群中适龄繁殖母羊的比例具有很大潜力,也即完全有可能提高肉羊生产中母羊群的产羔水平。

四、实行密集产羔

在气候和饲养管理条件较好的地区,可以实行密集产羔,也就是使羊2年3产或1年2产。为了保证密集产羔的顺利进行,必须注意以下几点:①必须选择健康结实、营养良好的母羊,年龄以2~5岁为宜,而且其乳房发育必须良好、泌乳量要求较高;②要加强对母羊及其羔羊的饲养管理,母羊在产前和产后必须有较好的补饲条件;③要从当地具体条件和有利于母羊的健康及羔羊的发育出发,恰当而有效地安排好羔羊的早期断奶和母羊的配种时间。

五、应用繁殖新技术

在绵羊、山羊的生产实践和研究中,一些繁殖生物技术的应用,对肉羊生产和繁育产生了极其显著的影响。如人工授精技术、同期发情技术、超数排卵技术、胚胎移植技术以及转基因技术等，是有效提高肉羊繁殖力的重要措施，而许多高新技术可望在今后肉羊养殖生产中得到推广应用。

六、运用生殖免疫学技术

免疫是生物识别和清除"异己"的机制，从而使机体内外环境保持平衡的生理功能。繁殖免疫主要有公畜的精子和精清抗原性及母畜的妊娠免疫、母畜自身免疫、激素免疫等。利用激素作抗原，给母羊主动免疫，使之产生对该激素的抗体，称为激素免疫。可用于中和母羊体内的同一激素，从而改变下丘脑、垂体、卵巢轴系的正常反馈调节，增加促卵泡素和促黄体素的释放量，提高发育卵泡数和排卵率，使产羔增多，以达到人为调节的目的。

孕马血清可促使母羊卵泡的发育、成熟和排卵，注射孕马血清能明显提高母羊的发情率和产羔率。澳大利亚研制并生产的雄雌二酮 – 7α – 羧乙基硫醚 – 人血清白蛋白（Fecundin），可使绵羊产羔率提高 20% 以上。

我国研制成功的双羔素，其化学成分为睾酮 – 3 – 羧甲基脎 – 牛血清白蛋白，在配种前给母羊颈部右侧皮下注射 2 毫升，相隔 21 天再进行第二次相同剂量的注射，能显著地提高母羊的产羔率。根据试验，对 897 只母绵羊注射双羔素，产羔 1 148 只，产羔率为 127.98%，双羔率为 26.98%；对照组母绵羊 1 383 只，产羔 1 434只，产羔率为 103.7%，双羔率为 3.47%；试验组与对照组相比，产羔率提高 24.29%，双羔率提高 23.51%。但在运用过程中应注意，对营养条件差的母羊，基本上没有明显的双胎效果，而母羊的营养好、体况佳，双胎效果则比较理想。

第七章 肉羊无公害生产疾病
预防与监控技术

肉羊疾病种类很多,危害严重的主要有传染病、寄生虫病、营养代谢病和中毒。当羊发生传染性疾病或寄生虫病时,不仅能引起疫病传播,严重影响养羊业的发展,而且通过羊肉产品可引起人的食源性疾病,危害食用者的身体健康。防治羊病时,若使用兽药不当,则会导致羊体药物残留,通过食物链进入人体,也会对人体健康构成威胁。因此,为了保证肉羊生产健康发展,确保肉羊产品安全,在肉羊的无公害生产中,必须及早预防和诊治羊病,科学、合理地使用兽药。

第一节 兽医防疫技术

在肉羊的无公害饲养中,应严格遵守有关兽医法规和规章制度,加强饲养管理,做好防疫和疾病监控工作。尤其是随着我国集约化和规模化养羊业的发展,肉羊饲养方式以放牧转为舍饲,预防为主、防重于治的防疫原则显得更为重要。

一、兽医防疫准则

生产无公害羊肉产品的肉羊饲养场,在疫病的预防、监测、控制和扑灭方面的兽医防疫应遵循农业部颁布的《无公害食品 肉羊饲养兽医防疫准则》(见附录六)。

(一)疫病预防

1. 加强饲养管理 坚持自繁自养的原则,不得从有痒病或牛海绵状脑病及高风险的国家和地区引进羊只、精液及胚胎。合理组织放牧,适时进行补饲,妥善安排生产环节。饲料的使用要符合NY 5150 的规定(见附录三),禁止饲喂动物源性骨肉粉。水质应符合 NY 5027 的要求(见附录二)。兽药使用按 NY 5148 的规定执行(见附录五)。非生产人员不应进入生产区,特殊情况下经消毒、更换防护服后方可入场,并遵守场内的一切防疫制度。

2. 合理引进羊只　必须引进羊只时,应从非疫区购入,并有动物检疫合格证。羊只在装运及运输过程中不得接触其他偶蹄动物,运输车辆应经过彻底清洗消毒。羊只引入后至少隔离饲养 1个月,在此期间应进行观察、检疫,确认为健康者方可合群饲养。

3. 定期免疫接种　当地畜牧兽医行政管理部门应根据《动物防疫法》及其配套法规的要求,结合当地实际情况,制定和执行适合羊场具体情况的疫病防疫程序,并认真实施,注意选择适宜的疫苗和免疫方法。

4. 严格进行检疫　检疫是应用各种诊断方法,对肉羊进行传染病和寄生虫病的检查,并采取相应的措施,以预防疫病的发生和传播。肉羊从生产到出售,要做好收购检疫、产地检疫、运输检疫、入场检疫和屠宰检疫。涉及外贸时,还应进行出入境检疫。

6. 环境和用具消毒　制定消毒制度,定期对羊舍、器具及其周围环境进行消毒,消毒用药方法按 NY/T 5151 的规定执行(见附录四)。

(二)疫病控制和扑灭

肉羊饲养场发生疫病时,应及时采取以下措施:①立即封锁现场,驻场兽医及时进行诊断,并尽快向当地动物防疫监督机构报告疫情;②确诊发生炭疽、口蹄疫、小反刍兽疫时,羊场应配合当地动物防疫监督机构,对羊群实施严格的隔离、扑杀措施;③发生痒病时,除了对羊群实施严格的隔离、扑杀措施外,还需追踪调查病羊的亲代和子代;④发生蓝舌病时,应扑杀病羊;⑤发生羊痘、布鲁氏菌病、梅迪 - 维斯纳病、山羊关节炎 - 脑炎等疫病时,应对羊群实施清群和净化措施;⑥全场进行彻底的清洗消毒;⑦病死或淘汰羊的尸体按《畜禽病害肉尸及其产品无害化处理规程》进行无害化处理。

(三)疫病监测

肉羊饲养场应积极配合当地畜牧兽医行政管理部门依照《动物防疫法》及其配套法规的要求,结合当地实际情况,制定疫病监测方案。常规监测的疾病包括口蹄疫、羊痘、蓝舌病、炭疽、布鲁氏菌病。同时需注意监测痒病、小反刍兽疫、梅迪–维斯纳病、山羊关节炎–脑炎等外来疫病的传入。还应根据当地实际情况,搞好其他疫病的监测。

(四)记录存档

羊场应建立健全相关的档案记录。主要包括羊只来源,饲料消耗情况,发病率、死亡率及发病死亡原因,用药及免疫接种情况,消毒情况,无害化处理情况,实验室检查及其结果,羊只发运目的地等。所有记录应妥善保存 3 年以上。

二、免疫接种

免疫接种是激发肉羊产生特异性抵抗力,使其对某种疫病从易感转化为不易感的一种手段,它是预防和控制肉羊的疫病,尤其是传染病的重要手段之一。

(一)炭疽疫苗

1. 无荚膜炭疽芽胞苗　预防羊炭疽。1 周岁以上皮下注射 1 毫升,1 周岁以下者注射 0.5 毫升。

2. Ⅱ号炭疽芽胞苗　预防羊炭疽。皮下注射 1 毫升或肌内注射 0.2 毫升。

(二)布鲁氏菌病疫苗

1. 布鲁氏菌病活疫苗（S_2 株）　预防羊布鲁氏菌病。采用口服、气雾或肌内注射法接种。

2.布鲁氏菌病活疫苗（M_5株）　预防羊布鲁氏菌病。采用口服、气雾或皮下注射法接种。

（三）破伤风疫苗

1.破伤风类毒素　预防破伤风。皮下注射 0.5 毫升，每年注射 1 次。羊受伤时，再用相同剂量注射 1 次。若羊受伤严重，应同时在另一侧颈部皮下注射破伤风抗毒素，以防止破伤风的发生。

2.精制破伤风抗毒素　预防或治疗破伤风。皮下、肌内或静脉注射，治疗时可重复注射数次。

（四）气肿疽疫苗

气肿疽灭活疫苗，预防气肿疽。皮下注射 1 毫升。

（五）羊梭菌病疫苗

1.羊黑疫、快疫混合灭活苗　预防羊黑疫和快疫。皮下或肌内注射 3 毫升。

2.羊快疫、猝狙、肠毒血症三联灭活苗　预防羊快疫、猝狙、肠毒血症。皮下或肌内注射 5 毫升。

3.羊梭菌病四联氢氧化铝浓缩苗　预防羊快疫、猝狙、肠毒血症和羔羊痢疾。皮下或肌内注射 1 毫升。

4.羊梭菌病四防氢氧化铝灭活苗　预防羊快疫、猝狙、肠毒血症和羔羊痢疾。皮下或肌内注射 5 毫升。

5.羊厌气菌氢氧化铝甲醛五联灭活苗　预防羊快疫、猝狙、肠毒血症、羔羊痢疾和黑疫。皮下或肌内注射 5 毫升。

6.羔羊痢疾灭活疫苗　预防羔羊痢疾。怀孕母羊分娩前 20～30 天第一次皮下注射 2 毫升；第二次于分娩前 10～20 天皮下注射 3 毫升。

7.肉毒梭菌（C 型）灭活疫苗　预防羊肉毒梭菌中毒症。皮下注射 4 毫升。

（六）羔羊大肠杆菌病疫苗

绵羊羔羊大肠杆菌病灭活疫苗，预防羔羊大肠杆菌病。3月龄以下的羔羊，皮下注射 0.5～1 毫升；3 月龄至 1 岁的羊，皮下注射 2 毫升。

（七）链球菌病疫苗

羊链球菌病活疫苗，预防羊败血性链球菌病。皮下注射或气雾免疫。

（八）山羊传染性胸膜肺炎疫苗

山羊传染性胸膜肺炎灭活苗，预防山羊传染性胸膜肺炎。6月龄以下的山羊皮下或肌内注射 3 毫升，6 月龄以上者注射 5 毫升。

（九）狂犬病疫苗

耐热兽用狂犬病疫苗，预防狂犬病。用灭菌蒸馏水或生理盐水稀释，肌内注射 2 毫升。

（十）羊痘疫苗

1. 绵羊痘活疫苗　预防绵羊痘和山羊痘。冻干苗按瓶签上标注的疫苗量，用生理盐水稀释 25 倍，振荡均匀，皮下注射 0.5 毫升。

2. 山羊痘活疫苗　预防山羊痘和绵羊痘。皮下注射 0.5～1 毫升。

（十一）羊口疮疫苗

羊口疮活疫苗，预防各种成年母羊及半月龄羔羊的绵羊、山羊口疮。口唇粘膜注射接种。

三、卫生消毒

消毒就是消灭寄主以外的病原体，是对疫病综合性防治的重要措施之一。肉羊饲养场必须建立消毒制度,按规定经常、定期和随时对羊场环境、羊舍、仓库、用具、车间、设备、工作衣帽、病羊的排泄物与分泌物,甚至饲料进行消毒,尤其是发生疫病之后,必须按规定进行彻底消毒。选用的消毒剂应符合 NY 5148 的规定要求。

(一)消毒制度

1. 环境消毒　羊舍周围环境定期用2%火碱或撒生石灰消毒。羊场周围及场内污水池、排粪坑、下水道出口,每月用漂白粉消毒1次。在羊场、羊舍入口设消毒池并定期更换消毒液。

2. 羊舍消毒　每批羊只出栏后,要彻底清扫羊舍,采用喷雾、火焰、熏蒸消毒。

3. 用具消毒　定期对分娩栏、补料槽、饲料车、料桶等饲养用具进行消毒。

4. 带羊消毒　定期进行带羊消毒,减少环境中的病原体。

5. 人员消毒　工作人员进入生产区净道和羊舍,要更换工作服和工作鞋,并经紫外线照射 5 分钟进行消毒。外来人员必须进入生产区时,应更换场区工作服、工作鞋,经紫外线照射 5 分钟,并遵守场内防疫制度,按指定路线行走。

(二)消毒方法

1. 喷雾消毒　用规定浓度的次氯酸盐、过氧乙酸、有机碘混合物、新洁尔灭、煤酚等,对羊舍、带羊环境、羊场道路和周围以及进入场区的车辆进行消毒。

2. 喷洒消毒　在羊舍周围、入口、产房和羊床下面撒生石灰或火碱液进行消毒。

3. 浸液消毒　用规定浓度的新洁尔灭、有机碘混合物或煤酚的水溶液,洗手、洗工作服或胶靴。

4. 熏蒸消毒　用甲醛等对饲养器具在密闭的室内或容器内

进行熏蒸。

5. 火焰消毒　用喷灯对羊只经常出入的地方、产房、培育舍，每年进行 1～2 次火焰瞬间喷射消毒。

6. 紫外线消毒　人员入口处设紫外线灯照射至少 5 分钟。

第二节　兽药使用指南

为了预防和治疗肉羊疾病，大量使用兽药，尤其是不遵守休药期规定、超量超范围使用或滥用，容易导致羊肉产品中兽药残留，而且使病原菌产生耐药性，给以后治疗带来更大困难。因此，为了生产安全、无污染、优质的无公害羊肉，在肉羊疾病防治中应合理使用兽药。

一、兽药使用准则

肉羊疾病应以预防为主，严格按《动物防疫法》的规定防止烈性传染病的发生和传播。在肉羊无公害养殖中应尽量不使用药物，如必须使用时，则进行预防、治疗和诊断疾病所用的药物必须符合《中华人民共和国兽药典》、《中华人民共和国兽药规范》、《兽药质量标准》、《兽用生物制品质量标准》、《进口兽药质量标准》等的相关规定，严格遵守《无公害食品　肉羊饲养兽药使用准则》（NY 5148）的规定（见附录五）。所用兽药必须来自具有《兽药生产许可证》和产品批准文号的生产企业，或者具有《进口兽药许可证》的供应商。所用兽药的标签应符合《兽药管理条例》的规定。此外，使用兽药还应遵循以下原则。

第一，优先使用符合《中华人民共和国兽用生物制品质量标准》、《进口兽药质量标准》的疫苗预防肉羊疾病。

第二，允许使用消毒预防剂对饲养环境、厩舍和器具进行消毒，并应符合《无公害食品　肉羊饲养管理准则》的规定（见附录四)。

第三,允许使用《中华人民共和国兽药典》(二部)及《中华人民共和国兽药规范》(二部)收载的用于羊的兽用中药材、中药成方制剂。

第四,允许使用 NY 5148 规定的抗菌药和抗寄生虫药(见附录五),严格遵守规定的作用与用途、用法与用量、休药期及注意事项。

第五,允许使用国家畜牧兽医行政管理部门批准的微生态制剂。

第六,建立并保存免疫程序记录和全部用药记录。治疗用药记录包括肉羊编号、发病时间及症状、药物名称(商品名、有效成分、生产单位)和途径、给药剂量、疗程和治疗时间等。预防或促生长混饲用药记录包括药品名称(商品名、有效成分、生产单位及批号)、给药剂量和疗程等。

第七,禁止使用未经国家畜牧兽医行政管理部门批准的兽药和已经淘汰的兽药,以及《食品动物禁用的兽药及其他化合物清单》中的药物(见附录八)。

二、常用兽药

兽药是指用于预防、治疗动物疾病,有目的地调节其生理机能并规定作用、用途和用量的物质。主要有中药材、中成药、化学原料及其制剂、抗菌药、抗寄生虫药和生化药品。休药期是指肉羊由停止用药到许可屠宰的间隔时间。

(一)抗菌药

指能够抑制或杀灭病原菌的兽药,包括中药材、中成药、化学药品、抗生素及其制剂。

1. 青霉素类

(1)青霉素钾　对革兰氏阳性球菌作用强。治疗炭疽、气肿疽、创伤感染、肺炎、破伤风等疾病。肌内注射,用量2万~3万单位/千克体重,每天2~3次,连用2~3天。休药期9天。

(2)青霉素钠　作用同青霉素钾。肌内注射,用量2万~3万单位/千克体重,每天2~3次,连用2~3天。休药期9天。

(3)普鲁卡因青霉素　作用同青霉素钾,用于敏感菌引起的慢性感染。肌内注射,用量2万~3万单位/千克体重,每天2次,连用2~3天。休药期9天。

(4)苄星青霉素　作用同青霉素钾。肌内注射,用量3万~4万单位/千克体重。休药期14天。

(5)氨苄西林钠　广谱抗菌素,肌内注射,用量10~20毫克/千克体重。休药期12天。

2.链霉素　硫酸链霉素,对于布鲁氏菌、结核杆菌、鼠疫杆菌、土拉杆菌等有良好的抗菌作用。肌内注射,用量10~15毫克/千克体重,每天2次,连用2~3天。休药期14天。

3.土霉素　盐酸土霉素是广谱抗菌素,治疗革兰氏阳性菌和阴性菌、支原体等感染。内服,羔羊用量:5~10毫克/千克体重,每天1次,连用3~5天。休药期5天。成年羊禁用。

4.恩诺沙星　用于敏感菌所致肠道、泌尿道、皮肤等感染。肌内注射,用量2.5毫克/千克体重,每天1~2次,连用2~3天。休药期14天。

(二)抗寄生虫药

指能够杀灭或驱除动物体表或体内寄生虫的药物,包括中药材、中成药、化学药品、抗生素及其制剂。

1.吡喹酮　治疗血吸虫和脑囊虫病等。内服,用量10~35毫克/千克体重。休药期1天。

2.阿苯达唑　即丙硫达唑、丙硫咪唑,用于驱除各种线虫、血吸虫、绦虫以及囊尾蚴。内服,1次量10~15毫克/千克体重。休药期7天。

3. **左旋咪唑**　即左咪唑,常用盐酸左旋咪唑,广谱肠道驱虫药。内服,一次量 7.5 毫克/千克体重,休药期 3 天。皮下、肌内注射,7.5 毫克/千克体重,休药期 28 天。

4. **噻苯咪唑**　即噻苯达唑,广谱抗寄生虫药。内服,1 次量 50~100 毫克/千克体重,休药期 30 天。

5. **碘醚柳胺**　内服,用量 7~12 毫克/千克体重。休药期 60 天。

6. **伊维菌素**　广谱驱虫药。皮下注射,用量 0.2 毫克/千克体重。休药期 21 天。

7. **二嗪农**　广谱杀虫药。药浴,初液浓度为 250 毫克/升水,补充液浓度为 750 毫克/升水(均按二嗪农计)。休药期 28 天。

8. **溴氰菊酯**　广谱杀虫药。药浴,5~15 毫克/升水。休药期 7 天。

(三)菌(疫)苗

菌(疫)指由特定细菌、病毒等微生物以及寄生虫制成的主动免疫制品。肉羊常用疫苗的种类、使用方法、接种剂量和免疫期等详见本章第一节。

(四)防腐消毒剂

指用于抑制或杀灭环境、仓库、车间、用具、设备和衣物等中的有害微生物、寄生虫及其虫卵、害虫,防止疾病传播和传染的药物。常用消毒剂有次氯酸盐、过氧乙酸、有机碘混合物、新洁尔灭、煤酚、生石灰、火碱液、甲醛等。

第三节 传染病诊断与防制技术

一、炭 疽

炭疽是由炭疽杆菌引起的一种人兽共患的急性、热性、败血性传染病。特征为突然发病,眩晕,可视粘膜发绀,天然孔出血。

【病 原】

炭疽杆菌隶属芽孢杆菌科,芽孢杆菌属。革兰氏阳性大杆菌,两端平直,呈竹节状,无鞭毛。在病料内多单个散在或 $2\sim3$ 个菌体相连,有荚膜。在培养基或自然界中,菌体呈长链状排列,一般不形成荚膜。在病羊体内和未剖检的尸体内不形成芽孢,在适宜条件下可形成芽孢,位于菌体中央,抵抗力很强。

【诊 断】

1. 流行特征 病羊是主要传染源,可通过其粪便、尿、唾液及天然孔出血等方式排菌。若尸体处理不当,炭疽杆菌形成芽孢污染土壤、水或牧场,则可使这些地区成为长久的疫源地。主要通过消化道感染,也可经呼吸道或吸血昆虫叮咬而感染。呈散发或地方性流行,多发生于夏季,从疫区输入骨粉、皮革或羊毛等可引起本病的暴发流行。

2. 临诊症状 羊多为最急性型。表现突然倒地,痉挛,昏迷,磨牙,摇摆,呼吸困难,结膜发绀。天然孔流出带有气泡的黑红色液体,常于数分钟内死亡。有些表现兴奋不安或精神沉郁,行走摇摆,呼吸迫促,心跳加速,粘膜发绀,进而全身痉挛,天然孔出血,数小时后死亡。

3. 病理变化 尸体迅速腐败而极度肿胀,尸僵不全,天然孔流出煤焦油样凝固不良的血液,粘膜发绀或有点状出血。

4. 实验室诊断 确诊需要进行细菌学检查和血清学诊断。

取耳静脉血或疑为肠型炭疽羊的粪便涂片,瑞氏或姬姆萨氏染色,镜检。若发现单个、成对、成短链排列、竹节状有荚膜的粗大杆菌,即可确诊。沉淀环状反应(Ascoli)操作简便,可快速诊断本病,适宜于检测腐败病料。此外,也可用琼脂扩散和荧光抗体染色试验诊断。

【防　治】

1. 预防　受威胁地区的易感羊群,每年均应进行预防接种。

2. 扑灭　发生炭疽时,应立即上报疫情,划定和封锁疫点、疫区,采取隔离封锁措施。严禁剖检病、死羊,应将其焚毁。

3. 消毒　对病、死羊接触过的羊舍、用具及地面必须彻底消毒。可用 10% 热氢氧化钠液或 20% 漂白粉间隔 1 小时连续消毒 3 次。

4. 治疗　对未表现症状的羊,肌内注射青霉素。抗炭疽血清与青霉素合用效果更好。

二、巴氏杆菌病

巴氏杆菌病亦称出血性败血病,是由多杀性巴氏杆菌引起的一种人、兽共患传染病。特征为高热,肺炎,急性胃肠炎及多种脏器的广泛出血。

【病　原】

多杀性巴氏杆菌是两端着色的革兰氏阴性短杆菌,病料组织或体液涂片用瑞氏、姬姆萨氏或美蓝染色,菌体呈卵圆形,两端着色深;但培养物涂片染色,两极着色不很明显。此外,溶血性巴氏杆菌有时也可引起羊巴氏杆菌病。

【诊　断】

1. 流行特征　多发于断奶羔羊,也见于 1 岁左右的绵羊,而山羊较少见。病羊和带菌者是传染源。主要通过与病羊直接接触或通过被本菌污染的垫草、饲料、饮水而感染。多呈散发,有时呈地方性流行。发病不分季节,但以冷热交替、天气剧变、湿热多雨的时期发生较多。

2.临诊症状

(1)最急性型 常见于哺乳羔羊,多无明显症状而突然死亡,或发病急,仅呈现寒战、呼吸困难等症状,于数分钟至数小时内死亡。

(2)急性型 体温升高至41℃~42℃,食欲废绝,呼吸急促,咳嗽,鼻液混血,颈部、胸前部肿胀,先便秘后腹泻,或呈血便,常于重度腹泻后死亡。

(3)慢性型 即胸型,病羊流粘脓性鼻液,咳嗽,呼吸困难,消瘦,腹泻。也可见角膜炎,颈与胸下部水肿等症状。

3.病理变化

(1)最急性型 无特征病变,仅见全身淋巴结肿胀,浆膜、粘膜有出血点。

(2)急性型 颈、胸部皮下胶样水肿和出血。全身淋巴结水肿,出血。上呼吸道粘膜充血、出血,其中有淡红色泡沫状液体。肺淤血,水肿,出血。肝常散在灰黄色病灶,有些周围尚有红晕。皱胃和盲肠水肿,出血,有溃疡病灶。

(3)慢性型 呈纤维素性肺炎变化,常有胸膜炎和心包炎。

4.实验室诊断 取血液和脏器分离鉴定巴氏杆菌即可确诊。

【防　治】

1.预防 按计划进行免疫接种。加强饲养管理,增强肉羊抗病能力。

2.控制 发生本病时应迅速采取隔离、消毒、治疗等措施。必要时用高免血清或疫苗进行紧急预防注射。

3.治疗 肌内注射青霉素、链霉素。

三、布鲁氏菌病

布鲁氏菌病是由布鲁氏菌引起的一种人兽共患病。特征是生殖器官和胎膜发炎,引起流产、不育和各种组织的局部病灶。

【病　原】

马尔他布鲁氏菌可感染绵羊和山羊,绵羊布鲁氏菌主要引起附睾炎和胎盘坏死。布鲁氏菌呈球形、球杆形或短杆形,多单在,不形成芽孢和荚膜,无鞭毛,革兰氏阴性,姬姆萨氏染色呈紫色。该菌对外界环境抵抗力较强,但对湿热的抵抗力不强,消毒药能很快将其杀死。

【诊　断】

根据流行病学特征,流产胎儿、胎衣的病理损害,胎衣滞留以及不育等可做出初步诊断。但布鲁氏菌病常表现为慢性或隐性,确诊须通过实验室诊断。

1. 流行特征　传染源是病羊及带菌者,尤其是受感染的妊娠羊,在其流产或分娩时,可随胎儿、胎水和胎衣排出大量布鲁氏菌。在感染公羊的精囊腺中也含有布鲁氏菌。主要通过消化道感染,也可经皮肤、结膜和配种感染。此外,吸血昆虫可以传播本病。

2. 临诊症状　多为隐性感染。怀孕羊发生流产是本病的主要症状,流产多发生于妊娠 3～4 个月内,有的山羊流产 2～3 次。其他症状可能有乳房炎、支气管炎、关节炎和滑液囊炎。公羊发生睾丸炎和附睾炎,睾丸肿大,发病后期睾丸萎缩。

3. 病理变化　胎衣呈黄色胶样浸润,其中部分覆有纤维蛋白絮片和脓液,有的增厚并有出血点。胎儿呈现败血症病变,胃肠和膀胱浆膜下有点状或线状出血,皮下有出血性浆液性浸润,肝脏、脾脏和淋巴肿大,有的散在有坏死灶。公羊的精囊、睾丸和附睾可能有出血、坏死和化脓灶。

4. 实验室诊断　取流产胎儿材料、羊水、胎盘、阴道分泌物、乳汁、精液及有病变的组织器官涂片,革兰氏或柯兹洛夫基染色镜检。也可进行分离培养鉴定和动物试验。

【防 制】

1. 预防 主要措施是检疫、隔离、控制传染源,切断传播途径,培养健康羊群及主动免疫接种,采用自繁自养的管理模式和人工授精技术。必须引进种羊或补充羊群数量时,要严格检疫,将引入羊只隔离饲养1个月后再次检疫,全群2次检查阴性者,才可与原群接触。清净的羊群,每年至少检疫1次。一旦发现病羊,则应扑杀。

2. 控制 发现布鲁氏菌病,应采取措施,将其消灭。彻底消毒被污染的用具和场所。销毁流产胎儿、胎衣、羊水和产道分泌物。羊场工作人员应注意个人防护,以防感染。

四、羔羊大肠杆菌病

羔羊大肠杆菌病又称羔羊白痢,是由致病性大肠杆菌引起的羔羊一种急性消化道传染病。特征是剧烈的腹泻和败血症,排出白色稀粪。

【病 原】

大肠杆菌为革兰氏阴性无芽孢的直杆菌,散在或成对,多数以周生鞭毛运动。病原性大肠杆菌的许多血清型可引起多种畜禽发病,O_8,O_{78},O_{101}血清型多见于羊。

【诊 断】

1. 流行特征 多发生于6周龄内的羔羊,也见于6~8周龄的羔羊。病羔和带菌者是主要传染源,通过粪便排菌而污染水源、饲料以及母羊乳头和皮肤。羔羊通过吮乳、舐舔或饮水感染。呈地方性流行或散发,冬春舍饲期间多发。其发生与天气骤变,场圈潮湿、污秽,羔羊先天性发育不良或后天性营养不良等有关。

2. 临诊症状

（1）败血型　主要发生于 2～6 周龄羔羊。病初体温升高至 41.5℃～42℃，精神委顿，四肢僵直，运步失调，视力障碍。继而卧地，头向后仰，磨牙，口吐白沫，鼻流粘液。多于病后 4～12 个小时死亡。

（2）腹泻型　多发生于 2～8 日龄内的幼羔。病初体温升高到 40℃～41℃，出现腹泻后体温下降。粪便呈半液状，黄色，后呈灰白色，含气泡，具恶臭，有乳凝块，严重时混有血液。病羔腹痛，拱背，虚弱，卧地，严重脱水，不能起立。如不及时治疗，病后 24～36 小时死亡。

3. 病理变化

（1）败血型　胸、腹腔和心包有大量积液，内有纤维素样物。关节尤其是肘关节和腕关节肿大，滑液混浊，内含混浊液体或脓性絮片。脑膜充血，有许多小出血点，大脑沟常含有大量脓性渗出液。

（2）腹泻型　真胃、小肠和大肠内容物呈黄灰色液状，粘膜充血、水肿，肠系膜淋巴结肿胀、发红。

4. 实验室诊断　取内脏组织、血液、小肠粘膜或肠内容物，分离培养，再进行生化试验、血清学鉴定。

【防　治】

1. 预防　保持环境卫生，圈舍要干燥、通风、阳光充足，消灭蝇虫。加强怀孕母羊产前与产后的饲养管理，以增强羔羊的抗病力。注意羔羊的保暖，尽早让羔羊吮吸初乳，断乳期饲料不要突然改变。用本地(场)流行的大肠杆菌血清型制备的多价活苗或灭活苗接种怀孕母羊，可使羔羊获得被动免疫。

2. 消毒　定期消毒，尤其是分娩前后应对羊舍彻底消毒 1～2 次。对污染的环境、用具可用 3%～5% 来苏儿消毒。

3. 治疗　内服土霉素，并辅助以对症治疗。对新生羔羊可同时加胃蛋白酶 0.2～0.3 克内服。脱水者可用 5% 葡萄糖 300 毫升,11.2% 乳酸钠 5 毫升或 5% 碳酸氢钠 10 毫升,静脉注射;或口服补盐液(氯化钠 3.5 克,碳酸氢钠 2.5 克,氯化钾 1.5 克,葡萄糖 20 克,水 1000 毫升),每只羔羊每次补液 150 毫升。心脏衰弱者注射强心剂,必要时可加入碳酸氢钠或乳酸钠,以防止全身酸中毒。近年来,使用活菌制剂,如促菌生、调痢生等,有良好的功效。也可用大蒜酊(大蒜 100 克加 95% 酒精 100 毫升,浸泡 15 天,过滤即成)2～3 毫升,加水 1 次灌服,每天 2 次,连用数天。

五、羊 快 疫

羊快疫是由腐败梭菌引起的一种急性传染病。特征为突然发病,真胃出血。

【病　原】

腐败梭菌是革兰氏阳性的厌氧菌,在体内外均能形成芽孢,无荚膜,可产生 4 种毒素。病羊血液或脏器涂片,可见单个或 2～3 个相连的粗大杆菌,有的呈无关节的长丝状,其中一些可能断为数段,在诊断上具有重要意义。

【诊　断】

1. 流行特征　绵羊最易感,山羊较少发病。多见于 6～18 月龄,且营养较好的羊。主要经消化道感染。秋冬或早春气候骤变、阴雨连绵、寒冷、饥饿或采食了冰冻带霜的草料,羊抵抗力下降可诱发本病。多呈散发流行,发病率低但病死率高。

2. 临诊症状　发病突然,往往未出现症状即突然死亡。有时表现不愿行走,运动失调,腹痛,腹胀,磨牙,抽搐,最后极度衰弱昏迷,口流带血泡沫,多于数小时至 1 天内死亡。

3. 病理变化　真胃出血,胃底部及幽门部粘膜有大小不等的出血斑点及坏死区,粘膜下组织水肿。肠道和肺脏的浆膜下有出血。胸腔、腹腔和心包积液,暴露于空气易凝固。心内膜、心外膜可见点状出血。胆囊多肿胀,有的地区将其称为"胆胀病"。尸体迅速腐败、膨胀。

【防　治】

1.预防　必须加强防疫工作。在常发区,每年定期接种1～2次单苗,或羊快疫和羊猝疽二联苗,或快疫、猝疽、肠毒血症三联苗,或厌气菌七联苗(快疫、猝疽、肠毒血症、黑疫、羔羊痢疾、肉毒中毒和破伤风)。加强饲养管理,转地放牧,防止受寒,避免采食冰冻饲料,早晨出牧不宜太早。

2.控制　隔离病羊。彻底清扫圈舍,用3%～5%烧碱溶液或用20%石灰乳消毒2～3次。对尚未发病的羊,进行紧急免疫接种。

3.治疗　对病程稍长的病羊,可肌注青霉素。同时应及时配合强心、输液等对症治疗措施。

六、羊猝疽

羊猝疽是由C型产气荚膜梭菌引起的一种毒血症。特征是急性死亡,溃疡性肠炎和腹膜炎。

羊快疫和羊猝疽可发生混合感染。其特征是突然发病,病程极短,几乎无可见症状即死亡;胃肠呈现出血性、溃疡性变化,肠内容物混有气泡,肝肿大、质脆、色变淡,常伴有腹膜炎。

【病　原】

产气荚膜梭菌又称魏氏梭菌,有A,B,C,D,E型,革兰氏阳性,在动物体内可形成荚膜,芽孢位于菌体中央。可产生12种毒素,引起多种严重疾病。

【诊　断】

1.流行特征　成年绵羊易感,以1～2岁发病较多。主要经消化道感染。常见于低洼、沼泽、潮湿地区,多发于冬春季节。呈地方性流行。

2.临诊症状 病程短促,常未及见到症状即突然死亡。有时可见病羊掉群,卧地,不安,衰弱或痉挛,眼球突出,于数小时内死亡。

3.病理变化 十二指肠和空肠粘膜严重充血、糜烂,有时可见大小不等的溃疡。体腔多有积液,暴露于空气易形成纤维素絮块。死后8个小时肌肉出血,有气性裂孔,肌间积聚有血样液体。

【防 治】

参照羊快疫的防治措施。

七、羊肠毒血症

【病 原】

羊肠毒血症是由D型产气荚膜梭菌引起的一种急性毒血症。特征是急性死亡,死后肾组织易于软化,故又称为类快疫、软肾病。

【诊 断】

1.流行特征 绵羊易感,山羊少发。多见于2～12月龄、膘情较好的羊。主要经消化道感染。在牧区,多发于春夏之交青草萌发和秋季牧草结籽后的一段时间;在农区,则多见于收菜季节或采食大量富含蛋白质饲料。呈散发性流行。

2.临诊症状 发病突然,病羊表现有腹痛、腹胀、离群呆立、卧地不起或独自奔跑等症状。濒死期发生肠鸣或腹泻,排出黄褐色水样稀粪。肌肉颤抖,磨牙,头颈后仰,口吐白沫,倒地后痉挛而死。病情缓慢者厌食,反刍、嗳气停止,流涎,腹部膨大,腹痛。排稀粪,恶臭,呈黄褐色,糊状或水样,混有粘液或血丝,1～2天后死亡。

3.病理变化 真胃内尚有未消化的饲料,肠道特别是小肠充血、出血。严重者整个肠段的肠壁呈血红色或有溃疡。肺出血,水肿。心脏扩张,心内、外膜有出血点。肾软化如泥样,触压朽烂。体腔积液。全身淋巴结肿大,切面湿润,髓质呈黑褐色。

4.实验室诊断 取脾脏和肠腔液涂片,染色镜检,可见革兰氏阳性,粗大,两端钝圆并有荚膜的单个或成双菌体。也可分离培养细菌,或用毒素中和试验确定菌型。

【防　治】

参照羊快疫的防治措施。

八、羔羊痢疾

羔羊痢疾又称羔羊梭菌性痢疾,是由 B 型产气荚膜梭菌所引起初生羔羊的一种毒血症。特征为剧烈腹泻,小肠发生溃疡。本病常可使羔羊发生大批死亡,给养羊业带来巨大损失。

【诊　断】

1. 流行特征　主要发生于 7 日龄内的羔羊,尤以 2~5 日龄羔羊多发,纯种羊的发病和流行及死亡率高。主要经消化道感染,也可通过脐带或创伤感染。母羊妊娠期营养不良,羔羊体质瘦弱,天气骤变,寒冷袭击,特别是大风雪后羔羊受冻、春乏饥饿、哺乳不当、饥饱不均等为不良诱因。天气寒冷多变的季节,发病率和病死率均高。

2. 临诊症状　病羔精神委顿,低头弓背,食欲降低。继而腹泻,粪便恶臭,有些后期粪便带血或为血便。病羔虚弱,卧地不起,常于 1~2 天内死亡。

3. 病理变化　严重脱水。真胃内有尚未消化的乳凝块,胃粘膜水肿、充血,有出血点。小肠尤其是回肠粘膜充血发红,常见小溃疡病灶。肠系膜淋巴结肿胀充血。心包积液,心内膜有时见出血点。肺脏常有充血区或淤斑。

4. 实验室诊断　生前取粪便,死后采肝脏、脾脏及小肠内容物等,涂片镜检。也可进行分离培养,或用小肠内容物滤液接种小鼠或豚鼠进行毒素检查和中和试验,以确定毒素的存在和菌型。

【防　治】

1. 预防　对怀孕羊做到产前抓膘增强体质,产后保暖,防止受凉。合理哺乳,避免饥饱不均。羔羊出生后 12 个小时内灌服土霉素可以预防。每年秋季及时注射羊厌气菌五联苗,必要时于产前 2~3 周再接种 1 次。

2. 控制 一旦发病应及时隔离病羔,对尚未发病的羊要及时转圈饲养。

3. 治疗 及早发现病羔,仔细护理,积极治疗。可用土霉素 0.2~0.3 克,或再加胃蛋白酶 0.2~0.3 克,加水灌服,每天 2 次。如果并发肺炎,可肌内注射青霉素、链霉素。同时要适当采取对症治疗,如强心、补液,食欲不好者可灌服人工胃液 10 毫升。

对腹泻病羔还可用中药治疗。

一是加减乌梅汤。乌梅(去核)9 克,炒黄连 9 克,黄芩 9 克,郁金 9 克,炙甘草 9 克,猪苓 9 克,诃子肉 12 克,焦山楂 12 克,神曲 12 克,泽泻 7 克,干柿饼(切碎)1 个。研碎,加水 400 毫升,煎汤 150 毫升,红糖 50 克为引,1 次灌服。

二是加味白头翁汤。白头翁 9 克,黄连 9 克,秦皮 12 克,生山药 30 克,山萸肉 12 克,诃子肉 9 克,茯苓 9 克,白术 15 克,白芍 9 克,干姜 5 克,甘草 6 克。将以上药水煎 2 次,每次煎汤 300 毫升,混合后灌服,10 毫升/次,每天 2 次。

九、羊黑疫

羊黑疫是由 B 型诺维氏梭菌引起的一种急性高度致死性毒血症。主要特征为肝脏发生凝固性坏死。

【病 原】

诺维氏梭菌为革兰氏阳性大杆菌,严格厌氧,能形成芽孢,无荚膜,周生鞭毛。

【诊 断】

在肝片吸虫病流行地区,发现急性死亡或昏睡状态下死亡的病羊,剖检可见特殊的肝脏坏死变化,有助于诊断。必要时可做细

菌学检查和毒素检查。

1. 流行特征　1岁以上的绵羊易感,以2~4岁、营养好的多发,山羊也可感染。羊采食被芽孢污染的饲草而感染。主要发生于低洼、潮湿地区,以春夏季节多发。本病的发生常与肝片吸虫的感染密切相关。

2. 临诊症状　病程短促,绝大多数病羊突然死亡,少数病例可拖延1~2天。表现掉群,食欲废绝,精神沉郁,反刍停止,呼吸困难,体温41.5℃,常昏睡俯卧,突然死亡。

3. 病理变化　皮下淤血,羊皮外观呈暗黑色(黑疫之名由此而来)。肝脏充血肿胀,表面和深层有数目不等的凝固性坏死灶。真胃幽门部和小肠充血、出血。体腔积液。左心室心内膜常有出血点。

【防　治】

1. 预防　加强肝片吸虫病控制,每年定期接种羊快疫和黑疫二联苗,或羊厌气菌七联苗。在流行季节,将羊群移至高燥地区放牧,或用抗诺维氏梭菌血清进行预防接种。

2. 治疗　对病程稍缓的羊,肌内注射青霉素。发病早期,静脉或肌内注射抗诺维氏梭菌血清。

十、破伤风

破伤风又称锁口风、强直症,是由破伤风梭菌引起的人兽共患的一种创伤性、中毒性传染病。特征为全身肌肉强直性痉挛,对外界刺激的反射兴奋性增高。

【病　原】

破伤风梭菌又称强直梭菌,为两端钝圆、细长、正直或略弯曲的杆菌,多单在,周生鞭毛,无荚膜。能形成圆形芽孢,位于菌体一端,芽孢体呈鼓槌状。革兰氏阳性,培养48个小时后常呈阴性染色。本菌可产生多种毒素,芽孢体抵抗力甚强。

【诊　断】

1. 流行特征　羊的感染多见于阉割、断脐、断尾、剪毛损伤皮肤、产后感染、公羊斗殴致伤或术后消毒不严,亦见于放牧时,羊的蹄或头部被硬刺刺伤等。本病发生无季节性,多散发。

2. 临诊症状　病初症状不明显。随着病情的发展,表现为不能自由起卧,采食、吞咽困难,眼睑麻痹,瞳孔散大,两眼呆滞。随后体温升高,四肢强直,运步强拘,牙关紧闭,头颈伸直,角弓反张,尾直,四肢开张站立,呆若木马,流涎,不能饮水,反刍停止,常伴有腹泻。死亡率甚高。

3. 病理变化　尸体僵硬,心肌变性,肺淤血、水肿,脊髓和脊髓膜充血、出血,实质器官和肠浆膜有出血点。

4. 实验室诊断　临床症状不明显,难以确诊时,可进行细菌学检查。取创伤部的分泌物或坏死组织,分离鉴定细菌,也可取血清或所分离的细菌培养物滤液检查毒素。

【防　治】

1. 预防　注意羊舍卫生,保持地面干燥,定期清理羊圈,加强消毒。在发生外伤、阉割或处理羔羊脐带时,应及时用2%～5%的碘酊严格消毒。主动免疫预防,可肌内注射破伤风抗血清。

2. 治疗　将病羊置于安静处,避免强光刺激,给予易消化的饲料和充足的饮水。

(1)创伤处理　彻底清除伤口内的脓汁、坏死组织及污物,用5%～10%碘酊、3%过氧化氢或1%高锰酸钾消毒,缝合伤口。

(2)药物治疗　病初肌内或静脉注射破伤风抗毒素,肌内注射青霉素。

(3)对症治疗　对长期不能采食的病羊,每天还需补液。若惊厥严重,肌肉强直,可肌内或静脉注射硫酸镁。中药方剂防风散(防风8克,天麻5克,羌活8克,天南星7克,炒僵蚕7克,清半夏4克,川芎4克,炒蝉蜕7克),连用3剂,隔天1次,能缓解症状,缩短病程。

十一、羊传染性胸膜肺炎

羊传染性胸膜肺炎是由支原体(霉形体)引起的山羊和绵羊的一种高度接触性传染病。特征为高热,咳嗽,浆液纤维素性胸膜肺炎。

【病　原】

丝状支原体山羊亚种,呈多形性,可形成丝状,只感染山羊。绵羊肺炎支原体,也呈细小的多形性,可感染山羊和绵羊。

【诊　断】

1. 流行特征　病羊和带菌羊是传染源,主要经呼吸道分泌物排菌和感染。营养不良、天气骤变、羊群密集等有利于本病的发生和流行。多发于冬季和早春,常呈地方性流行。

2. 临诊症状

(1)最急性型　体温升高达 41℃~42℃,精神沉郁,食欲废绝,呼吸急促。继而呼吸困难,咳嗽,流浆液性鼻液,粘膜发绀,卧地不起,多于 1~3 天死亡。

(2)急性型　最常见。体温升高,初为短湿咳,流浆液性鼻液,后为痛苦的干咳,流粘脓性铁锈色鼻液。胸部敏感,疼痛,叩诊病区常有实音,听诊有支气管呼吸音与摩擦音。高热不退,呼吸困难,弓背伸颈,最后衰竭死亡,死前体温下降。

(3)慢性型　全身症状较轻,体温40℃左右,间有咳嗽,腹泻,流鼻液,身体衰弱,被毛粗乱。

3. 病理变化　剖检可见浆液纤维素性胸膜炎变化,胸腔积有大量淡黄色浆液纤维素性渗出物;胸膜充血、粗糙,附有纤维素絮片;肺胸膜与肋胸膜常发生粘连。肺表现为纤维素性肺炎,初为炎性充血和水肿,随后发生肝变。支气管与纵膈淋巴结充血、出血、肿大。心肌松软,心包积液。

4. 实验室诊断　确诊时应进行病原菌分离鉴定。

【防　治】

1. 预防　严防引入病羊或带菌羊。若需引种,则应隔离检疫1个月以上,确认健康时方可混群。根据当地病原菌分离结果,选择接种山羊传染性胸膜肺炎氢氧化铝苗、鸡胚化弱毒苗或绵羊肺炎霉形体灭活苗。

2. 治疗　口服土霉素。

十二、口 蹄 疫

口蹄疫是由口蹄疫病毒引起的一种人兽共患的急性、热性、高度接触性传染病。特征为口腔粘膜、蹄部及乳房皮肤发生水疱和溃烂。

【病　原】

口蹄疫病毒有 A,O,C,SAT_1(南非 1),SAT_2(南非 2),SAT_3(南非 3)和 $Asia_1$(亚洲 1 型)7 个血清型。病毒主要存在于病羊的水疱皮及淋巴液中,发热期病羊的血液中病毒的含量高,退热后,乳汁、口涎、泪液、粪便、尿液等分泌物和排泄物中均含有一定量的病毒。

【诊　断】

1. 流行特征　口蹄疫病毒可感染多种动物,主要侵害偶蹄兽。病畜是主要传染源,畜产品、饲料、草场、饮水、饲养管理的用具和交通工具等污染病毒后也可成为传染源。主要经消化道感染,也可通过粘膜、皮肤和呼吸道感染。口蹄疫传染性很强,一旦发生往往呈流行性,新疫区发病率可达 100%,老疫区在 50% 以上。本病多为秋末开始,冬季加剧,春季减缓,夏季平息。

2. 临诊症状　病羊体温升高,精神不振,肌肉震颤,食欲减退,呈弥漫性口膜炎,水疱发生于硬腭和舌面,有时见于乳房。成年羊 2~3 周后可痊愈,一般呈良性经过,死亡率 1%~2%。羔羊有时表现为出血性胃肠炎,常因心肌炎而死亡,死亡率高达20%~

50%。

3. 病理变化 口腔、蹄部和乳房等部位出现水疱、溃疡和糜烂,重者咽喉、气管、支气管和前胃粘膜也有烂斑和溃疡。真胃和肠道粘膜可见出血性炎症。心包膜散在有出血点。心肌松软,似熟肉状,切面呈灰白色或淡黄色的斑点或条纹,俗称"虎斑心"。

4. 实验室诊断 取水疱皮或水疱液,用补体结合试验或微量补体结合试验鉴定毒型。取恢复期血清,用乳鼠中和试验、病毒中和试验、琼脂扩散试验或放射免疫、免疫荧光抗体、被动血凝试验等鉴定毒型。

【防 治】

1. 预防 根据毒型选用疫苗,定期预防接种。

2. 扑灭 发生疫情后,应立即向当地动物防疫监督机构报告,严格执行封锁、隔离、消毒、紧急预防接种等综合扑灭措施。病羊扑杀后深埋或焚烧。对疫区和受威胁区尚未发病的羊,进行紧急预防接种,尽快加以扑灭。

3. 消毒 严格彻底消毒被污染的环境和器具,可选用2%氢氧化钠溶液、12%甲醛溶液、0.2%~0.5%过氧乙酸、4%碳酸钠溶液等消毒剂。

4. 治疗 病羊不准许治疗,必须扑杀。

十三、羊 痘

羊痘,农牧民称之为羊天花或羊出花,是由痘病毒引起的一种急性、热性、接触性传染病。特征是皮肤和粘膜上出现斑疹、丘疹、水疱、脓疱,最后干结成痂,脱落而痊愈。绵羊痘较常见,是最严重的羊病之一。山羊痘很少发生。

【病 原】

绵羊痘病毒和山羊痘病毒分别引起绵羊痘和山羊痘。病毒主要存在于病羊皮肤与粘膜的丘疹、脓疱及痂皮内,鼻分泌物和发热期血液也含有病毒。本病毒对直射阳光、高热较为敏感,但耐干燥,在干燥的痂皮中可存活6~8周。

【诊　断】

1.流行特征　病羊是主要传染源,可从呼吸道分泌物、痘疹渗出液、脓汁、脱落的上皮和痘痂排出并散布病毒。主要通过呼吸系统感染,也可经皮肤或粘膜感染。饲养员、饲养用具、饲料、垫草和外寄生虫等都可成为传播媒介。细毛羊最易感,羔羊易感,病死率也高,妊娠羊可发生流产。多发于冬末初春,天气严寒、饲料缺乏和饲养管理不当等因素皆可促使发病和加重病情。

2.临诊症状　临床上可分为典型和非典型经过。

(1)典型羊痘　最为常见。病初体温升至40℃~42℃,伴以可见粘膜的浆液性或脓性炎症。1~4天后,皮肤无毛或少毛部位发生典型的痘疹。初为红斑,1~2天后形成丘疹,后变成灰白色或淡红色隆起的结节,几天内结节形成水疱,后变为脓疱,干燥成痂块,脱落遗留为红斑。

(2)非典型羊痘　仅有体温升高和粘膜卡他性炎症,无或仅有少量痘疹,或痘疹出现硬结状,不形成水疱和脓疱。有些病例可见痘疱内出血,呈黑色痘,也有病例的痘疱发生化脓和坏疽。常呈恶性经过,病死率高达20%~50%。

3.病理变化　咽喉和支气管粘膜常见痘疹,肺部有干酪样结节和卡他性肺炎病灶。前胃和真胃粘膜有大小不等的结节,有时糜烂或有溃疡病灶。

4.实验室诊断　取丘疹组织涂片,莫洛佐夫镀银法、姬姆萨氏或苏木紫—伊红染色,镜检,即可确诊。

【防　治】

1.预防　加强饲养管理,抓好膘情,特别是冬春季节,注意防寒过冬。定期预防接种。严禁从疫区引进羊只和购入畜产品。若需引进羊只,则应隔离检疫21天以上。

2．扑灭　发生疫情应及时隔离、封锁、消毒和紧急预防接种，封锁期2个月。消毒剂可选用2%苛性碱、10%～20%石灰乳剂或含2%有效氯的漂白粉液等。对尚未发病或受威胁的羊群，进行紧急免疫接种。病死羊的尸体应深埋。对羊群实施清群和净化措施。

3．治疗　皮肤上的痘疮涂以碘酊或紫药水；粘膜上的病灶用0.1%高锰酸钾溶液洗涤，涂以碘甘油或紫药水。皮下注射康复血清，有一定防治作用。肌内注射青霉素，可防止并发症。

十四、传染性脓疱

传染性脓疱亦称传染性脓泡性皮炎，俗称羊口疮，是由传染性脓疱病毒引起的一种人兽共患的急性接触性传染病。特征是口唇等部位的皮肤和粘膜形成丘疹、脓疱、溃疡以及疣状厚痂。主要危害羔羊，人也可感染。

【病　原】

传染性脓疱病毒又称羊口疮病毒，隶属痘病毒科，副痘病毒属。病毒对外界环境抵抗力强，干痂内的病毒暴露于夏季日光下经20～60天才丧失其传染性，散落于地面的病毒可以越冬，来春仍有感染性。

【诊　断】

1．流行特征　病羊和带毒羊为传染源。主要经损伤的皮肤和粘膜感染。自然感染是由于引入病羊或带毒羊，或利用被病羊污染的圈舍或牧场而引起。多见于3～6月龄的羔羊，常为群发性流行。成年羊也可感染，但呈散发性流行。由于病毒的抵抗力较强，本病在羊群内可连续危害多年。

2．症状和病变　一般分为3种类型，也见混合型感染病例。

（1）唇型　最为常见。口角、上唇或鼻镜上出现散在的小红斑，很快变为小结节，继而形成水疱或脓疱，破溃后结成疣状硬痂。

若为良性经过,1～2周后痂皮干燥、脱落而康复。重者患部继续发生丘疹、水疱、脓疱、痂垢,并互相融合,波及整个口唇周围及颜面、眼睑和耳廓等部位,形成大面积龟裂、易出血的污秽痂垢。痂垢不断增厚,致使病羊采食、咀嚼和吞咽困难,日趋衰弱。

(2)蹄型 仅侵害绵羊,多见1肢患病。蹄叉、蹄冠或系部皮肤上出现水疱、脓疱,破裂后形成由脓液覆盖的溃疡。若继发感染则发生化脓和坏死,常波及皮基部和蹄骨,甚至肌腱或关节。病羊跛行,长期卧地,病情缠绵。肺脏、肝脏以及乳房有时有转移性病灶。重者衰竭而死亡,或因败血症死亡。

(3)外阴型 较为少见。阴道有粘性或脓性分泌物,肿胀的阴唇及其附近皮肤上出现溃疡,乳房和乳头皮肤发生脓疱、烂斑和痂垢。公羊阴囊鞘肿胀,出现脓疱和溃疡。

3.实验室诊断 取病料分离培养或电镜观察病毒,或用补体结合试验、琼脂扩散试验、反向间接血凝试验、酶联免疫吸附试验、免疫荧光技术和变态反应等方法诊断。

【防 治】

1.预防 加强饲养管理,保护粘膜和皮肤勿受损伤。禁止从疫区引进羊或购入饲料和畜产品。引进羊须严格检疫和消毒,隔离观察2～3周,经检疫无病,将蹄部彻底清洗和消毒后方可混入大群饲养。在本病流行区进行免疫接种,所用疫苗株型应与当地流行毒株相同。

2.消毒 发病时做好被污染环境的消毒,特别是羊舍、饲管用具的消毒,可用2%氢氧化钠溶液、10%石灰乳溶液。

3.治疗 对唇型和外阴型病例,先用0.1%～0.2%高锰酸钾溶液冲洗创面,然后涂2%龙胆紫、5%碘甘油或5%土霉素软膏,每天2～3次,直至痊愈。对蹄型病例,隔日用3%龙胆紫溶液、1%苦味酸溶液或土霉素软膏涂拭患部。

十五、蓝舌病

蓝舌病是由蓝舌病毒引起的反刍动物的一种传染病。特征是发热、消瘦,口、鼻和消化道粘膜的溃疡性炎症变化,舌部可能发绀。

【病　原】

蓝舌病毒隶属呼肠孤病毒科,环状病毒属,主要存在于病羊的血液以及各脏器,在康复羊的体内可存在 4~5 个月。

【诊　断】

1. 流行特征　主要感染绵羊,以 1 岁左右最易感,哺乳期羔羊有一定的抵抗力。病羊和带毒羊为传染源,隐性感染的其他反刍动物也是危险的传染源。多发于湿热的夏季和早秋,特别是池塘、河流分布较多的潮湿低洼地区。

2. 临诊症状　病羊体温高达 40.5℃ ~41.5℃,稽留 5~6 天。精神委顿,厌食,流涎,掉群。双唇水肿,常蔓延至面颊、耳部,甚至颈部、胸部和腹部。舌及口腔粘膜充血、发绀。重者唇面、齿龈、颊部粘膜、舌粘膜出现溃疡和糜烂,致使吞咽困难。继而溃疡部位渗出血液,唾液呈红色。鼻粘膜和鼻镜糜烂出血。病羊消瘦、衰弱,少数便秘或腹泻,便中带血,最终死亡。妊娠羊感染,其胎儿可能出现脑积水、小脑发育不全、回沟过多等畸形。发病率达 30% ~40%,死亡率 2% ~3%,高者达 90%。

山羊的症状与绵羊相似,但病程较为轻缓。

3. 病理变化　口腔粘膜糜烂并有深红色区,舌、齿龈、硬腭和颊部粘膜水肿、出血。呼吸道、消化道、泌尿系统粘膜以及心肌、心内外膜有出血点。重者消化道粘膜有坏死和溃疡病灶。脾脏、肾脏和淋巴结肿大。有时蹄叶发炎并溃烂。

4. 实验室诊断　取病料进行人工感染或动物试验分离病毒,或用补体结合试验、琼脂扩散试验、中和试验、免疫荧光抗体技术等方法诊断。

【防　制】

1. 预防　严禁从有本病的国家和地区引进羊只。加强疫情监测,严禁用带毒的精液进行人工授精。夏季应选择高地放牧,以减少感染机会。每年进行免疫接种,可选用弱毒苗、活毒苗或亚单位疫苗,以前者较为常用。

2. 扑灭　非疫区一旦传入本病,应立即采取措施,扑杀病羊和与其接触过的所有易感动物,并进行彻底消毒,采取清群和净化措施。新发病地区,用疫苗进行紧急接种。

第四节　寄生虫病诊断与防治技术

一、日本血吸虫病

日本血吸虫病是由日本血吸虫寄生于羊和人等多种哺乳动物的门脉系统所致的一种严重的人、兽共患病。

【病　原】

日本血吸虫又称日本分体吸虫,隶属复殖目,裂体科。雌雄异体,常合抱寄生在哺乳动物的门静脉,产出虫卵,在水中孵出毛蚴,侵入钉螺体内,经母胞蚴、子胞蚴发育为尾蚴,自螺体逸出,经皮肤或粘膜侵入羊体。

【诊　断】

1. 流行特征　感染的羊、人和其他动物是传染源。主要经皮肤接触疫水感染,也可因饮用含有尾蚴的生水或接触有尾蚴的露水感染。传播的 3 个基本环节是含有血吸虫卵污染的水源、中间宿主钉螺的存在以及羊接触疫水。多发生于夏秋季节。

2. 临诊症状　主要表现为皮肤炎症,发热,食欲减退,精神沉郁,运动呆滞。继而腹痛、腹泻,便中带粘液或血,贫血,肝硬化,腹水,消瘦,发育迟缓或停滞。重者站立困难,可因极度衰竭而死亡。

慢性病例表现精神委靡,极度消瘦,贫血。母羊不孕或孕羊流产。

3.实验室诊断 病原检查方法有粪便涂片镜检虫卵法和粪便沉淀孵化法。皮内反应,阳性准确率达90%以上。其他方法有间接血凝试验、对流免疫电泳试验、间接荧光抗体试验。

【防 治】

1.预 防

(1)控制传染源 普查普治病羊、病畜和病人,尤其在重流行区应采用同步治疗。

(2)切断传播途径 消灭钉螺。加强人、畜粪便管理,防止虫卵污染水源。建立安全饮水系统。

(3)合理饲养 安全放牧或舍饲养殖肉羊。禁止在有钉螺的地区放牧,防止尾蚴侵入羊的体内。

2.治疗 以病原治疗为主,内服吡喹酮。还应对症治疗,补充营养。

二、肝片吸虫病

肝片吸虫病亦称肝蛭病,是由肝片吸虫寄生于羊、人和其他哺乳动物的胆管内所致的人兽共患病。

【病 原】

肝片吸虫俗称柳叶虫,属片形科,片形属,为大型吸虫。成虫扁平,呈叶片状,暗红色,寄生于哺乳动物胆管内,幼虫在土蜗螺或萝卜螺体内经胞蚴、雷蚴发育为尾蚴后逸出,附着于水生植物或其他物体上发育成囊蚴。虫卵呈长卵圆形,金黄色或黄褐色。

【诊 断】

1.流行特征 羊、牛和人是肝片吸虫的主要终宿主和传染源。羊的感染多因吞食含囊蚴的饲草饲料所致,少数因饮用被污染的水而引起。羊最易感,感染率高达50%。多发于温暖潮湿的夏秋季节。

2. 临诊症状　肝片吸虫能引起急性或慢性肝炎和胆囊炎,并伴发全身性中毒现象和营养障碍。病羊表现发热,精神沉郁,腹痛,腹泻,腹水,贫血,衰竭,严重者死亡。

3. 实验室诊断　取粪便沉淀后检查虫卵。急性感染期用皮内试验、间接血凝和免疫荧光试验等免疫学方法诊断。

【防　治】

1. 预防　及时查治病羊,定期驱虫,消灭中间宿主螺蛳。加强人、畜粪便管理,防止污染水源。不用被污染的媒介植物喂养肉羊。

2. 治疗　内服吡喹酮或阿苯达唑。

三、双腔吸虫病

双腔吸虫病亦称歧腔吸虫病,是由双腔吸虫寄生于羊、牛、猪、马属动物、犬、兔和人等多种哺乳动物胆道内所致的人、兽共患病。

【病　原】

双腔吸虫属于双腔科,双腔属。寄生于羊体内的双腔吸虫有4种,即矛形双腔吸虫、中华双腔吸虫、支双腔吸虫和客双腔吸虫。成虫寄生在羊的胆管,产出虫卵随胆汁经肠道排出体外,被陆地螺吞食,经毛蚴、母胞蚴、子胞蚴和尾蚴,从陆地螺呼吸孔排到外界,被蚂蚁吞食,发育为囊蚴。羊采食时吞入含有囊蚴的蚂蚁污染的饲草而感染。

【诊　断】

1. 流行特征　羊和牛是最重要的传染源。流行区的形成与当地存在适宜的传播媒介(如陆地螺和蚂蚁等中间宿主)密切相关。1年可有2次感染高峰期。

2. 临诊症状　羊严重感染时,可表现为食欲不振、精神沉郁、腹泻、逐渐消瘦、黄疸、下颌水肿、贫血及腹水。在冬春自然气候不良、饲料不足的情况下,常因衰竭而死亡。

3. 实验室诊断　根据流行病学特点和临诊症状怀疑为本病

时,从粪便或十二指肠液检出虫卵可以确诊。本虫卵与胰阔盘吸虫卵相似,应注意鉴别。

【防　治】

1.预防　普查普治病羊,无害化处理人、畜粪便,消灭传播媒介。为了净化草场,消灭疫源地,可对同一牧场放牧的所有家畜,连续2~3年使用高效抗寄生虫药,以彻底驱虫。移场放牧可避免感染,也可自然净化牧场。

2.治疗　首选药物为吡喹酮,也可内服噻苯咪唑。

四、裸头绦虫病

裸头绦虫病是由莫尼茨绦虫、曲子宫绦虫和无卵黄腺绦虫寄生于羊及其他反刍动物的小肠所致的寄生虫病。3种绦虫既可单独感染,也可混合感染,以莫尼茨绦虫危害最为严重。

【病　原】

扩展莫尼茨绦虫呈乳白色,长1~5米,最宽处16~26毫米。卵呈三角形、方形或圆形,直径50~60微米,内含1个六钩蚴的梨形器。贝氏莫尼茨绦虫体长6米,最宽处26毫米。曲子宫绦虫和无卵黄腺绦虫也可引起羊只发病。

【诊　断】

1.流行特征　初生羔羊即可感染,以2~5月龄感染率最高,并可将虫体排至体外。成年羊的感染率低。本病分布于全国,在牧区广为流行。

2.临诊症状　病羔表现食欲减退,腹泻,贫血,消瘦和水肿,起立困难,后期衰弱而卧地不起,抽搐,头部向后仰或经常作咀嚼运动,口周围留有泡沫。若虫体阻塞肠管,则表现腹痛及臌胀,羔羊因极度衰竭而死亡。

3.实验室诊断　取粪便检查虫体节片,亦可用饱和盐水漂浮法检查虫卵。

【防　治】

1. 预防　在流行区,对羔羊进行成熟前驱虫,同时对成年羊进行预防性驱虫。消灭中间宿主地螨,深耕土地,实行农牧轮作,播种优质牧草,更新牧地等,可显著减少地螨数量。避免早晨、黄昏或雨天地螨活动较强的时间放牧,以减少羊与地螨接触的机会。粪便进行堆置发酵。

2. 治疗　内服吡喹酮驱虫,每千克体重 10～35 毫克。

五、脑多头蚴病

脑多头蚴病又称脑包虫病,是由多头绦虫的幼虫——多头蚴寄生于羊的脑与脊髓内所致的绦虫病。

【病　原】

多头绦虫属于多头属。成虫长 40～80 厘米,节片 200～500 个,头节有 4 个吸盘,顶突上有 22～32 个小钩,分 2 圈排列。成熟节片呈方形。卵为圆形,直径 20～37 微米。多头蚴呈囊泡状,囊体由豌豆至鸡蛋大,囊内充满透明液体。囊内膜附有 100～250 个原头蚴,直径 2～3 毫米。

【诊　断】

1. 流行特征　犬是主要传染源。2 岁内的羊多发,全年都可见到因本病而死亡的羊。散发于全国各地,以犬活动频繁的地方多见。

2. 临诊症状　主要表现为急性脑炎和脑膜炎,出现流涎、磨牙、垂头呆立、转圈、前冲后退等神经症状。病羊体质逐渐消瘦,易惊恐,共济失调,后肢瘫痪,卧地不起,可因极度衰竭而死亡。

3. 实验室诊断　常用变态反应诊断,也可用 X 线或超声波设备确诊。

【防　治】

1. 预防　对牧羊犬用吡喹酮定期驱虫。深埋或烧毁犬粪。

禁用病羊的脑和脊髓喂犬。

2. 治疗 感染初期尚无有效疗法。后期可手术摘除，术后 3 天内连续注射青霉素。

六、棘球蚴病

棘球蚴病又称包虫病，是由细粒棘球绦虫的幼虫——棘球蚴及多房棘球绦虫的幼虫——泡球蚴寄生于羊的肝脏、肺脏和其他组织中所致的一种危害严重的寄生虫病。在我国有细粒棘球蚴病和泡型棘球蚴病两种。

【病　原】

棘球绦虫属于圆叶目，带科，棘球属。细粒棘球绦虫较小，头节呈梨形，有顶突和 4 个吸盘。细粒棘球蚴呈球形，直径 5～10 厘米，呈乳白色，不透明囊状，囊内充满透明液体。多房棘球绦虫形态与细粒棘球绦虫相似，但虫体较小，幼虫称为多房棘球蚴、泡球蚴，呈球形，为聚集成群的小包囊。

【诊　断】

1. 流行特征 犬是终宿主和传染源。在重流行区，犬的感染率达 30%～50%。羊、黄牛、牦牛、猪、骆驼以及啮齿动物均是中间宿主，其中以绵羊感染率最高。经消化道感染。

2. 临诊症状 轻度或初期感染常无明显临床症状。严重感染时表现营养不良，被毛逆立、易脱毛。肺受侵害则发生咳嗽，卧地不起，病死率较高。

3. 实验室诊断 可采用皮内试验、间接血凝试验、琼脂双向扩散试验、对流免疫电泳、补体结合试验、免疫荧光试验、放射免疫分析等免疫学方法诊断。

【防　治】

1. 预防 禁止用病羊的内脏喂狗，对狗定期驱虫。改善公共卫生，合理处理犬粪，保护草场、饮水和环境不受污染。做好肉羊的放牧与饲养。

2. 治疗 口服阿苯达唑,吡喹酮也有一定疗效。

七、消化道线虫病

消化道线虫病是由多种线虫寄生于羊的消化道所致的一类寄生虫病。本病在全国各地均有不同程度的发生和流行,以西北、东北和内蒙古的广大牧区流行更为普遍,给养羊业带来严重损失。

【病　原】

寄生于羊消化道的线虫种类很多,多混合感染。主要有寄生于真胃的捻转血矛线虫、奥斯特线虫、马歇尔线虫,小肠的毛圆线虫、细颈线虫、仰口线虫、古柏线虫,盲肠的毛首线虫,大肠的食管口线虫和夏伯特线虫,其中以捻转血矛线虫危害最为严重。

【诊　断】

1. 临诊症状　主要症状为腹泻,消瘦,贫血。严重者下颌水肿,发育受阻。少数病例体温升高,呼吸、脉搏频数,心音减弱,可因极度衰竭而死亡。

2. 实验室诊断　取粪便,用饱和盐水漂浮法或直接涂片法检查虫卵。

【防　治】

1. 预防　每年秋末进入舍饲后和春季放牧前,各驱虫 1 次。粪便要堆积发酵。注意放牧和饮水卫生,实施轮牧,夏季避免吃露水草,不在潮湿低洼地带和早、晚及雨后放牧。合理补饲精料,增强羊的抗病力。

2. 治疗　内服、皮下或肌内注射左旋咪唑,或皮下注射伊维菌素。

八、痒螨病

痒螨病是由痒螨寄生于羊的体表引起的接触性高度传染性寄

生性皮肤病。特征为患部脱毛,皮肤炎症。本病在我国普遍存在,对绵羊的危害十分严重。

【病　原】

痒螨呈长圆形,较大,长 0.5～0.9 毫米,肉眼可见。口器长,呈锥形。足较长,特别是前两对。卵呈椭圆形,灰白色。

【诊　断】

1.流行特征　本病的传播是由于与病羊直接接触,或通过与被痒螨及其卵所污染的圈舍、饲料、饮水、用具等接触所致。多发于冬季、秋末和初春。

2.临诊症状　痒螨主要侵害有毛部位。由于剧痒,可见病羊不断在围墙、栏柱等处摩擦,患部皮肤出现丘疹、结节、水疱,甚至脓疱。渗出液增多,结痂,最后龟裂,毛束脱落,甚至全身毛脱光。病羊食欲降低,日渐消瘦,贫血和极度营养障碍,常引起羊只大批死亡。

3.实验室诊断　对可疑病羊,刮取皮肤组织检查病原,即可确诊。

【防　治】

1.预防　每年定期对羊群进行药浴。加强检疫,对新引进的羊,经隔离检查,确定无螨后再混群饲养。保持圈舍干燥,通风,定期清扫和消毒。严格隔离病羊。饲养员接触病羊后,必须彻底消毒,更换衣物后再离去。

2.治疗　皮下注射伊维菌素。若病羊数量多及气候温暖,用二嗪农溶液或溴氰菊酯等抗寄生虫药进行药浴,既可治疗亦可预防(使用方法及剂量见附录五)。当病羊少、患部面积小,特别是寒冷季节,可涂擦药物治疗,每次涂药面积不得超过体表的 1/3。涂药前,先剪毛去痂,然后擦干患部用药。可选用苦参 250 克、花椒60 克、地肤子 9 克,水煎取汁,擦洗患部。

九、羊狂蝇蛆病

羊狂蝇蛆病又称鼻蝇幼虫病,是由羊狂蝇的幼虫寄生于羊的鼻腔及鼻窦内所引起的以慢性鼻炎为特征的疾病。本病主要危害绵羊,严重流行地区感染率高达80%以上,病羊表现为精神不安,身体消瘦,甚至发生死亡。

【病　原】

羊狂蝇又称羊鼻蝇,属于节肢动物门,昆虫纲,狂蝇科,狂蝇属,是一种中型的蝇类。成虫呈淡灰色,略带金属光泽,形如蜜蜂,体长约10~12厘米,寻找羊只向其鼻孔中生产幼虫。

【诊　断】

1. 流行特征　羊狂蝇的成虫活动于5~9月份,以夏季最多。雌蝇在炎热清朗无风的天气活跃飞翔。

2. 临床症状　成虫侵袭羊群产幼虫时,羊群骚动,惊慌不安,表现为摇头、喷鼻、低头或以鼻孔抵于地面,或以头部藏伸在其他羊只的腹下或腿间,严重影响羊只的采食和休息。当羊狂蝇的幼虫在鼻腔或额窦内寄生或移行时,刺激损伤粘膜,引起鼻粘膜肿胀和发炎,有时出血,分泌浆液性鼻液。临床表现呼吸不畅,打喷嚏,甩鼻子,磨牙,摇头,食欲减退,消瘦,眼睑浮肿和流泪等急性症状。幼虫偶尔也会移行至颅腔,引发神经症状,患羊表现为运动失调,经常发生旋转运动,或出现痉挛、麻痹等症状。

【防　治】

1. 预防　发现有鼻蝇幼虫病羊应及时治疗,并消灭喷出的幼虫。

2. 治疗　2%来苏儿液冲洗鼻腔,用喷雾器向鼻孔内喷洒。口服碘醚柳胺,或者皮下注射伊维菌素。

第五节　普通病诊断与防治技术

一、口　炎

口炎是口腔粘膜炎症的总称。特征为采食和咀嚼困难,口流清涎,敏感疼痛。

【病　因】

原发性口炎多因外伤所致,如采食粗硬尖锐的牧草、秸秆刺伤,或因接触强酸、强碱损伤口腔粘膜。继发性口炎常见羊口疮、口蹄疫、羊痘及霉菌性口炎、过敏反应和羔羊营养不良等。

【诊　断】

口炎多为急性经过,但也有缓慢经过的病例。临床表现采食减少或停止,咀嚼缓慢,流涎,口腔粘膜肿胀、潮红、疼痛,甚至出血、糜烂,出现溃疡,进而消瘦。继发性口炎除表现口腔局部症状外,多出现体温升高等原发疾病的特征性反应。

【防　治】

1. 预防　加强饲养管理,饲喂富含维生素的青嫩、多汁、柔软的草料,防止损伤口腔粘膜。不喂发霉腐烂的草料,饲槽经常用2%碱水消毒。

2. 治疗　除去病因,净化口腔、消炎、收敛。轻微口炎,可用0.1%高锰酸钾溶液或2%盐水100～200毫升冲洗口腔。发生溃疡时,用2%龙胆紫溶液涂布,或者用碘甘油涂抹。若有全身症状,应肌内注射青霉素40万～80万单位,链霉素100万单位,每天2次,连用5～7天。

二、食管阻塞

食管阻塞也称食道阻塞、草噎,是羊食管被草料或异物突然阻塞所致。特征是吞咽障碍和苦闷不安。

【病　因】

由于采食过大的块根块茎类饲料(如洋芋、红薯、萝卜等)或西瓜皮、玉米穗轴及谷草、稻草、青干草等未经充分咀嚼而咽下,或吞入异物(如胎衣、木块、塑料布等),或因吞咽机能紊乱所致。继发性食管阻塞,常见于食管麻痹、狭窄和扩张,也见于中枢神经兴奋性增高,发生食管痉挛,采食中引起食管阻塞。

【诊　断】

羊突然停止采食,骚动不安,头颈伸直,伴有吞咽和作呕动作,流涎。若异物吸入气管,引起咳嗽,呼吸困难,流泪。颈部食管阻塞,可见局限性的膨隆,能摸到阻塞物。常见瘤胃臌气。完全阻塞时,水及唾液从鼻孔、口腔流出,在阻塞物上方部位积存有液体,手触有波动感。使用胃管探诊可确定阻塞物的部位。

【防　治】

1. 预防　严格遵守饲养管理制度,避免羊只过于饥饿发生饥不择食和采食过急,防止羊偷食未加工的块根类饲料;注意补充各种矿物质,以防异食癖。经常清理牧场及羊舍周围的异杂物。

2. 治疗　治疗原则为润滑食管,清除阻塞物。阻塞物塞于咽或咽后时,可装上开口器,用手直接掏取或用铁丝圈套取。阻塞物在近贲门部时,可先将2%普鲁卡因溶液5毫升、石蜡油30毫升混合,用胃管送至阻塞物部位,然后再用硬质胃管推送阻塞物进入瘤胃。若不奏效,应及早实施手术,取出异物。术后肌内注射青霉素、安痛定,当天禁食,第二天喂小米粥,第三天喂以少量的青干草,直至痊愈。

三、前胃弛缓

前胃弛缓是前胃兴奋性降低、收缩力减弱的疾病。临床特征为消化障碍,食欲、反刍减退,嗳气紊乱,胃蠕动减弱或停止,可继发酸中毒。本病在冬末、春初饲料缺乏时较为常见。

【病　原】

原发性前胃弛缓主要是由于长期饲喂不易消化的饲料(如秸秆)或单调缺乏刺激性的饲料(如麦麸、豆面和酒糟等),突然改变饲养方法,供给精料过多,运动不足,饲喂霉败冰冻、虫蛀染毒的饲料所致。也可继发于瘤胃臌气、瘤胃积食、创伤性网胃炎、真胃变位、肠炎、腹膜炎、酮病、外科及产科疾病和肝片吸虫病等。

【诊　断】

临床表现为食欲减退,甚至废绝,咀嚼无力,反刍次数减少或停止。瘤胃蠕动减弱或停止,触诊瘤胃充满,有柔实感觉,有时轻度臌气。粪便呈糊状或干硬,附着粘液。慢性病例表现精神沉郁,倦怠无力,喜卧地,被毛粗乱,食欲减退,反刍缓慢,瘤胃蠕动减弱,次数减少。若系采食有毒植物或刺激性饲料而发病,则瘤胃和真胃敏感性增高,触诊有疼痛反应。若为继发性前胃弛缓,则常伴有原发病的特征症状。

【防　治】

1.预防　注意饲料的配合,防止长期饲喂过硬、难以消化或单一劣质的饲料,合理饲喂精料,切勿突然改变饲料或饲喂方式。供给充足的饮水,以温水为宜。防止运动过度或不足,避免各种应激因素的刺激。及时治疗继发本病的其他疾病。

2.治疗　治疗原则是加强护理,除去病因,增强瘤胃机能,防腐止酵。病初禁食,多饮清水,然后供给易消化的多汁饲料,适当运动。

(1)加强瘤胃收缩力量,促进消化,制止发酵　成年羊用硫酸镁20~30克或人工盐20~30克,石蜡油100~200毫升,番木鳖酊2毫升,大黄酊100毫升,加水500毫升,1次灌服。或用酵母粉10克,红糖10克,酒精10毫升,陈皮酊5毫升,混合加水适量,灌服。

(2)兴奋瘤胃蠕动　可用乙酰胆碱2毫克,1次肌内注射。或用2%毛果芸香碱1毫升,皮下注射。

(3)防止酸中毒 可灌服碳酸氢钠10~15克。

四、瘤胃积食

瘤胃积食又称前胃积食,中兽医称之为宿草不转,是瘤胃充满多量食物,胃壁急性扩张,食糜滞留在瘤胃引起严重消化不良的疾病。特征为反刍、嗳气停止,瘤胃坚实,疝痛,瘤胃蠕动极弱或消失。

【病 原】

多为饲养管理不当,1次或长期采食过多的某种饲料(如苜蓿、青饲)及养分不足的粗饲料(如干玉米秸秆等),或1次喂过量适口饲料,或采食多量干料(如大豆、豌豆、麸皮、玉米)后饮水不足、缺乏运动等,使瘤胃内容物大量积聚。也可继发于前胃弛缓、创伤性网胃炎、瓣胃阻塞、真胃阻塞、真胃扭转、腹膜炎等疾病。

【诊 断】

病初不断嗳气,随后嗳气停止,腹痛。后期精神委靡,瘤胃蠕动音消失,左侧腹下轻度膨大,肷窝略平或稍凸出,触诊硬实。呼吸迫促,脉搏增数,粘膜呈深紫红色。重者脱水,发生酸中毒和胃肠炎。

【防 治】

1. 预防 加强饲养管理,避免大量饲喂干硬而不易消化的饲料,合理供给精料。冬季舍饲时,应给予充足的饮水,在饱食后不要供给大量冷水。

2. 治疗 治疗原则是消导下泻,兴奋瘤胃蠕动,止酵防腐,纠正酸中毒,健胃补液。

(1)消导下泻,排除瘤胃内容物 鱼石脂1~3克,陈皮酊20毫升,石蜡油100毫升,人工盐50克或硫酸镁50克,芳香氨醑10毫升,加水500毫升,1次灌服。

(2)解除酸中毒　静脉注射5%碳酸氢钠100毫升,或静脉注射11.2%乳酸钠30毫升。

(3)兴奋瘤胃,促进反刍　番木鳖酊15~20毫升,龙胆酊50~80毫升,加水适量,1次灌服。

(4)强心补液　10%安钠咖5毫升或10%樟脑磺酸钠4毫升,静脉或肌内注射。呼吸系统和血液循环系统衰竭时,用尼可刹米注射液2毫升,肌内注射。

(5)中药治疗　选用大承气汤(大黄12克,芒硝30克,枳壳9克,厚朴12克,玉片1.5克,香附子9克,陈皮6克,千金子9克,木香3克,二丑12克),煎水1次灌服。

(6)手术治疗:药物疗效不佳时,应迅速实施瘤胃切开术急救。

五、瘤胃臌气

瘤胃臌气是羊采食了大量易发酵的草料,在瘤胃微生物的作用下,产生气体或气性泡沫而大量积聚于瘤胃内,使其容积增大,内压增高,胃壁扩张,严重影响心、肺功能的一种疾病。多发生于春末夏初放牧的羊群,以绵羊多见。

【病　因】

由于羊采食了大量易发酵的饲料,如幼嫩的紫花苜蓿、豆苗、麦草,尤其是在春季将羊放牧于带露水的豆科草场时,发病率很高,或因采食大量的白菜叶、胡萝卜、过多的精料、霜冻饲料、酒糟或霉变的饲料等所致。也可继发于羊肠毒血症、食管阻塞、食管麻痹、前胃弛缓、创伤性网胃炎、瓣胃阻塞、肠扭转、慢性腹膜炎及某些中毒性疾病等。

【诊　断】

病羊表现不安,回顾腹部,弓背伸腰,呻吟,反刍、嗳气停止,瘤胃蠕动音减弱,肷窝突起,腹围急剧膨大,触诊瘤胃紧张而有弹性,粘膜发绀,心律增快,呼吸困难。重者呼吸极度困难,步态不稳,如不及时治疗,可因窒息或心脏麻痹而死亡。

【防　治】

1. 预防　加强饲养管理,严禁在幼嫩的苜蓿地放牧,不喂霉烂或易发酵的饲料和露水草,少喂难以消化和易臌胀的饲料。合理贮藏饲草饲料,防止霉变。

2. 治疗　治疗原则为排除瘤胃气体,缓泻制酵,恢复瘤胃功能。

(1)排出气体　插入胃管放气,缓解腹压。或用5%碳酸氢钠溶液1 500毫升洗胃,以排出气体及胃内容物。

(2)缓泻制酵　石蜡油100毫升,鱼石脂2克,酒精10毫升,加水适量,1次灌服。或者灌服50～100毫升植物油;或用氧化镁30克,加水300毫升,灌服。也可灌服100毫升8%的氢氧化镁混悬液。

(3)中药治疗　莱菔子30克,芒硝20克,滑石10克,煎水,另加清油30毫升,1次灌服。或用干姜6克,陈皮9克,香附子9克,肉豆蔻3克,砂仁3克,木香3克,神曲6克,莱菔子3克,麦芽6克,山楂6克,水煎去渣后灌服。

(4)手术治疗　病情严重者,应迅速进行瘤胃穿刺术。

六、创伤性网胃炎

创伤性网胃炎是由于羊采食时吞下尖锐的异物,进入网胃内,损伤网胃壁所致的一种疾病。临床特征为急性前胃弛缓,胸壁疼痛,间歇性臌气,白细胞总数增加。

【病　因】

由于尖锐金属异物(如钢丝、缝针、发卡、铁片等)混入饲料被食入,移至网胃,因网胃收缩,异物刺破或损伤胃壁所致。如果异物经膈膜刺入心包,则发生创伤性网胃心包炎;异物穿透网胃壁或瘤胃壁时,可损伤脾、肝、肺等脏器,发生腹膜炎、各部位的化脓性炎症以及脓毒败血症。

【诊　断】

根据临床症状和病史,结合金属探测仪及X光检查,即可确诊。

1. 创伤性网胃腹膜炎　病羊精神沉郁,食欲减退,反刍缓慢或停止,鼻镜干燥,行动谨慎,表现疼痛,拱背,不愿转弯或走下坡路。触诊网胃区及心区,表现疼痛、呻吟、躲闪,肘头外展,肘肌颤动。前胃弛缓,慢性瘤胃臌气。白细胞总数高达14 000～20 000个/立方毫米。

2. 创伤性网胃心包炎　病羊心动过速,每分钟80～120次。颈静脉怒张,粗如手指,颌下及胸前水肿。听诊心音区扩大,出现心包摩擦音及拍水音。

【防　治】

1. 预防　严禁在牧场或羊舍内堆放铁器。清除饲料中异物,在饲料加工设备中安装磁铁,以排除铁器。饲养员勿带小而尖锐的铁具进入羊舍,以防混落入饲料中而被羊食入。

2. 治疗　早期确诊后可实施瘤胃切开术,清理排除异物。对症治疗,消除炎症,可肌内注射青霉素。若发生创伤性心包炎,或波及其他器官,则预后不良,应予以淘汰。

七、瓣胃阻塞

瓣胃阻塞中兽医学称之为百叶干,是由于羊前胃运动机能障碍、瓣胃收缩力减弱,进入瓣胃的食糜不能消化和运转,充满叶瓣之间,导致瓣胃扩张,内容物变干而发生阻塞的疾病。临床特征为瓣胃坚硬,腹部胀满,不排粪便。

【病　因】

由于长期饲喂干草、糟粕以及粉状饲料,饮水不足,或饲料和饮水中混有过多的泥沙,使泥沙混入食糜,沉积于瓣叶之间等原因所致。也可继发于前胃弛缓、瘤胃积食、真胃阻塞、瓣胃或真胃与腹膜粘连。

【诊　断】

病羊鼻镜干燥、龟裂，食欲及反刍减少或消失，有时空嚼、磨牙。前胃弛缓，慢性臌气，听诊瓣胃蠕动音减弱或消失，触诊瓣胃区疼痛。粪便干少，色泽暗黑，后期排粪完全停止。可因自体中毒，衰竭而死。

【防　治】

1. 预防　避免长期饲喂麸糠，不喂混有泥沙的饲料，适当减少坚硬的粗纤维饲料，不宜长期过多饲喂糟粕饲料；给予营养丰富的饲料，补充矿物质饲料；供给充足清洁的饮水；防止过度或缺乏运动。发生前胃弛缓时，应及早治疗，以防发生本病。

2. 治疗　治疗原则是以软化瓣胃内容物为主，辅以兴奋前胃运动功能，促进胃内容物排出。

(1)瓣胃注射疗法　对顽固性瓣胃阻塞效果显著。先备25%硫酸镁溶液30~40毫升，石蜡油100毫升。在右侧第九肋间隙和肩关节交界下方2厘米处，用12号7厘米长针头，向对侧肩关节方向刺入4厘米深，当针刺入时，可先注入20毫升生理盐水，试其有较大压力时，表明针已刺入瓣胃，再将上述备好的药液注入。于第二天重复注射1次。瓣胃注射后，用10%氯化钠液50~100毫升，10%氯化钙10毫升，5%葡萄糖生理盐水150~300毫升，混合后静脉注射，待瓣胃松软后，皮下注射0.1%氨甲酰胆碱0.2~0.3毫升。

(2)中药治疗　选用健胃、止酵、通便、清热剂，效果良好。可用大黄9克，枳壳6克，二丑9克，玉片3克，当归12克，白芍2克，番泻叶6克，千金子3克，山楂2克，水煎灌服。亦可用大黄末13克，人工盐25克，清油100毫升，加水300毫升，灌服。

八、真胃阻塞

真胃阻塞又称真胃积食,是由于大量食物积聚并阻塞于真胃,使胃壁扩张,体积增大,胃粘膜及胃壁发炎,食物不能进入肠道所致。临床特征为前胃弛缓,胃肠蠕动废绝,真胃扩大,右侧下腹部冲击触诊可感到坚硬并有疼痛,后期不排粪。

【病　因】

由于羊的消化机能紊乱,胃肠分泌和蠕动机能降低,长期饲喂细碎的饲料(如铡得很细的麦秸、稻草)、单纯而粗硬的饲草(如豆秸、花生秸、干甘薯藤),或吞食异物(破布、木材刨花、塑料袋、地膜等)、毛球阻塞所致。也可继发于小肠阻塞、创伤性网胃炎等。

【诊　断】

发病缓慢,初期前胃弛缓,喜卧,精神沉郁,食欲减退,进而食欲、反刍消失,排粪量少乃至停止,粪便干燥,附有多量粘液或血丝。真胃区增大,瘤胃充满液体,触诊真胃有坚实感,且有腹痛反应。后期脉搏、呼吸加快,腹围高度增大,脱水,衰弱而卧地不起,终因心力衰竭和自体中毒而死亡。

【防　治】

1.预防　参照瓣胃阻塞的预防措施。

2.治疗　治疗原则是防腐止酵,消积化滞,促进皱胃内容物排除,防止脱水和自体中毒。此外,应加强护理,给以充足饮水和易于消化的流质饲料,并根据病情施行强心、补液、解毒等对症治疗。

(1)排除真胃内容物　25%硫酸镁溶液50毫升,石蜡油30毫升,生理盐水100毫升,混合后真胃注射。10小时后,可选用胃肠兴奋剂,如氨甲酰胆碱注射液。

(2)手术治疗　病情严重时,可实施真胃切开术,或切开瘤胃,再经瓣胃冲洗真胃。

九、胃肠炎

胃肠炎是胃肠表层粘膜及其深层组织的重剧炎症过程。特征是严重的胃肠功能障碍和不同程度的自体中毒。

【病　因】

原发性胃肠炎主要见于饲养管理不当,饲料品质不良,滥用兽药。如采食了大量冰冻、霉变的饲草饲料,饲料中混入具有刺激性的药物、化肥等(如过磷酸钙、硝胺),治疗便秘和瘤胃积食时应用蓖麻油和芦荟量过大,羊舍潮湿,卫生不良,羊只春乏,营养不良等。此外,长途运输或滥用抗生素和驱虫药等均能引发本病。亦可继发于传染病(如副结核、炭疽、巴氏杆菌病、羔羊大肠杆菌病)、胃肠寄生虫病和内科病(急性胃扩张、肠便秘、肠变位等)。

【诊　断】

1. 急性　病羊精神沉郁,体温升高,食欲减退或废绝,口干臭,舌苔重,反刍减少或停止,腹部有压痛或呈现轻度腹痛症状。腹泻,气味腥臭或恶臭,粪中混有血液、脓液及坏死的组织片。脱水严重时,尿少色浓,眼球下陷,皮肤弹性降低,迅速消瘦,腹围紧缩。随着病情发展,体温升高,脉搏细数,四肢冷凉,昏睡。严重时循环障碍,抽搐而死。

2. 慢性　主要症状与急性病例相似,病程长,病势缓慢。

【防　治】

1. 预防　加强饲养管理,做到定时定量,少喂勤添,先草后料。禁喂霉变、污秽不洁的草料和饮水,久渴失饮时,注意防止暴饮;严寒季节,给予温水,预防冷痛。发现羊采食、饮水及排粪异常时,应及时治疗,加强护理。

2. 治疗　治疗原则是清理胃肠,抗菌消炎,强心补液,解除中毒。

(1)抗菌消炎　药用炭 7 克,次硝酸铋 3 克,加水适量灌服,同时肌内注射青霉素、链霉素。

（2）强心补液　严重脱水时补液，可用 5% 葡萄糖 300 毫升，生理盐水 200 毫升，5% 碳酸氢钠 100 毫升，混合后静脉注射。必要时可以重复使用。心力衰竭时肌内注射 10% 樟脑磺酸钠 3 毫升或皮下注射尼可刹米注射液 2 毫升。

（3）中药治疗　黄连 4 克，黄芩 10 克，黄柏 10 克，白头翁 6 克，枳壳 9 克，砂仁 6 克，猪苓 9 克，泽泻 9 克，水煎去渣候温灌服。急性肠炎可用白头翁 12 克，秦皮 9 克，黄连 2 克，黄芩 3 克，大黄 3 克，栀子 3 克，茯苓 6 克，泽泻 6 克，郁金 9 克，木香 2 克，山楂 6 克，煎水 1 次灌服。

十、小叶性肺炎及化脓性肺炎

小叶性肺炎是支气管与肺小叶或肺小叶群同时发生炎症。临床特征为呼吸困难，呈现弛张热，叩诊胸部有局灶性浊音区，听诊肺区有捻发音。

【病　因】

小叶性肺炎多因受寒感冒或理化因素的刺激，或因条件性致病菌（如巴氏杆菌、葡萄球菌、链球菌、坏死杆菌、绿脓杆菌、放线菌等）和羊肺线虫的侵害所致。也可继发于口蹄疫、羊鼻蝇、创伤性心包炎、胸膜炎、子宫炎、乳房炎和肋骨骨折等疾病。化脓性肺炎常由小叶性肺炎继发而来。

【诊　断】

小叶性肺炎初期呈急性支气管炎症状。病羊咳嗽，发热达 40℃ 以上，呈弛张热型。呼吸浅表、增数，呈混合性呼吸困难。胸部叩诊出现不规则的半浊音区。听诊区肺泡音减弱或消失，初期为干啰音，中期出现湿啰音、捻发音。

化脓性肺炎是小叶性肺炎没有治愈，化脓菌感染的结果。病羊呈现间歇热，体温升高至 41.5℃。咳嗽，呼吸困难。肺区叩诊，常出现固定的似局灶性浊音区,病区呼吸音消失。

【防　治】

1. 预防　加强饲养管理,保持羊舍卫生,保暖防寒,预防感冒和感染疫病,防止吸入灰尘。投送胃管时,防止误入气管。

2. 治疗

(1)消炎止咳　肌内注射青霉素、链霉素。或用氯化铵 1～5 克,酒石酸锑钾 0.4 克,杏仁水 2 毫升,加水混合灌服。亦可用青霉素 40 万～80 万单位,0.5%普鲁卡因 2～3 毫升,气管注入。

(2)解热强心　可肌内注射安痛定注射液。

十一、感　冒

感冒是由于气温骤变,羊只受寒冷的袭击而引发的鼻流清涕、流泪、呼吸加快、体表温度不均为特征的急性发热性疾病。以幼羊多发并且多发生在早春、秋末气温骤变和温差大的季节。

【病　因】

本病多由对羊只管理不当,受寒冷的突然袭击所致。如羊舍条件差,受贼风的侵袭;舍饲的羊只在寒冷的天气外出放牧或露宿,被雨淋风吹。营养不良、体质瘦弱以及患有其他疾病时,更易发病。

【诊　断】

病羊精神不振,流泪,初期体温不均,耳尖鼻端发凉,继而体温升高,呼吸加快,鼻液初为浆液性,后变为粘液性、脓性。被毛零乱,反刍次数减少,鼻镜干燥。严重时继发气管炎、支气管炎,甚至诱发肺炎。

【防　治】

1. 预防　加强对羊群的管理,防止突然受寒,避免风吹雨淋,早晚温差大时应有防寒措施。

2. 治疗　肌内注射复方氨基比林或 30%安乃近、穿心莲、柴胡、安痛定均可。为防止继发感染,肌内注射用青霉素、链霉素,每日2次,连用3～5天。

十二、尿 结 石

尿结石也称尿石症,是指在肾盂、输尿管、尿道内生成或存留以碳酸钙、磷酸盐为主的盐类结晶,刺激尿道粘膜引起出血、炎症和阻塞的一种泌尿器官疾病,以尿道结石多见,而肾盂结石、膀胱结石较少见。临床特征为排尿障碍,肾区疼痛。

【病　因】

由于长期给予富含钙、镁盐类的饲料和饮水,或肥育期羔羊运动不足,造成排尿量减少、尿液浓缩、pH值偏高或偏低,或饮水不足、饮用硬水以及饲料中维生素A或胡萝卜素不足所致,也可发生于肾炎、膀胱炎、尿道炎等炎症。

【诊　断】

1. 肾结石　多呈肾炎症状,病羊表现肾区疼痛,运步强拘,步态紧张,血尿。

2. 膀胱结石　病羊表现不安,后肢强拘,常作排尿姿势,尿液淋漓或无尿,或出现血尿。

3. 尿道结石　病羊表现不安,回头顾腹,后肢踢腹,排尿困难,常作排尿姿势。显微镜检查尿液,可见有脓细胞、肾盂上皮细胞、砂粒或血液。当尿闭时,常可发生尿毒症。

【防　治】

1. 预防　控制谷物、麸皮、甜菜块根的饲喂量。以谷物精料为主要日粮的肥育场,应在饲料中添加1%的防尿结石专用添加剂,钙与磷的比例不能低于1.5∶1。控制麸皮、高粱等高磷饲料的用量,适当添加苜蓿粉,并给予充足清洁的饮水。肥育场内设运动场,以保证羔羊每天运动2～3个小时。

2. 治疗　应用中草药清热利湿,消石通淋,结合西药利尿排石。给予病羊大量饮水或投服利尿剂,使细小结石随尿排出。对种羊,可在尿道结石时施行尿道切开术,摘出结石。

十三、羔羊白肌病

羔羊白肌病又称肌营养不良症,是饲料和母乳中缺乏微量元素硒和维生素 E 而引起的一种代谢障碍性疾病。特征为骨骼肌和心肌发生变性和坏死。该病以出生后数周至 2 个月羔羊多发,常呈地方性同群发病,严重者死亡率高达 40%~60%。

【病　因】

由于硒缺乏所致,在缺硒地区,羔羊发病率很高。据报道,本病常与母乳中维生素 E 缺乏,或硒、钴、铜和锰等微量元素缺乏有关。

【诊　断】

根据地方性缺硒病史、临床表现、病理变化、饲料和体内硒含量的测定可做出诊断。病羔表现精神不振,心动过速,运动无力,站立困难,行走不便,共济失调,喜卧地。有时呈现强直性痉挛状态,随即出现麻痹、血尿。后期昏迷,终因呼吸困难而死亡。剖检可见骨骼肌和心肌变性,色淡,似煮过样或石蜡样,呈灰黄色、黄白色的点状、条状或片状。

【防　治】

1. 预防　加强母羊饲养管理,供给豆科牧草,孕羊产羔前补硒。在缺硒地区,给怀孕羊皮下注射 0.2% 亚硒酸钠 4~6 毫克;新羔在出生后 20 天左右,皮下或肌内注射亚硒酸钠液 1 毫升,间隔 20 天后再注射 1.5 毫升。

2. 治疗　0.2% 亚硒酸钠溶液 2 毫升,每月肌内注射 1 次,连用 2 次;病情严重者,5 天 1 次,连用 2~3 次。或用亚硒酸钠维生素 E 注射液 1~2 毫升,肌内注射。适当使用维生素 A、维生素 B、维生素 C 及其他对症治疗。

十四、酮　病

酮病是由于蛋白质、脂肪和糖代谢发生紊乱而发生的以酮血、酮尿、酮乳和低血糖为特征的代谢性疾病。本病多见于绵羊和山羊妊娠后期和哺乳前期。

【病　因】

主要是由于怀孕后期或大量泌乳时，母体糖耗过高，代谢紊乱所致。也见于饲料搭配不当，碳水化合物和蛋白质含量过高，粗纤维不足，特别是产羔期母羊过肥。继发性酮病见于微量元素钴的缺乏和多种疾病引起的瘤胃代谢紊乱，以及内分泌机能紊乱。

【诊　断】

初期病羊掉群，食欲减退，前胃蠕动减弱，粘膜苍白或黄疸，视力减退，呆立不动，驱赶强迫运动时步态摇晃。后期意识紊乱，视力消失。头部肌肉痉挛，耳、唇震颤，空嚼，口流泡沫状唾液，头后仰或偏向一侧，有时转圈。病羊呼出气体及尿液有丙酮味。重者全身痉挛，突然倒地死亡。用亚硝基铁氰化钠法检验尿液，呈阳性反应。

【防　治】

1. 预防　加强饲养管理，增加优质牧草。春季补饲青干草，适当补饲精料（以豆类为主）、食盐及多种维生素等。冬季防寒，补饲胡萝卜和甜菜根等。

2. 治疗　静脉注射25%葡萄糖50～100毫升，每天1～2次，连用3～5天，也可与胰岛素5～8单位混合注射。

十五、氢氰酸中毒

氢氰酸中毒是由于羊采食富含氰苷的青饲料，在体内水解生成氢氰酸而引起的中毒性疾病。临床特征为发病急促，呼吸困难，伴有肌肉震颤。

【病　因】

由于羊采食过量的玉米苗、胡麻苗、高粱苗等含氰苷的作物而突然发作。饲喂胡麻籽、胡麻饼、木薯等,也易发生中毒。若中药方剂中杏仁、桃仁用量过大时,亦可致病。此外,误食或吸入氰化物农药等均可引起中毒。

【诊　断】

发病突然,病羊腹痛不安,瘤胃臌气,可视粘膜鲜红,呼吸极度困难,流涎。先兴奋,很快转入沉郁状态,出现极度衰弱,步行不稳或倒地。重者体温下降,后肢麻痹,肌肉痉挛,眼球颤动,瞳孔放大,全身反射减少乃至消失,心动徐缓,脉搏细弱,呼吸浅微,终因呼吸麻痹而死亡。根据羊有采食含生氰苷植物史以及典型症状即可作出初步诊断,确诊时则需进行氰氢酸定性与定量检验。

【防　治】

1.预防　禁止在含有氰苷作物的地方放牧。若用含有氰苷的饲料喂羊时,宜先加工调制。妥善保管氰化物农药,严防误食。

2.治疗　治疗原则是解毒、排毒与对症、支持疗法。发病后速用亚硝酸钠15～25毫克/千克体重,溶于5%葡萄糖溶液中,配成1%的亚硝酸钠溶液,静脉注射。或静脉注射硫代硫酸钠溶液,1小时后可重复应用1次。排毒与防止毒物吸收可选用或合用催吐、洗胃和口服吸附剂。

十六、有机磷中毒

有机磷中毒是由于羊接触、吸入或采食有机磷制剂后使胆碱酯酶失活和乙酰胆碱积聚而引起的中毒性疾病。临床特征为流涎,腹泻,肌肉痉挛。

【病　因】

多见于羊直接接触或误食农药,采食有机磷农药污染的牧草、饮水、蔬菜,或食入拌、浸有农药的种子所致。也见于将盛放过农药的容器用做饲槽或水桶来喂饮羊,或驱除外寄生虫时有机磷制剂用量过大而中毒。引起羊中毒的有机磷农药主要有甲拌磷(3911)、对硫磷(1605)、内吸磷(1059)、乐果、敌百虫、马拉硫磷和乙硫磷等。

【诊　断】

临床表现为食欲不振,流涎,呕吐,腹痛,腹泻,多汗,尿失禁,瞳孔缩小,粘膜苍白,肌肉震颤,呼吸困难,兴奋不安。呼出气、呕吐物、分泌液、皮肤等有蒜臭味。重者全身抽搐,多汗,乃至昏睡,可因呼吸麻痹窒息而死亡。实验室检查,全血胆碱酯酶活性降低。

【防　治】

1.预防　加强农药管理,严禁在喷洒有机磷农药的地点放牧,不得用拌过农药的种子喂羊,接触过农药的器具务必清洗干净。

2.治疗　应用特效解毒剂的同时,配合以对症和辅助支持疗法。可用解磷定,每千克体重 15~30 毫克,溶于 5% 葡萄糖溶液 100 毫升中,缓慢静脉注射;亦可用氯磷定、双解磷、双复磷等解毒。同时肌内注射 1% 硫酸阿托品 0.4~0.8 毫升。症状未见减轻时,可重复使用解磷定和硫酸阿托品。

十七、流　产

流产是指由于胎儿或母体的生理过程发生扰乱,或它们之间的正常关系受到破坏而导致的妊娠中断。

【病　因】

普通病、传染病和寄生虫病等均可引起流产。见于子宫畸形、胎盘坏死、胎膜炎和羊水过多等产科病;肺炎、肾炎、有毒植物中毒、食盐中毒、农药中毒等内科病;无机盐缺乏,微量元素不足或过剩,维生素 A、维生素 E 不足等营养代谢病;外伤、蜂窝织炎等外科病;布鲁氏菌病、弯曲菌病、毛滴虫病等疫病。此外,饲喂冰冻霉败饲料、长途运输、过于拥挤、水草供应不均等,也可诱发流产。

【诊　断】

病羊精神不佳,食欲停止,腹痛起卧,努责咩叫,阴门流出羊水,待胎儿排出后稍为安静。发生隐性流产时,胎儿不排出体外,自行溶解,溶解物排出体外或形成胎骨残留于子宫内。受伤的胎儿常因胎膜出血、剥离,多于数小时或数天后排出。

【防　治】

1. 预防　加强怀孕羊的饲养管理,重视传染病和寄生虫病的防治。

2. 治疗　确定属于何种流产以及妊娠能否继续进行,在此基础上再确定治疗原则。如果孕羊出现腹痛、起卧不安、呼吸和脉搏加快等症状,则可能发生流产,此时应安胎,可用黄体酮注射液。如果用药后流产已难以避免,则应尽快促使子宫内容物排出。母羊出现全身症状时,应对症治疗。中药治疗宜用四物胶艾汤加减:当归6克,熟地6克,川芎4克,黄芩3克,阿胶12克,艾叶9克,菟丝子6克,共研末,开水调服,每天1次,灌服2剂。死胎滞留时,应采用引产或助产措施。胎儿死亡,子宫颈未开时,应先肌内注射雌激素,可用苯甲酸雌二醇2～3毫克,促使子宫颈开张,然后从产道拉出胎儿。

十八、难　产

难产是指由于各种原因而使分娩的第一阶段(开口期)、尤其是第二阶段(胎儿排出期)明显延长,如不进行人工助产,则母体难于或不能顺利地排出胎儿的产科疾病。

【病　因】

羊的难产常见于子宫阵缩无力,胎位、胎向及胎势异常,子宫颈狭窄,骨盆腔狭窄,子宫捻转,胎儿过大,双胎及3胎等。

【治　疗】

为了保证母子安全,对于难产的母羊必须进行全面检查,及时进行人工助产;必要时可实施剖腹产。

1. 助　产

(1)助产时间　当母羊阵缩超过 4～5 小时以上,而未见羊膜绒毛膜在阴门或阴门内破裂,母羊停止阵缩或阵缩无力时,需迅速进行人工助产,不可拖延时间,以防羔羊死亡。

(2)助产准备　术前检查,保定母羊,消毒,检查产道、胎位和胎儿。

(3)助产方法　常见的难产位有头颈侧弯、头颈下弯、前肢腕关节屈曲、肩关节屈曲、肘关节屈曲、胎儿下位、胎儿横向和胎儿过大等。可按不同的异常产位将其矫正,然后将胎儿拉出产道。多胎羊只,应注意怀羔数目,在助产中认真检查,直至将全部胎儿助产完毕后,方可将母羊归群。

2. 剖腹产　子宫颈扩张不全或子宫颈闭锁,胎儿不能产出,或骨骼变形,致使骨盆腔狭窄,胎儿不能正常通过产道,在此情况下,可进行剖腹产,急救胎儿,保证母羊安全。

十九、子宫炎

子宫炎是包括子宫内膜炎、子宫周炎和子宫旁炎在内的整个子宫及其外周组织发炎的产科疾病,为母羊常见的生殖系统疾病之一,可导致母羊不孕。

【病　因】

子宫炎是由于分娩、助产、子宫脱、阴道脱、胎衣不下、腹膜炎、胎儿死于腹中,或由于配种、人工授精及接产过程中消毒不严等因素,导致细菌感染而引起的子宫粘膜炎症。此外,生殖器官的结核也可引起子宫旁炎及子宫周炎。

【诊　断】

1. 急性　初期病羊食欲减退,精神不振,体温升高,磨牙,呻吟,拱背,前胃弛缓,努责,时时作排尿姿势,阴门流出污红色内容物。严重时昏迷,甚至死亡。

2.慢性　病情较急性轻微,子宫分泌物量少。有时继发腹膜炎、肺炎、膀胱炎、乳房炎等。若不及时治疗可发展为子宫坏死,继而全身恶化,发生败血症或脓毒败血症而死亡。

【防　治】

1.预防　保持羊舍和产房的清洁卫生。在配种、人工授精和助产时,应注意环境、器具、术者手臂和母羊外生殖器的消毒。临产前后,对阴门及其周围组织应进行消毒。及时正确地治疗流产、难产、胎衣不下、子宫脱出及阴道炎等产科疾病,以防感染。

2.治　疗

(1)冲洗　用0.1%高锰酸钾溶液300毫升冲洗子宫,每天1次,连续3~4次。

(2)消炎　冲洗后,向子宫内注入碘甘油3毫升,或投放土霉素(0.5克)胶囊,或肌内注射青霉素、链霉素。

(3)解除自体中毒　10%葡萄糖溶液100毫升,复方氯化钠溶液100毫升,5%碳酸氢钠溶液30~50毫升,1次静脉注射。

(4)中药治疗　急性病例,可用金银花10克,连翘10克,黄芩5克,赤芍4克,丹皮4克,香附5克,桃仁4克,薏苡仁5克,延胡索5克,蒲公英5克,水煎候温,1次灌服。慢性病例,可用蒲黄5克,益母草5克,当归8克,五灵脂4克,川芎3克,香附4克,桃仁3克,茯苓5克,水煎候温加黄酒20毫升,1次灌服,每天1次,2~3天1个疗程。

第八章 无公害羊肉的
加工与安全质量监控

　　羊肉蛋白质含量高,脂肪、胆固醇及饱和脂肪酸含量低,富含矿物质和维生素,是肉类中之佳品,符合现代人类的消费需求。特别是羔羊肉,具有瘦肉多、肌肉纤维细嫩、脂肪少、膻味轻、味美多汁等特点,颇受消费者欢迎。为了确保无公害羊肉产品的安全质量,在羊肉的生产、加工、贮藏、运输和销售过程中必须实施全程质量控制,加强卫生监督管理。

第一节　无公害羊肉加工卫生规范

　　加工无公害羊肉的屠宰厂和肉类加工企业应遵守《食品企业通用卫生规范》、《肉类加工厂卫生规范》和《畜类屠宰加工通用技术条件》的有关规定。

一、羊肉加工厂卫生规范

　　《肉类加工厂卫生规范》规定了肉类加工厂的设计与设施、卫生管理、加工工艺、成品贮藏和运输的卫生要求,适用于屠宰肉羊、生产加工无公害羊肉及其制品的工厂。

　　(一)工厂设计与设施的卫生

　　1.选　址

　　第一,肉羊屠宰厂、肉类联合加工厂、羊肉制品厂应建在地势较高,干燥,水源充足,交通方便,无有害气体、灰沙及其他污染源,便于排放污水的地区。

　　第二,肉羊屠宰厂、肉类联合加工厂不得建在居民稠密的地区。羊肉制品加工厂经当地城市规划、卫生部门批准,可建在城镇适当地点。

2．厂区和道路 厂区应绿化。厂区主要道路和进入厂区的主要道路(包括车库或车棚)应铺设适于车辆通行的坚硬路面(如混凝土或沥青路面)。路面应平坦,无积水,厂区应有良好的给水、排水系统。厂区内不得有臭水沟、垃圾堆或其他有碍卫生的场所。

3．布 局

第一,生产区应与生活区分开设置。

第二,运送活羊与成品出厂不得共用 1 个大门。厂内不得共用 1 条通道。

第三,为防止交叉污染,原料、辅料、生肉、熟肉和成品的存放场所(库)必须分开设置。

第四,各生产车间的设置位置以及工艺流程必须符合卫生要求。肉类联合加工厂的生产车间,一般应按饲养、屠宰、分割、加工、冷藏的顺序合理设置。

第五,化制间、锅炉房与贮煤场所,污水与污物处理设施,应与分割肉车间和肉制品车间间隔一定距离,并位于主风向下风处。锅炉房必须设有消烟除尘设施。

第六,生产冷库应与分割肉和肉制品车间直接相连。

4．厂房与设施 厂房与设施必须结构合理、坚固,便于清洗和消毒,应与生产能力相适应。厂房高度应能满足生产作业、设备安装与维修、采光与通风的需要。厂房与设施必须设有防止蚊、蝇、鼠及其他害虫侵入或隐匿的设施,以及防烟雾、灰尘的设施。厂房地面应使用防水、防滑、不吸潮、可冲洗、耐腐蚀、无毒的材料;坡度应为 1°～2°(屠宰车间应在 2°以上);表面无裂缝、无局部积水,易于清洗和消毒。明地沟断面应呈弧形,排水口须设网罩。厂房墙壁与墙柱应使用防水、不吸潮、可冲洗、无毒、淡色的材料。墙裙应贴或涂刷不低于 2 米的浅色瓷砖或涂料。顶角、墙角、地角呈弧形,便于清洗;厂房天花板表面应涂层光滑,不易脱落,防止污物积聚;厂房门窗应装配严密,使用不变形的材料制作。所有门、窗及其他开口必须安装易于清洗和拆卸的纱门、纱窗或压缩空气幕,并经常维修,保持清洁;内窗台须下斜45°或采用无窗台结构。厂房楼梯及其他辅助设施应便于清洗、消毒,避免引起产品污染。屠宰车间必须设有兽医卫生检验设施,包括同步检验、对号检验、内脏检验、化验室等。待宰车间的圈舍容量一般应为日屠宰量的2倍;圈内应防寒、隔热、通风,并应设有饲喂、宰前淋浴等设施。车间内应设有健畜圈、疑似病畜圈、病畜隔离圈、急宰间和兽医工作室;待宰区应设活羊装卸台和车辆清洗、消毒等设施,并应设有良好的污水排放系统。生产冷库一般应设有预冷间(0℃~4℃)、冻结间(-23℃以下)和冷藏间(-18℃以下);所有冷库(包括肉制品车间的冷藏室)应安装温度自动记录仪或温度湿度计。

5. 供　水

(1)生产供水　工厂应有足够的供水设备,水质必须符合《无公害食品　畜禽产品加工用水》的规定。如需配备贮水设施,应有防污染措施,并定期清洗、消毒。使用循环水时必须经过处理,达到上述规定。

(2)制冰供水　应符合《生活饮用水质标准》的规定。制冰及贮存过程中应防止污染。

(3)其他供水　用于制汽、制冷、消防和其他类似用途而不与食品接触的非饮用水,应使用完全独立、有鉴别颜色的管道输送,不得与生产用水系统交叉连接或倒吸于生产用水系统。

6. 卫生设施

(1)废弃物临时存放设施　应在远离生产车间的适当地点设置废弃物临时存放设施。其设施应采用便于清洗、消毒的材料制作;结构应严密,能防止害虫进入,并能避免废弃物污染厂区和道路。

(2)废水、废气处理系统 必须设有废水、废气处理系统,保持良好状态。废水、废气的排放应符合国家环境保护的规定。厂内不得排放有害气体和煤烟。生产车间的下水道口须设地漏、铁算。废气排放口应设在车间外的适当地点。

(3)更衣室、淋浴室、厕所 必须设有与职工人数相适应的更衣室、淋浴室、厕所。更衣室内须有个人衣物存放柜、鞋架(箱)。车间内的厕所应与操作间的走廊相连,其门、窗不得直接开向操作间;便池必须是水冲式;粪便排泄管不得与车间内的污水排放管混用。

(4)洗手、清洗、消毒设施

第一,生产车间进口处及车间内的适当地点,应设热水和冷水洗手设施,并备有洗手剂。

第二,分割肉和熟肉制品车间及其成品库内必须设非手动式的洗手设施。如使用一次性纸巾,应设有废纸巾贮存箱(桶)。

第三,车间内应设有工具、容器和固定设备的清洗、消毒设施,并应有充足的冷、热水源。这些设施应采用无毒、耐腐蚀、易清洗的材料制作,固定设备的清洗设施应配有食用级的软管。

第四,车库、车棚内应设有车辆清洗设施。

第五,活羊进口处、病羊隔离间、急宰间及化制间的门口,必须设车轮、鞋靴消毒池。

第六,肉制品车间应设清洗和消毒室。室内应备有热水消毒或其他有效的消毒设施,供工具、器具、容器消毒用。

7. 设备和工器具

一是接触肉品的设备、工具、器具和容器,应使用无毒、无气味、不吸水、耐腐蚀、经得起反复清洗与消毒的材料制作,其表面应平滑、无凹坑和裂缝。禁止使用竹木工具、器具和容器。

二是固定设备的安装位置应便于彻底清洗、消毒。

三是盛装废弃物的容器不得与盛装肉品的容器混用。废弃物容器应选用金属或其他不渗水的材料制作。不同的容器应有明显的标志。

8. 照明 车间内应有充足的自然光照或人工照明。照明灯具的光泽不应改变被加工物的本色,亮度应能满足肉品检验人员和生产操作人员的工作需要。吊挂在肉品上方的灯具,必须装有安全防护罩,以防灯具破碎而污染肉品。车库、车棚等场所应有照明设施。

9. 通风和温控装置 车间内应有良好的通风、排气装置,及时排除污染的空气和水蒸气。空气流动的方向必须从净化区流向污染区。通风口应装有纱网或其他保护性的耐腐蚀材料制作的网罩。纱网或网罩应便于装卸和清洗。分割肉和肉制品加工车间及其成品冷却间、成品库应有降温或调节温度的设施。

(二) 工厂的卫生管理

1. 制定实施细则

第一,工厂应根据《肉类加工厂卫生规范》的要求制定卫生实施细则。

第二,工厂和车间都应配备经培训合格的专职卫生监督管理人员,按规定的权限和责任负责监督全体职工执行《肉类加工厂卫生规范》的有关规定。

2. 维修与保养 厂房、机械设备、设施、给排水系统,必须保持良好状态。正常情况下,每年至少进行1次全面检修,发现问题应及时检修。

3. 清洗与消毒 生产车间内的设备、工具、器具、操作台应经常清洗和进行必要的消毒;设备、工具、器具、操作台用洗涤剂或消毒剂处理后,必须再用饮用水彻底冲洗干净,除去残留物后方可接触肉品;每班工作结束后或在必要时,必须彻底清洗加工场地的地面、墙壁、排水沟,必要时进行消毒;更衣室、淋浴室、厕所、工间休息室等公共场所,应经常清扫、清洗、消毒、保持清洁。

4.废弃物处理 厂房通道及周围场地不得堆放杂物;生产车间和其他工作场地的废弃物必须随时清除,并及时用不渗水的专用车辆运到指定地点加以处理。废弃物容器、专用车辆和废弃物临时存放场应及时清洗、消毒。

5.除虫灭害 厂内应定期或在必要时进行除虫灭害,防止害虫孳生。车间内外应定期、随时灭鼠;车间内使用杀虫剂时,应按卫生部门的规定采取妥善措施,不得污染肉与肉制品。使用杀虫剂后应将受污染的设备、工具、器具和容器彻底清洗,除去残留药物。

6.危险品的管理 工厂必须设置专用的危险品库房和贮藏柜,以存放杀虫剂和一切有毒、有害物品。这些物品必须贴有醒目的有毒标记。工厂应制定各种危险品的使用规则。使用危险品须经专门管理部门核准,并在指定的专门人员的严格监督下使用,不得污染肉品。

(三)个人卫生与健康

1.卫生教育 工厂应对新参加工作及临时参加工作的人员进行卫生安全教育,定期对全厂职工进行《食品卫生法》及其他有关肉品卫生法规的宣传教育;做到教育有计划,考核有标准,卫生培训制度化和规范化。

2.健康检查 生产人员及有关人员每年至少进行1次健康检查,必要时进行临时检查。新参加或临时参加工作的人员,必须持有健康合格证。工厂应建立职工健康档案。

3.健康要求 凡患有痢疾、伤寒、病毒性肝炎等消化道传染病(包括病原携带者)、活动性肺结核、化脓性或渗出性皮肤病或其他有碍食品卫生的疾病之一者,不得从事屠宰和接触肉品的工作。

4.受伤处理 凡受刀伤或有其他外伤的生产人员,应立即采取妥善措施包扎防护,否则不得从事屠宰或接触肉品的工作。

5.洗手要求 生产人员在开始工作之前、上厕所之后、处理被污染的原材料之后、从事与生产无关的其他活动之后以及分割肉和熟肉制品加工人员离开加工场所再次返回前,必须洗手、消毒。工厂应有监督措施。

6. 个人卫生 生产人员应保持良好的个人卫生,勤洗澡,勤换衣,勤理发,不得留长指甲和涂指甲油,不得将与生产无关的个人用品和饰物带入车间。进车间必须穿戴工作服(暗扣或无钮扣,无口袋)、工作帽和工作鞋,头发不得外露,工作服和工作帽必须每天更换。接触直接入口羊肉制品的加工人员,必须戴口罩;生产人员离开车间时,必须脱掉工作服、帽、鞋。

7. 非生产人员 非生产人员经获准进入生产车间时,也必须遵守以上的规定。

(四)成品贮藏与运输的卫生

1. 贮藏 无外包装的熟肉制品应限时存放在专用成品库中,超过规定时间必须回锅复煮。如需冷藏贮存,应严密包装,不得与生肉混存;各种腌、腊、熏制品应按品种采取相应的贮存方法。一般应吊挂在通风、干燥的库房中。如果夏季贮存或需延长贮存期,可在低温下贮存;鲜肉应吊挂在通风良好、无污染源、室温0℃~4℃的专用库内。

2. 运输 鲜、冻羊肉不得敞运,没有外包装的剥皮冻羊肉不得长途运输;运送熟肉制品应使用专用防尘保温车;头蹄、内脏和油脂等食用副产品应使用不渗水的容器装运。胃、肠与心、肝、肺、肾不得盛装在同一容器内,且不得与肉品直接接触;装卸鲜、冻羊肉时,严禁脚踩、触地;所有运输车辆及容器应随时、定期清洗、消毒,不得使用未经清洗、消毒的车辆及容器。

(五)卫生与质量检验管理 工厂必须设有与生产能力相适应的兽医卫生检验和质量检验机构,配备经专业培训并经主管部门考核合格的各级兽医卫生检验及质量检验人员;工厂检验机构在厂长直接领导下,统一管理全厂兽医卫生工作和兽医检验、质量检验人员,同时接受上级主管部门的监督和指导。检验机构有权直接向上级有关主管部门反映问题;检验机构应具备检验工作所需要的检验室、化验室、仪器设备,并有健全的检验制度;检验机构必须按照国家或有关部门规定的检验或化验标准,对原料、辅料、半成品、成品、各个关键工序进行微生物检验、理化检验以及其他必要的检验。经兽医检验或细菌检验不合格的产品一律不得出厂,外调产品必须附有兽医检验证书;计量器具和检验、化验仪器及设备,必须定期检定、维修,确保精度;各项检验、化验记录保存3年,备查。

二、肉羊屠宰加工卫生要求

肉羊屠宰加工的基本程序包括:送宰→淋浴→致昏→放血→剥皮与去头蹄→开膛和净膛→胴体修整→盖章→冷却等。屠宰加工应符合《鲜、冻胴体羊肉》的规定,严格实施卫生监督与卫生检验。屠宰供应少数民族食用的无公害羊肉产品的屠宰厂,应尊重民族风俗习惯,进行屠宰加工。

(一)原料要求

屠宰前的活羊必须来自非疫区的无公害生产基地,健康良好,并有宰前检验合格证书。

(二)宰杀放血

羊被致昏后立即放血,要求放血完全。放血宜采用倒挂垂直方式,可采用下列两种放血方法:

1. 切断颈部血管 羊的刺杀部位在下颌角稍后,用放血刀纵向切开颈部皮肤,切口约8～10厘米,切断颈动脉和颈静脉,勿伤及食道。沥血5～6分钟。

2. 切颈法 在羊的头颈交界处的腹侧面做横向切开,切断颈静脉、颈动脉、气管、食管和周围部分软组织,使血液从切面流出。

但由于切断了食管和气管,胃内容物有可能经食道流出,污染切口周围组织,甚至被吸入肺脏,引起肺呛食。因此,除清真屠宰厂,一律不得使用该法放血。

(三)剥皮或脱毛

放血后应立即剥皮,可人工剥皮,亦可机械剥皮。剥下的羊皮,要求毛皮完整,特别是羔皮,避免刀伤,甚至撕破,以获得好的裘皮。在整个操作过程中,应防止毛皮、污物、脏手沾污胴体,胴体不得触及地面。

羊的屠宰加工有时可根据用户要求,采用脱毛剂进行脱毛或用喷灯进行燎毛,而不剥皮。在燎毛时,应掌握好燎毛的时间,将毛燎净、皮肤微黄而又不烧焦为宜。

(四)开膛与净膛

剥皮后立即进行开膛和净膛,不得超过30分钟。开膛宜采取垂直姿势,沿腹部正中线剖开腹腔,切勿划破胃肠、膀胱和胆囊等脏器。

(五)胴体修整

割除大血管、生殖器官、外伤、淤斑和伤痕,去3腺(甲状腺、肾上腺和病变淋巴结),修刮污血、残毛和其他污物。冲洗胴体,修割整齐,保证胴体整洁卫生,无病变组织、无伤斑、无残留小皮片、无浮毛、无粪污、无胆污和泥污、无凝血块,且符合商品要求。

(六)内脏整理

内脏经检验合格后应立即整理,不得积压。割取胃时,应将食道和十二指肠留有适当的长度,以防胃内容物流出。分离肠道时,切忌撕裂。将胃肠内容物集中在一处,不得污染场地。洗净后的内脏应装入容器迅速冷却,不得长时间堆放,以免变质。

(七)皮张整理

刚刚剥下的生皮刮去血污、皮肌和脂肪后,应及时送往皮张加工车间作初步加工,不得堆放或日晒,以免变质、掉毛或老化。

三、羊肉加工用水水质要求

(一)屠宰加工用水

在屠宰车间内将活羊屠宰加工成胴体或分割过程中需要的生产性用水应符合《无公害食品 畜禽产品加工用水水质》的有关规定(表8-3)。

表8-3 屠宰加工用水水质卫生要求

	项 目	指 标
感官性状和一般化学指标	色	色度不超过20°,并不得呈现其他异色
	浑浊度	不得超过10°
	臭和味	不得有异臭、异味
	肉眼可见物	不得含有
	总硬度(以 $CaCO_3$ 计)(毫克/升)	≤550
	pH 值	5.5~9.0
	硫酸(毫克/升)	≤300
	氯化物(以 Cl^- 计)(毫克/升)	≤300
	总溶解性固体(毫克/升)	≤1500

续表8-3

项　目	指　标
毒理学指标 氟化物(以 F⁻ 计)(毫克/升)	≤1.2
氰化物(毫克/升)	≤0.05
总砷(毫克/升)	≤0.05
总汞(毫克/升)	≤0.001
总铅(毫克/升)	≤0.05
铬(六价)(毫克/升)	≤0.05
总镉(毫克/升)	≤0.01
硝酸盐(以 N 计)(毫克/升)	≤20
微生物指标 总大肠菌群(cfu*/100 毫升)	≤10
粪大肠菌群(个/100 毫升)	≤0

* cfu 表示菌落形成单位

(二)羊肉制品深加工用水

肉羊屠宰厂和羊肉制品加工厂,在羊肉初级产品、分割产品或羊肉制品加工过程中需要的生产性用水(包括添加水和原料洗涤水),应符合 GB/T 5750 的要求。

(三)其他用水

屠宰厂、羊肉制品加工厂的循环冷却水、设备冲洗用水,应符合《生活杂用水水质标准》(CJ 25.1)的规定。

第二节　肉羊的屠宰检验

一、宰前检验与管理

宰前检验指对肉羊在放血解体之前实施的健康检查、卫生评定及处理。肉羊由产地运到屠宰厂后,对其所实施的宰前检验包括入场验收、待宰检验和送宰检验。目的在于剔除病羊,防止产品污染及疫病传播。

（一）检验方法

宰前检验采用群体检查与个体检查相结合的临床检查方法,必要时辅以实验室检验。

1. 群体检查 指对来自同一地区或同一批次的羊,或对同一圈羊所进行的健康检查。常用的方法有静态观察、动态观察和饮食状态观察。经检验,凡有异常者,应标上记号,以便隔离和进一步做个体检查。

2. 个体检查 指对群体检查时发现的异常个体或在正常羊群中随机抽取的 5%～20% 个体,逐只进行的详细检查。常用视诊、触诊、叩诊、听诊等方法检查,可归纳为"看、听、摸、检"四大要领。

（二）检验要点

1. 检疫对象 重点检查的疫病有炭疽、布鲁氏菌病、巴氏杆菌病、羊快疫、羊肠毒血症、恶性水肿、羊链球菌病、羊痘、口蹄疫、蓝舌病、痒病、肺丝虫病等。

2. 检验要点

(1)群体检查 注意观察羊的站立或卧地姿势,呼吸状态,有无跛行或转圈运动。对不合群、独立一隅,以及对外界刺激反应迟钝、呼吸困难、咳喘严重、跛行或转圈、拒食不饮、反刍困难以及腹泻的羊,应剔出做进一步检查。

(2)个体检查 视检羊的精神外貌,被毛和皮肤,可视粘膜的色泽,分泌物和排泄物的色泽与性状等。触检体表淋巴结,检测体温、呼吸及脉搏。必要时应进行听诊和叩诊。

（三）宰前检验后的处理

1. 准宰 来自非疫区的健康羊,经宰前检验合格后,准予屠宰。活羊在送宰之前应由检验人员出具"宰前检验合格证书"或"准宰通知书"。

2.病羊的处理 经宰前检验发现病羊或可疑病羊时,应根据疾病的性质、发病程度、有无隔离条件等,采用禁宰、急宰或缓宰等方法处理。

(1)禁宰 经宰前检验确诊为口蹄疫、痒病、蓝舌病、小反刍兽疫、羊痘等传染病的羊,一律禁止屠宰,必须采取不放血方法扑杀后销毁。对患有或疑为恶性传染病死亡的羊,应予以销毁。同群活羊用密闭运输工具运到动物防疫监督部门指定的地点,用不放血方法全部扑杀后销毁。对病羊存放处、屠宰场和所有用具实行严格消毒,并采取防疫措施,立即向当地畜牧兽医行政管理部门报告疫情。

经检验,发现布鲁氏菌病、结核病、弓形虫病、日本血吸虫病羊及疑似病羊时,禁止屠宰,用不放血方法扑杀后销毁。同群活羊应急宰,其内脏和胴体经高温处理后出厂。病羊存放处、屠宰场和所有用具应实行严格消毒,采取防疫措施,并立即向当地畜牧兽医行政管理部门报告疫情。

(2)急宰 对患有除禁宰外的其他疫病、普通病以及长途运输中出现异常的羊,为了防止疫病传播或免于死亡而须强制进行紧急屠宰。急宰后,剔除病变部分销毁,其余部分高温处理后出厂。

(四)宰前管理

1.休息管理 当羊从产地运送至屠宰厂后,在饲养场内至少饲养和休息1~2天。通过休息管理一方面可增加肌糖原含量,有利于羊肉的成熟;另一方面可减少机体组织带菌率,防止羊肉的污染。

2.停饲管理 经过宰前休息管理,达到恢复体力的目的后,经检验人员检查认可、准予屠宰的羊,在送宰之前,还需实施停饲静养管理,尽量排空胃肠内容物,便于宰后开膛净膛,并可节约饲料。一般羊停饲 24 个小时,但必须供给充足饮水,直至宰前 2~4 个小时。

二、宰后检验与处理

宰后检验指应用兽医病理学、传染病学和寄生虫学的基本理论知识和实验技术对屠宰解体羊的胴体和内脏等所实施的卫生质量检验与评定。

(一)检验方法

宰后检验以视检、触检、嗅检和剖检为主,必要时应进行细菌学、血清学、寄生虫学、病理组织学和理化检验。在检验中应实施同步检验,即在屠宰加工过程中,将胴体和头、蹄、内脏等各种脏器的检验,控制在同一个生产进度上实施,便于检验人员发现问题时及时交换情况,进行综合判定与处理。

(二)检验程序

1. 头部检验 视检头部皮肤、唇、口腔粘膜及齿龈,注意有无羊痘、口蹄疫、羊传染性脓疱(羊口疮)等传染病时出现的痘疮或溃疡;观察眼结膜、咽喉粘膜和血液凝固状态,注意检查有无炭疽及其他传染病的病变。

2. 内脏检验 开膛后,检验"白下水"(胃、肠、脾、胰)和"红下水"(心、肝、肺)的色泽、大小、性状、质地等有无异常,注意有无病理变化或寄生虫。视检脾脏有无出血、肿大,肝脏有无寄生虫和肝硬变。检验胃肠时应特别注意肠系膜和肠系膜淋巴结,重点检查假结核病和细颈囊尾蚴。

3. 胴体检验 通常羊胴体不劈半,故一般不剖检胴体淋巴结,而以视检为主。主要检查胴体表面及胸、腹腔。当发现可疑病变时,再进行详细剖检。

4. 终末检验 对胴体进行复检、评定与盖章。

（三）检验后的处理

1. 适于食用 经检验，凡来自非疫区的健康活羊，其胴体和内脏品质良好，符合国家标准或有关行业标准，可不受任何限制新鲜出厂或进行分割、冷加工。

2. 有条件食用 凡有一般传染病、轻症寄生虫病和病理损害的胴体与脏器，根据病损性质和程度，经高温或炼食用油等无害化处理后，使其传染性消失或寄生虫全部死亡，即可安全食用。

3. 化制 将不可食用的羊屠体、羊胴体或其病损组织与器官等，经过干化法或湿化法化制，达到对人、畜无害的处理方法。化制不仅能完全消除废弃物和尸体的毒害，而且能够获得许多有价值的工业用油脂、骨粉、肉粉以及饲料和肥料等。因此，它是处理废弃物和尸体的最好方法之一。

4. 销毁 对危害特别严重的传染病、寄生虫病、恶性肿瘤、多发性肿瘤和病腐的羊尸体及其他具严重危害性的废弃物，采取湿化、焚烧等完全消灭其病原体的处理方法。

（四）盖检印

经过全面复检，无论胴体和脏器属于上述哪一种情况，都必须在胴体、副产品上加盖与判定结果相一致的、国家规定的统一的检验印章，可以防止混乱、漏检和不合格的羊肉出厂或上市。凡符合卫生标准的胴体可以食用，盖"兽医验讫"印章。对病羊的屠体或胴体、内脏以及其他副产品，应根据国家有关标准和规定，按羊的疾病性质不同，盖"高温"、"食用油"、"化制"或"销毁"印戳。

（五）疫病控制

发现疫病后应立即采取防疫措施，上报疫情，彻底消毒。并在动物防疫检验部门监督下，在厂内或指定地点处理病羊肉尸及其产品。

(六)病羊肉尸及其产品的无害化处理

病羊尸体及其产品无害化处理按照《畜禽病害肉尸及其产品无害化处理规程》执行,防止污染环境。

1. 病羊肉的无害化处理

(1)销毁 确认为炭疽、恶性水肿、气肿疽、狂犬病、羊快疫、羊猝狙、羊肠毒血症、肉毒梭菌中毒症、钩端螺旋体病(已黄染胴体)、李氏杆菌病、布鲁氏菌病等传染病和恶性肿瘤或两个器官发现肿瘤的病羊整个尸体,以及从其他病羊割除下来的病变部分和内脏,将其用密闭的容器运送至指定地点湿化、焚毁或深埋。

(2)化制 除销毁类以外的其他传染病、中毒病及不明原因死亡羊的整个尸体或胴体及内脏,将其分类,分别投入干化机化制,也可以将整个尸体投入湿化机化制。

(3)高温处理 确认为结核病、副结核病、羊痘、山羊关节炎—脑炎、绵羊梅迪—维斯纳病等病羊的胴体和内脏,以及确认为必须销毁的传染病病羊的同群羊和怀疑被其污染的胴体与内脏,用高压蒸煮法或一般煮沸法处理,使其达到无害化。

(4)炼制食用油 利用高温将不含病原体的脂肪炼制成食用油的处理方法。炼制时要求温度在100℃以上,历时20分钟。该方法对病原体的处理效果介于化制与高温处理之间。

2. 病、死羊副产品的无害化处理

(1)血液 高温处理,或将1份漂白粉与4份血液混匀,放置24小时后,于专设地点深埋。

(2)皮毛 将病羊的皮毛放入新配制的2%的过氧乙酸溶液中浸泡30分钟后捞出,用水冲洗后晾干。凡患有必须销毁处理的病羊的皮毛,还可用盐酸食盐溶液消毒或碱溶液浸泡消毒,患螨病的病羊的皮毛用石灰水浸泡消毒,患布鲁氏菌病的病羊的皮毛亦可用盐腌消毒。

(3)骨、蹄和角 胴体做高温处理时,剔除病羊的骨、蹄和角,放入高压锅内高压处理至骨脱胶或脱脂时即可。

第三节　无公害羊肉的分割

　　羊肉的分割是按不同的分割标准将胴体进行分割,以利于进一步加工或直接供应市场需要。

一、羊胴体分割法

　　羊胴体的切块分割有 2 段切块、5 段切块、6 段切块和 8 段切块。2 段切块是将胴体从中间分切成 2 片,各包括前躯肉及后躯肉两部分。前躯肉与后躯肉的分切界线,是在第十二与第十三肋骨之间,即在后躯肉上保留着 1 对肋骨。前躯肉包括肩肉、肋肉和胸肉,后躯肉包括后腿肉及腰肉。胴体上最好的肉为后腿肉和腰肉,其次为肩肉,再次为肋肉和胸肉。

　　(一)肩　肉

　　从肩胛骨前缘至第四、第五肋骨间垂直切下的部分(包括肩胛部在内)。

　　(二)肋　肉

　　从第四、第五对肋间至第十二、第十三肋骨间垂直切下的部分。

　　(三)胸　肉

　　包括肩部及肋软骨下部和前腿肉。

　　(四)腰　肉

　　从第十二、第十三肋骨之间至腰椎与荐椎间垂直切下的部分。

　　(五)后腿肉

　　从腰椎与荐椎间垂直切下的后腿部分。

（六）腹　　肉

整个腹下部分的肉。

通常将绵羊、山羊胴体分割成8部分(图8-1)，3个等级，属于一等的部位有肩背部和臀部，二等的有颈部、胸部和腹部，三等的有颈部切口、前腿和后小腿。

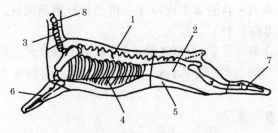

图8-1　羊胴体8段分割法

1.肩背部　2.臀部　3.颈部　4.胸部　5.腹部

6.前腿　7.后小腿　8.颈部切口

（引自赵有璋《羊生产学》）

二、分割羊肉的加工卫生

分割羊肉指依据销售规格的要求，将鲜带骨羊肉，经剔骨、按部位或肥瘦分割而成的肉块，产品有带骨分割羊肉、剔骨分割羊肉和精选羊肉。分割羊肉的加工是指将分割后的肉块，采用修整、冷加工、包装等工序的加工过程。

（一）原料要求

用来生产无公害分割羊肉的原料肉，必须经卫生质量检验合格，各项指标符合《无公害　羊肉》的有关规定（见附录七）。

（二）鲜肉预冷

将检验合格的热鲜胴体羊肉直接从滑道输送到分割肉的冷却间冷却。冷却间的温度控制在0℃，当羊肉的中心温度降至20℃

左右,平均温度为 10℃ 左右即可。

（三）分　割

分割、剔骨加工应在较低温度下进行,并有散热和防止积压的措施,避免羊肉腐败变质。其加工工艺有冷分割剔骨和热分割剔骨两种。

1. 冷分割　将胴体羊肉冷却后再进行分割和剔骨。分割间的温度不得高于 15℃。

2. 热分割　屠宰、分割连续进行,从活羊放血到羊肉分割完毕进入冷却间,应控制在 1.5 ~ 2 个小时,分割间温度不得超过 20℃。

（四）整　修

割除肉块上的伤斑、血点、血污、碎骨、软骨、病变淋巴结、脓疱、浮毛及其他污物。整修时要求平直持刀,以保持肉膜、肉块完整。

（五）冷加工

1. 冷却　将修整后的分割羊肉送入冷却间进行冷却。预冷间温度控制在 0℃ ~ 4℃,在 24 个小时内将肉块深层中心温度降至 0℃ ~ 4℃。

2. 冻结　将包装后的冷却分割羊肉送入冻结间进行冻结。冻结间的温度控制在 – 23℃ ~ – 25℃ 范围内,在 72 个小时内使肉深层中心温度降至 – 15℃ 以下。

（六）包装、贮藏

1. 包装　包装应及时,不得积压。包装材料必须符合卫生标准。按伊斯兰教风俗屠宰、加工的分割羊肉,应在包装上予以注明。

2. 贮存　分割冷却羊肉应贮存在 0℃ ~ 4℃、相对湿度 85% ~ 90% 的冷却间。分割冻羊肉应贮存在温度低于 – 18℃,相对湿度大于90%的冷藏库。

第四节 无公害羊肉的包装与贮运

一、包装、标志与标签

(一)包 装

无公害羊肉产品的包装应采用无污染、易降解的包装材料,并应符合《食品包装用聚乙烯成型品卫生标准》(GB 9687)和《食品包装用原纸卫生标准》(GB 11680)的规定。包装印刷油墨必须无毒、无味,不应向内容物渗漏。包装物不应重复使用。

(二)标 志

在每只羊胴体的臀部加盖兽医验讫和等级印戳,字迹必须清晰整齐。用伊斯兰教方法屠宰加工的羊肉,在兽医验讫印戳中应有伊斯兰教方法屠宰加工的标记。获得批准使用"无公害农产品"标志的羊肉及其产品,允许在其产品或包装上加贴无公害农产品标志(图8-2)。

图8-2 无公害农产品标志基本图案

无公害农产品的标志规格分为5种(表8-4),由绿色和橙色组成。箱外标志应符合《包装储运图示标志》(GB 191)和《运输包装收发货标志》(GB/T 6388)的规定。

表8-4　无公害农产品标志的规格和尺寸　（直径）

规　　格	1 号	2 号	3 号	4 号	5 号
尺寸(毫米)	10	15	20	30	60

（三）标　签

获得批准使用无公害农产品标志的羊肉产品的标签,应标明产品名称、产地、生产日期、生产单位或经销单位。产品标签应符合《食品标签通用标准》(GB 7718)的规定。

二、贮存与运输

（一）贮　存

无公害羊肉产品的贮存场所应清洁卫生,不得与有毒、有害、有异味、易挥发、易腐蚀的物品混存混放。

1. 冷却羊肉　应吊挂在温度0℃ ~ -1℃,相对湿度75% ~ 84%的冷却间,胴体之间的距离保持在3~5厘米。

2. 冻羊肉　贮存在-18℃以下,相对湿度95% ~ 100%的冷藏间,库温每昼夜升降幅度不得超过1℃,产品保质期为8~10个月。

（二）运　输

无公害羊肉产品的运输必须采用无污染、符合食品卫生要求的冷藏车(船)或保温车,不得与其他有毒、有害、有气味的物品混装混运。产品在运输中应符合各类羊肉产品的贮存要求,严格控制温度。

第五节　无公害羊肉的安全质量检测

一、感官检验

羊肉腐败变质后,营养物质分解,感官性状改变,通过检验肌肉和脂肪的色泽与粘度、组织状态与弹性、气味、骨髓和筋腱状态,可鉴定羊肉的新鲜程度。

(一)色泽与粘度

1. 方法　将样品置于白色瓷盘中,在自然光线下观察。注意肉的外部状态,色泽,有无干膜或污物,肉表面和深层组织的状态以及发粘的程度,肉表面的清洁度。

2. 鉴定　新鲜羊肉外表具有干膜,肌肉和脂肪有其固有的色泽,表面不发粘,切面湿润、不发粘。腐败变质羊肉颜色变暗,呈褐红色、灰色或淡绿色,表面干膜更干或发粘,有时被覆有霉层,切面发粘,肉汁呈灰色或淡绿色。

(二)组织状态与弹性

1. 方法　用手指按压羊肉表面,观察指压凹陷的恢复速度和状态。

2. 鉴定　新鲜羊肉富有弹性,结实紧密,指压凹陷很快恢复。变质羊肉无弹性,指压凹陷不能恢复。

(三)气　味

1. 方法　在常温(20℃)下检查羊肉的气味。首先判定外部气味,然后用刀切开立即判定深层的气味,注意检查骨骼周围组织的气味。

2. 鉴定　新鲜羊肉有其固有的气味,无异味。腐败变质羊肉有酸臭、霉味或其他异味。

（四）煮沸后肉汤

1. 方法　称取 20 克切碎的肉样，置于 200 毫升烧杯中，加水 100 毫升，用表面皿盖上，加热至 50℃～60℃，开盖检查气味。继续加热煮沸 20～30 分钟后，迅速检查肉汤的气味、滋味、透明度及表面浮游脂肪的状态、多少、气味和滋味。

2. 鉴定　新鲜羊肉的肉汤透明，芳香，具有令人愉快的气味；肉汤表面浮有大的油滴，脂肪气味和滋味正常。变质羊肉的肉汤浑浊、有絮片，具腐臭气味；肉汤表面几乎不见油滴，具酸败脂肪的气味。

二、理化检验

理化检验内容包括挥发性盐基氮的测定，重金属、农药和兽药残留检测。由具有相应的专业技术和资格条件的专职人员按国家有关规定组织实施。

三、微生物学检验

微生物学检验项目有细菌总数、大肠菌群数以及致病菌检验。由专职人员按国家有关规定组织实施。

四、卫生评定

无公害羊肉是指产地环境、生产过程和产品质量符合国家有关标准和规范的要求，经认证合格获得认证证书并允许使用无公害农产品标志的羊肉。经过卫生质量检验，无公害羊肉应符合《无公害　羊肉》（NY 5147）的规定（见附录七）。凡感官、理化和微生物检验结果不符合 NY 5147 规定的羊肉不属于无公害羊肉，不得使用无公害农产品标志。

第六节　食品安全控制体系在
无公害羊肉加工中的应用

为了保证无公害羊肉的安全质量,在其生产加工过程中应采用食品安全控制体系,实施从羊场到餐桌的全过程安全质量控制。目前,在肉羊屠宰加工和羊肉产品加工中,良好生产规范(GMP)、危害分析与关键控制点(HACCP)、卫生控制程序(SCP)、卫生标准操作程序(SSOP)、栅栏技术和食品微生物预测技术等食品安全控制体系已经得到广泛应用。

一、良好生产规范(GMP)

GMP(good manufacturing practice)即良好生产规范,是一种具有专业特性的品质保证(QA)制度或制造管理体系。良好生产规范要求羊肉生产企业具备良好的生产设备、合理的生产流程、完善的质量管理和严格的检测系统,确保终端产品的卫生质量符合标准,尽量将可能发生的危害从规章制度上加以严格控制。

(一)良好生产规范的内容

良好生产规范是对无公害羊肉生产过程的各个环节、各个方面全面实行质量控制的具体技术要求和为了保证质量必须采取的监控措施,包括对企业的厂房与设计、设备与用具、人员、卫生设施等硬件部分的技术要求,还包括可靠的生产工艺、规范的生产行为、完善的管理组织和严格的质量与卫生管理制度等软件部分。

(二)良好生产规范的重点

防止微生物、毒物和异物污染羊肉;确认生产过程的安全性;有双重检验制度,防止出现人为的损失;标签的管理;生产记录、报告的存档以及建立完善的管理制度。

(三)实施良好生产规范的意义

促进羊肉加工企业质量管理的科学化和规范化,可确保无公害羊肉的安全质量,促进肉类企业的公平竞争,提高卫生行政主管部门对羊肉加工企业进行监督管理的水平,有利于我国羊肉产品进入国际市场。

(四)良好生产规范在羊肉加工中的应用

我国颁布的与羊肉加工有关的良好生产规范有《食品企业通用卫生规范》(GB 14881)和《肉类加工厂卫生规范》(GB 12694),这些规范重点规定了肉类加工企业的厂房、设备、设施的卫生要求和企业自身卫生管理等内容。在无公害羊肉生产加工中,屠宰厂和羊肉加工厂在厂址选择和设计、设施卫生、卫生管理、加工要求、成品贮藏和运输、卫生与质量检验管理、个人卫生和健康等方面应符合《食品企业通用卫生规范》和《肉类加工厂卫生规范》的有关规定。

二、危害分析与关键控制点(HACCP)

HACCP(hazard analysis critical control point)是危害分析与关键控制点的简称,其宗旨是减少或消除食品安全问题。基本含意是:为了防止食源性疾病的发生,应对食品生产加工过程中造成食品污染发生或发展的各种危害因素进行系统和全面分析;在分析的基础上,确定能有效地预防、减轻或消除各种危害的"关键控制点",进而在"关键控制点"对造成食品污染发生或发展的危害因素进行控制,并同时监测控制效果,随时对控制方法进行校正和补充。设计这种体系是为了保证食品生产系统中对任何可能出现危害或有潜在危害的地方得到控制,以防止危害公众健康的问题发生。危害分析与关键控制点体系是一种建立在良好生产规范和卫生标准操作程序基础之上控制危害的预防性体系,它的主要控制目标是确保食品安全。

（一）危害分析与关键控制点的内容

危害分析与关键控制点包括危害分析（HA）和关键控制点（CCP）两个方面，由 7 个基本原理组成：危害分析和预防措施，确定关键控制点，建立关键限值，确定监控关键控制点的程序，建立纠偏措施，建立有效的档案体系，建立审核程序以验证危害分析与关键控制点系统的正确运作。

（二）危害分析与关键控制点的特点

危害分析与关键控制点是一种科学、简便、易行、有效而又先进的食品安全保证系统，适合于鉴别影响羊肉安全的微生物、化学物质和物理因素危害。其最大的优点在于它是一种系统性强、结构严谨、有多项约束、适应性强而效益显著的以预防为主的安全质量保证系统。能使羊肉生产或供应厂商将以最终产品检验为主要基础的控制观念，转变为在生产环境下鉴别并控制住潜在的危害，即强调企业本身的作用，而不是依靠对终端产品的检测或政府部门取样分析来确定产品的卫生质量。由于危害分析与关键控制点系统是一个预防食品污染、确保食品安全为基础的食品控制体系，是一种既经济又高效的质量控制方法，因此它被国际上通认为控制食源性疾病最有效的方法，并获得食品法典委员会（CAC）的认同。

（三）实施危害分析与关键控制点的意义

实施危害分析与关键控制点体系，无论对食品监督管理部门，或者无公害羊肉生产企业和消费者皆有益处和必要性，主要体现在它具有科学性、通用性、预防性、高效性、可操作性、全面性和协调性，并可树立消费者的信心。

（四）危害分析与关键控制点系统在肉羊屠宰加工中的应用

待宰的肉羊必须来自非疫区，且健康良好，经宰前检验与卫生

管理,由动物检疫人员出具准宰通知书后方可屠宰。在屠宰加工过程中应进行危害分析,并制定相关的控制措施(表8-5)。

表8-5 肉羊屠宰过程中危害与控制措施

加工工艺	危害因素			危害和控制措施
	B	C	P	
接 收	√	√		危害:可食组织中化学污染物残留量超标或感染疫病
				控制措施:活体所带残留物及其残留量和疫病的确认
剥 皮	√		√	危害:胴体表面被微生物及其他污物污染
				控制措施:严格操作,要求剥皮后胴体表面没有可见污物污染
去内脏	√			危害:未除去的病变组织器官
				控制措施:割除所有病变组织器官
				危害:胃肠、胆管和膀胱等内脏破裂造成交叉污染
				控制措施:防止割破内脏而导致内容物污染胴体和内脏
				危害:设备和用具造成的交叉污染
				控制措施:保持设备和用具清洁卫生,一旦污染须进行消毒与清洗
				危害:员工操作污染
				控制措施:员工身体健康,培训后上岗,保持个人卫生和操作卫生
胴体修整	√			危害:未除去的戳伤和病变组织
				控制措施:割除所有病变组织以及影响羊肉外观的组织
冲 洗	√			危害:水不清洁而造成污染或冲洗不彻底造成微生物生长
				控制措施:生产用水必须清洁卫生,并有一定压力
冷 却	√			危害:致病菌或腐败菌生长
				控制措施:尽快使胴体表面冷却至4.4℃以下,深层降至15℃以下
包 装	√	√		危害:包装材料中有害化学物质的污染
				控制措施:使用的包装材料必须符合食品卫生标准
贮 存	√	√	√	危害:贮存的包装材料、环境和其他用品中外来物质的污染
				控制措施:检查保证非肉类用品和包装材料中无可见的外来物质,确保仓库卫生,严格控制温度、湿度

注:B代表生物性危害,C代表化学性危害,P代表物理性危害

三、卫生控制程序(SCP)和卫生标准操作程序(SSOP)

SCP(sanitation control procedure)和 SSOP(sanitation standard operating procedure)分别是卫生控制程序和卫生标准操作程序的简称。为了控制与消除危害,美国发布的《美国联邦监督肉类和禽类企业中卫生标准操作规范的准则》(1996)和《水产品 HACCP 法规》要求加工者应采取有效的卫生控制程序,充分保证达到良好生产规范的要求,企业在执行危害分析与关键控制点时,应发展和执行卫生标准操作程序。卫生控制程序是维持卫生状况的程序,一般与整个加工设施或一个区域有关,对环境或人员有关的危害一般用卫生控制程序控制较好。

卫生标准操作程序强调羊肉生产车间、环境、人员以及与羊肉接触的设备和用具中可能存在的危害的预防以及清洁的措施,主要包括 8 项内容:与羊肉接触或与羊肉接触物表面接触的水(冰)的安全;与羊肉接触的表面(包括设备、手套和工作服)的清洁度;防止发生交叉污染;手的清洁与消毒,厕所设施的维护与卫生保持;防止羊肉被污染物污染;有毒化学物质的标记、贮存和使用;工作人员的健康与卫生控制;虫害的防治。

四、国际标准化组织(ISO) 9000

ISO 9000 系列标准是国际标准化组织(International Standardization Organizahon, ISO)于 1987 年发布的国际通用的质量管理与保证体系(包括 ISO 9001, ISO 9002, ISO 9003, ISO 9004),它规定了质量体系中各个环节的标准化实施规程和合格评定实施规程,实行产品质量认证或质量体系认证。我国发布的 GB/T 19000 系列标准等同于 ISO 9000 系列标准,包括系列标准总说明(GB/T 19000)、质量保证标准(GB/T 19001, GB/T 19002, GB/T 19003)和质量管理标准(GB/T 19004)。

在无公害羊肉生产加工中推行和实施国际标准化组织（ISO）9000，有利于获得羊肉进入国际市场的贸易"通行证"和消除国际贸易壁垒，增强羊肉产品在国际市场中的竞争力；有利于国际间的经济合作和技术交流，有效地避免产品责任纠纷；有利于羊肉生产企业增强效益和扩大市场份额，节省第二方审核的精力和费用。

第七节　无公害羊肉的监督管理

无公害羊肉的监督管理工作，由政府推动，实行产地认定和产品认证的工作模式。认证机构负责对无公害羊肉生产企业进行管理。

一、管理法规

我国颁布的与无公害羊肉生产加工与管理有关的法律有《食品卫生法》、《动物防疫法》、《环境保护法》和《标准化法》等。为了加强对无公害农产品的管理，保护农业生态环境，促进农业可持续发展，维护消费者的利益，提高农产品安全质量，2002年4月农业部和国家质量监督检验检疫总局联合颁布了《无公害农产品管理办法》，要求从事无公害羊肉生产、产地认定、产品认证和监督管理等活动，都必须遵循该管理办法。为了加强无公害农产品标志管理，2001年7月国家质量监督检验检疫总局发布了《无公害农产品标志管理规定》，2002年11月农业部、国家认证认可监督管理委员会根据《无公害农产品管理办法》，联合制定了《无公害农产品标志管理办法》。

二、监督管理机构

无公害农产品的管理及质量监督工作，由农业部、国家质量监督检验检疫总局和国家认证认可监督管理委员会按照"三定"方案赋予的职责和国务院的有关规定,分工负责,共同做好工作。其主要职责是制定发展无公害食品的方针、政策、规划,制定和完善无公害食品标准,监督管理无公害农产品生产、销售和无公害农产品标志的使用等活动,指导各省、市、自治区无公害农产品管理机构的工作,开展与无公害农产品工程建设相配套的科技攻关、宣传和培训工作,建设无公害农产品生产示范基地,协调无公害农产品市场流通网络建设,管理标志,组织和协调无公害农产品产地环境和产品卫生质量监测、检验工作,认证机构对获得认证的产品进行跟踪检查。

三、标准体系

为了全面提高我国农产品安全性,促进无公害食品的生产及加工,加强无公害食品的质量安全评定、监督管理和认证,保证农产品卫生质量和食用安全,我国颁布了一系列无公害食品标准。国家质量监督检验检疫总局于 2001 年 10 月颁布的《农产品安全质量标准》共 8 项,其中涉及无公害羊肉生产的有《农产品安全质量无公害畜禽肉安全要求》(GB 18406.3)和《农产品安全质量 无公害畜禽肉产地环境要求》(GB/T 18407.3)。前者规定了无公害畜禽肉产品的定义、要求、试验方法、检验规则、标志、标签、包装、运输和贮存要求;后者规定了无公害畜禽肉类产品生产加工环境的质量要求、试验方法、评价原则、防疫措施及其他要求。

农业部于 2001 ~ 2002 年发布的无公害食品系列标准中与肉羊生产和无公害羊肉加工有关的共计 7 项,包括《无公害食品 畜禽饮用水水质》(NY 5027)、《无公害食品 畜禽产品加工用水水质》(NY 5028)、《无公害食品 羊肉》(NY 5147)、《无公害食品 肉羊饲养兽药使用准则》(NY 5148)、《无公害食品 肉羊饲养兽医防疫准则》(NY 5149)、《无公害食品 肉羊饲养饲料使用准则》(NY 5150)和《无公害食品 肉羊饲养管理准则》(NY/T 5151)(见附录)。

四、产地认定和产品认证

无公害羊肉的认证工作主要由农业部、国家质量监督检验检疫总局负责,各省、市、自治区成立相关认证认可机构,实行产地认定和产品认证。国家鼓励肉羊产生和羊肉加工单位和个人申请无公害羊肉产地认定和产品认证。

(一)产地认定

1. **产地条件** 无公害羊肉产地应当符合下列条件:①产地环境符合 GB/T 18407.3 的要求(见附录一)。②区域范围明确;③具备一定的生产规模;

产地应当树立标示牌,标明范围、产品品种和责任人。

2. **产地认定程序** 省级农业行政主管部门根据《无公害农产品管理办法》的规定,负责组织实施本辖区内无公害羊肉产地的认定工作。

(1)申报 申请无公害羊肉产地认定的单位或者个人(即申请人)首先向所在地县级农业行政主管部门提交产地认定书面申请。其内容如下:①申请人的姓名(名称)、地址、电话号码;②产地的区域范围、生产规模;③肉羊无公害生产和无公害羊肉生产计划;④产地环境说明;⑤无公害羊肉质量控制措施;⑥有关专业技术和管理人员的资质证明材料;⑦保证执行无公害羊肉标准和规范的声明;⑧其他有关材料。

(2)初审 县级农业行政主管部门自收到申请之日起,在 10 个工作日内对申请材料进行初审,对符合要求者上报省级农业行政主管部门;不符合要求的,应当书面通知申请人。

(3)审核、现场检查和环境检测 省级农业行政主管部门自收到推荐意见和有关材料之日起,在 10 个工作日内对有关材料进行审核。对符合要求的,组织有关人员对产地环境、区域范围、生产规模、质量控制措施和生产计划等进行现场检查。经现场检查符合要求的,应当通知申请人委托具有资质资格的检测机构,对产地环境进行检测,出具产地环境检测报告。审核、现场检查与环境检测不符合要求的,应当书面通知申请人。

(4)认定 省级农业行政主管部门对材料审核、现场检查和产地环境检测结果符合要求的,颁发无公害农产品产地认定证书,并上报农业部和国家认证认可监督委员会备案。不符合要求的,应当书面通知申请人。

3.有效期 无公害羊肉产地认定证书有效期为3年。期满需要继续使用的,应在有效期满90日前按照《无公害农产品管理办法》规定的认定程序,重新办理。

(二)产品认证

1.生产管理 无公害羊肉的生产管理应当符合下列条件:①生产过程符合无公害羊肉生产技术的标准要求;②有完善的质量控制措施以及完整的生产和销售记录档案;③有相应的专业技术和管理人员。

生产中严格按规定使用农业投入品,禁止使用国家禁用和被淘汰的农业投入品与食品添加剂。

2.产品认证程序

(1)申报 申请无公害羊肉产品认证的单位或个人向认证机构提交书面申请,申请书内容包括:①申请人的姓名(名称)、地址、电话号码;②产品品种、产地的区域范围、生产规模;③无公害羊肉生产计划;④产地环境说明;⑤无公害羊肉质量控制措施;⑥有关专业技术和管理人员的资质证明材料;⑦保证执行无公害羊肉标准和规范的声明;⑧无公害羊肉产地认定证书;⑨生产过程记录档案;⑩认证机构要求递交的其他有关材料。

(2)审核 认证机构自收到无公害羊肉认证申请之日起,在15个工作日内完成对申请材料的审核。材料审核不符合要求的,应当书面通知申请人。

(3)现场检查与产品检测　符合要求的,认证机构派出人员进行现场检查(包括产地环境、区域范围、生产规模、质量控制措施、生产计划、标准和规范执行情况等)。对符合要求的,认证机构应立即通知申请人委托具有资格、资质的检测机构对羊肉产品进行检测,并根据检测结果出具产品检测报告。

(4)认证与颁证　认证机构对材料审核、现场检查和产品检测结果符合要求的,应当在自收到现场检查报告和产品检测报告之日起,30个工作日内颁发无公害羊肉认证证书。不符合要求的,应当书面通知申请人。

3.有效期　无公害羊肉产品认证证书有效期为3年。期满需要继续使用的,应在有效期满90天前按照上述认证程序,重新办理。

附 录

附录一 农产品安全质量

无公害畜禽肉产地环境要求

GB/T 18407.3-2001

1 范 围

GB/T 18407 的本部分规定了无公害畜禽肉类产品生产加工环境的质量要求、试验方法、评价原则、防疫措施及其他要求。

本部分适用于在我国境内的畜禽养殖场、屠宰场、畜禽类产品加工厂以及产品运输贮存单位。

2 规范性引用文件

下列文件中的条款通过 GB/T 18407 的本部分的引用而成为本部分的条款。凡是注日期的引用文件,其随后所有的修改单(不包括勘误的内容)或修订版均不适用于本部分,然而,鼓励根据本部分达成协议的各方研究是否可使用这些文件的最新版本。凡是不注日期的引用文件,其最新版本适用于本部分。

GB 4789.3 食品卫生微生物学检验 大肠菌群测定

GB/T 6920 水质 pH 值的测定 玻璃电极法

GB/T 7467 水质 六价铬的测定 二苯碳酰二肼分光光度法

GB/T 7468 水质 总汞的测定 冷原子吸收分光光度法（eqv ISO 5666-1～5666-3：1983）

GB/T 7475 水质 铜、锌、铅、镉的测定 原子吸收分光光谱

法(neq ISO/DP 8288)

GB/T 7483　水质　氟化物的测定　氟试剂分光光度法

GB/T 7485　水质　总砷的测定　二乙基二硫代氨基甲酸银分光光度法(neq ISO 6595:1982)

GB/T 7486　水质　氰化物的测定　第一部分：总氰化物的测定(eqv ISO 6703-1:1984)

GB/T 7492　水质　六六六、滴滴涕的测定　气相色谱法

GB 7959　粪便无害化卫生标准

GB/T 8170　数值修约规则

GB 8978　污水综合排放标准

GB 11667　居住区大气中可吸入颗粒物卫生标准

GB/T 11896　水质　氯化物的测定　硝酸银滴定法

GB 12694　肉类加工厂卫生规范

GB 14554　恶臭污染物排放标准

GB/T 14668　空气质量　氨的测定　纳氏试剂比色法

GB/T 14675　空气质量　恶臭的测定　三点比较式臭袋法

GB/T 15262　环境空气　二氧化硫的测定　甲醛吸收—副玫瑰苯胺分光光度法

GB/T 15264　环境空气　铅的测定　火焰原子吸收分光光度法

GB/T 15432　环境空气　总悬浮颗粒物的测定　重量法

GB/T 15433　环境空气　氟化物的测定　石灰滤纸·氟离子选择电极法

GB/T 15436　环境空气　氮氧化物的测定　Saltzman 法

GB 16548　畜禽病害肉尸及其产品无害化处理规程

GB 16549　畜禽产地检疫规范

GB/T 17095　室内空气中可吸入颗粒物卫生标准

中国环境监测总站　污染环境统一监测分析方法(废水部分)

国家环保总局　水和废水监测分析方法

中华人民共和国动物防疫法

3　术语和定义

下列术语和定义适用于 GB/T 18407 的本部分。

全进全出

将同一生产单元内的所有畜禽同时转进转出,并进行清洗、消毒、净化的养殖模式,这样可有效切断疫病的传播途径,防止病原微生物在群体中形成连续感染和交叉感染。

4　要　求

4.1　选址与设施

4.1.1　畜禽养殖地、屠宰和畜禽类产品加工厂必须选择在生态环境良好、无或不直接受工业"三废"及农业、城镇生活、医疗废弃物污染的生产区域。选地应参照国家相关标准的规定,避开水源防护区、风景名胜区、人口密集区等环境敏感地区,符合环境保护、兽医防疫要求,场区布局合理,生产区和生活区严格分开。

4.1.2　养殖区周围 500 米范围内、水源上游没有对产地环境构成威胁的污染源,包括工业"三废"、农业废弃物、医院污水及废弃物、城市垃圾和生活污水等污物。

4.1.3　与水源有关的地方病高发区,不能作为无公害畜禽肉类产品生产、加工地。

4.1.4　养殖地应设置防止渗漏、径流、飞扬且具一定容量的专用储存设施和场所,设有粪尿污水处理设施,畜禽粪便处理后应符合 GB 7959 和 GB 14554 的规定,畜禽病害肉尸及其产品无害化处理应符合 GB 16548 的有关规定,排放出的生产和加工废水应符合 GB 8978 的有关规定。

4.1.5　饲养和加工场地应设有与生产相适应的消毒设施、更衣室、兽医室等,并配备工作所需的仪器设备,肉类加工厂卫生应符合 GB 12694 的有关规定。

4.2 畜禽饮用水、大气环境

4.2.1 畜禽饮用水质量指标应符合附表1的要求。

附表1 畜禽饮用水质量指标

项　　目	指　　标
砷, mg/L	≤ 0.05
汞, mg/L	≤ 0.001
铅, mg/L	≤ 0.05
铜, mg/L	≤ 1.0
铬(六价), mg/L	≤ 0.05
镉, mg/L	≤ 0.01
氰化物, mg/L	≤ 0.05
氟化物(以 F 计), mg/L	≤ 1.0
氯化物(以 Cl 计), mg/L	≤ 250
六六六, mg/L	≤ 0.001
滴滴涕, mg/L	≤ 0.005
总大肠菌群, 个/L	≤ 3
pH 值	6.5 ~ 8.5

4.2.2 生产加工环境空气质量应符合附表2的要求。

附表2 环境空气质量指标

项　　目	日　平　均	1 小时平均
总悬浮颗粒物(标准状态), mg/m³	≤ 0.30	
二氧化硫(标准状态), mg/m³	≤ 0.15	≤ 0.50
氮氧化物(标准状态), mg/m³	≤ 0.12	≤ 0.24
氟化物, μg/(dm³·d)	≤ 3(月平均)	
铅(标准状态)μg/m³	季平均≤ 1.50	

4.2.3 畜禽场空气环境质量应符合附表3的要求。

附表3 畜禽场空气环境质量指标

序号	项 目	单 位	场区	禽 舍 雏	禽 舍 成	猪舍	牛舍
1	氨气	mg/m³	5	10	15	25	20
2	硫化氢	mg/m³	2	2	10	10	8
3	二氧化碳	mg/m³	750	1500		1500	1500
4	可吸入颗粒物(标准状态)	mg/m³	1	4		1	2
5	总悬浮颗粒物(标准状态)	mg/m³	2	4		3	4
6	恶臭	稀释倍数	50	70		70	70

4.3 水质要求

无公害畜禽类产品加工水质应符合附表1的要求。

4.4 防疫要求

4.4.1 按照《中华人民共和国动物防疫法》及GB 16549规定的要求进行。

4.4.2 采用"全进全出"养殖管理模式,生产地应建有隔离区。

4.4.3 实施灭鼠、灭蚊、灭蝇,禁止其他家畜禽进入养殖场内。

4.4.4 发现疫情应立即向当地动物防疫监督机构报告,接受防疫机构的指导,尽快控制、扑灭疫情,病死畜禽按GB 16548规定进行无害化处理。

4.5 消毒要求

4.5.1 养殖场应建立消毒制度,定期开展场内外环境消毒、畜禽体表消毒、饮用水消毒等不同消毒方式。

4.5.2 使用的消毒药应安全、高效、低毒、低残留。

4.5.3 进出车辆和人员应严格消毒。

5 试验方法

5.1 畜禽饮用、加工水质检测

5.1.1 砷的测定按 GB/T 7485 执行。

5.1.2 汞的测定按 GB/T 7468 执行。

5.1.3 铜、铅、镉的测定按 GB/T 7475 执行。

5.1.4 六价铬的测定按 GB/T 7467 执行。

5.1.5 氰化物的测定按 GB/T 7486 执行。

5.1.6 氟化物的测定按 GB/T 7483 执行。

5.1.7 氯化物的测定按 GB/T 11896 执行。

5.1.8 六六六、滴滴涕的测定按 GB/T 7492 执行。

5.1.9 大肠菌群的检测按 GB/T 4789.3 执行。

5.1.10 pH 的测定按 GB/T 6920 执行。

5.2 环境空气质量检测

5.2.1 总悬浮颗粒物的测定按 GB/T 15432 执行。

5.2.2 二氧化硫的测定按 GB/T 15262 执行。

5.2.3 氮氧化物的测定按 GB/T 15436 执行。

5.2.4 氟化物的测定按 GB/T 15433 执行。

5.2.5 铅的测定按 GB/T 15264 执行。

5.3 场区、舍区环境质量检测

5.3.1 氨气的测定按 GB/T 14668 执行。

5.3.2 硫化氢的测定按中国环境监测总站《污染环境统一监测分析方法》(废水部分)执行。

5.3.3 二氧化碳的测定按国家环保总局《水和废水监测分析方法》执行。

5.3.4 可吸入颗粒物的测定场区按 GB 11667 执行,舍内按 GB/T 17095 执行。

5.3.5 恶臭的测定按 GB/T 14675 执行。

6 评价原则

6.1 无公害畜禽类产品生产加工环境质量必须符合 GB/T 18407 的本部分的规定。

6.2 取样方法按相应的国家标准或行业标准执行。

6.3 检验结果的数值修约按 GB/T 8170 执行。

附录二 无公害食品 畜禽饮用水水质

NY 5027 - 2001

1 范 围

本标准规定了生产无公害畜禽产品养殖过程中畜禽饮用水水质要求和配套的检测方法。

本标准适用于生产无公害食品的集约化畜禽养殖场、畜禽养殖区和放牧区的畜禽饮用水水质。

2 规范性引用文件

下列文件中的条款通过本标准的引用而成为本标准的条款。凡是注日期的引用文件,其随后所有的修改单(不包括勘误的内容)或修改版本均不适用于本标准,然而,鼓励根据本标准达成协议的各方研究是否可使用这些文件的最新版本。凡是不注日期的引用文件,其最新版本适用于本标准。

GB/T 5750 生活饮用水标准检验法

GB/T 6920 水质 pH 值的测定 玻璃电极法

GB/T 7467 水质 六价铬的测定 二苯碳酰二肼分光光度法

GB/T 7468 水质 总汞的测定 冷原子分光光度法

GB/T 7475 水质 铜、锌、铅、镉的测定 原子吸收分光光谱法

GB/T 7480 水质 硝酸盐氮的测定 酚二磺酸分光光度法

GB/T 7483 水质 氟化物的测定 茜素磺酸锆目视分光光度法

GB/T 7485 水质 总砷的测定 二乙基二硫代氨基甲酸银分光光度法

GB/T 7486 水质 氰化物的测定 第一部分:总氰化物的

测定

GB/T 7492　水质　六六六和滴滴涕的测定　气相色谱法

GB/T 11896　水质　氯化物的测定　硝酸银滴定法

GB/T 13192　水质　有机磷农药的测定　气相色谱法

GB 14878　食品中百菌清残留量的测定方法

GB/T 17331　食品中有机磷和氨基甲酸酯类农药多种残留的测定

3　术语和定义

下列术语和定义适用于本标准。

3.1　集约化畜禽养殖场　intensive animal production farm

进行集约化经营的养殖场。集约化养殖是指在较小的场地内,投入较多的生产资料和劳动,采用新的工艺与技术措施,进行专业化管理的饲养方式。

3.2　畜禽养殖区　animal production zone

多个畜禽养殖个体集中生产的区域。

3.3　畜禽放牧区　pasturing area

采用放牧的饲养方式,并得到省、部级有关部门认可的牧区。

4　水质要求

4.1　畜禽饮用水水质不应大于附表 4 的规定。

4.2　当水源中含有农药时,其浓度不应大于附录 A 的限量。

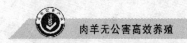

附表4　畜禽饮用水水质标准

项　　目		标准值	
		畜	禽
感官性状及一般化学指标	色,(°)	不超过30°	
	浑浊度,(°)	不超过20°	
	臭和味	不得有异臭、异味	
	肉眼可见物	不得含有	
	总硬度(以 CaCO$_3$ 计),mg/L　≤	1500	
	pH	5.5~9	6.4~8.0
	溶解性总固体,mg/L　≤	4000	2000
	氯化物(以 Cl$^-$ 计),mg/L　≤	1000	250
	硫酸盐(以 SO$_4^{2-}$ 计),mg/L　≤	500	250
细菌学指标	总大肠菌群,个/100mL　≤	成年畜 10,幼畜和禽 1	
毒理学指标	氟化物(以 F$^-$ 计),mg/L　≤	2.0	2.0
	氰化物,mg/L　≤	0.2	0.05
	总砷,mg/L　≤	0.2	0.2
	总汞,mg/L　≤	0.01	0.001
	铅,mg/L　≤	0.1	0.1
	铬(六价),mg/L　≤	0.1	0.05
	镉,mg/L　≤	0.05	0.01
	硝酸盐(以 N 计),mg/L　≤	30	30

5　检验方法

5.1　色:按 GB/T 5750 执行。

5.2　浑浊度:按 GB/T 5750 执行。

5.3　臭和味:按 GB/T 5750 执行。

5.4　肉眼可见物:按 GB/T 5750 执行。

5.5　总硬度(以 CaCO₃ 计)：按 GB/T 5750 执行。

5.6　溶解性总固体：按 GB/T 5750 执行。

5.7　硫酸盐(以 SO₂ 计)：按 GB/T 5750 执行。

5.8　总大肠菌群：按 GB/T 5750 执行。

5.9　pH 值：按 GB/T 6920 执行。

5.10　铬(六价)：按 GB/T 7467 执行。

5.11　总汞：按 GB/T 7468 执行。

5.12　铅：按 GB/T 7475 执行。

5.13　镉：按 GB/T 7475 执行。

5.14　硝酸盐：按 GB/T 7480 执行。

5.15　氟化物(以 F 计)：按 GB/T 7483 执行。

5.16　总砷：按 GB/T 7485 执行。

5.17　氰化物：按 GB/T 7486 执行。

5.18　氯化物(以 Cl 计)：按 GB/T 11896 执行。

附录 A(规范性附录)　畜禽饮用水中农药限量与检验方法

A.1　当畜禽饮用水中含有农药时,农药含量不能超过附表 5 中的规定。

附表 5　畜禽饮用水中农药限量指标　(mg/L)

项　目	限　值	项　目	限　值
马拉硫磷	0.25	林丹	0.004
内吸磷	0.03	百菌清	0.01
甲基对硫磷	0.02	甲萘威	0.05
对硫磷	0.003	2,4-D	0.1
乐果	0.08		

A.2　畜禽饮用水中农药限量检验方法如下：

A.2.1　马拉硫磷按 GB/T 13192 执行。

A.2.2 内吸磷参照《农药污染物残留分析方法汇编》中的方法执行。

A.2.3 甲基对硫磷按 GB/T 13192 执行。

A.2.4 对硫磷按 GB/T 13192 执行。

A.2.5 乐果按 GB/T 13192 执行。

A.2.6 林丹按 GB/T 7492 执行。

A.2.7 百菌清参照 GB 14878 执行。

A.2.8 甲萘威(西维因)参照 GB/T 17331 执行。

A.2.9 2,4-D 参照《农药分析》中的方法执行。

附录三　无公害食品　肉羊饲养饲料使用准则

NY 5150－2002

1　范　围

本标准规定了生产无公害肉羊所需的配合饲料、浓缩饲料、精料补充料、添加剂预混合饲料、饲料原料、饲料添加剂加工过程的要求以及检验方法、检验规则、判定规则、标签、包装、贮存、运输的规范。

本标准适用于生产无公害肉羊所需的商品配合饲料、浓缩饲料、精料补充料、添加剂预混合饲料和生产无公害肉羊的养殖场自配饲料。

出口饲料产品的质量,应按双方签定的合同进行。

2　规范性引用文件

下列文件中的条款通过本标准的引用而成为本标准的条款。凡是注日期的引用文件,其随后所有的修改单(不包括勘误的内容)或修订版均不适用于本标准。然而,鼓励根据本标准达成协议的各方研究是否可使用这些文件的最新版本。凡是不注日期的引用文件,其最新版本适用于本标准。

GB 4285　农药安全使用标准

GB/T 6432　饲料中粗蛋白质测定方法

GB/T 6435　饲料水分的测定方法

GB/T 6436　饲料中钙的测定方法

GB/T 6437　饲料中总磷的测定方法　光度法

GB/T 10647　饲料工业通用术语

GB 10648　饲料标签

GB 13078　饲料卫生标准

GB/T 13079　饲料中总砷的测定

GB/T 13080　饲料中铅的测定方法

GB/T 13081　饲料中汞的测定方法

GB/T 13082　饲料中镉的测定方法

GB/T 13083　饲料中氟的测定方法

GB/T 13084　饲料中氰化物的测定方法

GB/T 13090　饲料中六六六、滴滴涕的测定

GB/T 13091　饲料中沙门氏菌的检验方法

GB/T 13092　饲料中霉菌的检验方法

GB/T 14699　饲料采样方法

GB/T 16764　配合饲料企业卫生规范

GB/T 17480　饲料中黄曲霉毒素 B_1 的测定　酶联免疫吸附法

NY/T 5151　无公害食品　肉羊饲养管理准则

NY 5148　无公害食品　肉羊饲养兽药使用准则

NY 5149　无公害食品　肉羊饲养兽医防疫准则

饲料和饲料添加剂管理条例

饲料药物添加剂使用规范(中华人民共和国农业部公告第168号)

禁止在饲料和动物饮水中使用的药物品种目录(农业部公告第176号)

农业转基因生物安全管理条例

3　术语和定义

GB/T 10647《饲料工业通用术语》中确立的以及下列术语和定义适用于本标准。

3.1　饲料 feeds

经工业化加工、制作的供动物食用的饲料,包括单一饲料、添加剂预混合饲料、浓缩饲料、配合饲料和精料补充料。

3.2　饲料原料(单一饲料)feedstuff, single feed

以一种动物、植物、微生物或矿物质为来源的饲料。

3.3 能量饲料 energy feed

干物质中粗纤维含量低于18%,粗蛋白质含量低于20%的饲料。

3.4 粗饲料 roughage feed

天然水分含量在60%以下,干物质中粗纤维含量等于或高于18%的饲料。

3.5 饲料添加剂 feed additive

指在饲料加工、制作、使用过程中添加的少量或者微量物质,包括营养性饲料添加剂和一般饲料添加剂。

3.6 营养性饲料添加剂 nutritive feed additive

指用于补充饲料营养成分的少量或者微量物质,包括饲料级氨基酸、维生素、矿物质微量元素、酶制剂、非蛋白氮等。

3.7 一般饲料添加剂 general feed additive

为保证或者改善饲料品质、提高饲料利用率而掺入饲料中的少量或者微量物质。

3.8 添加剂预混合饲料 additive premix

由一种或多种饲料添加剂与载体或稀释剂按一定比例配制的均匀混合物。

3.9 浓缩饲料 concentrate

由蛋白质饲料、矿物质饲料和添加剂预混料按一定比例配制的均匀混合物。

3.10 配合饲料 formula feed

根据饲养动物营养需要,将多种饲料原料按饲料配方经工业生产的饲料。

3.11 精料补充料 concentrate supplement

为补充以粗饲料、青饲料、青贮饲料为基础的草食饲养动物的营养,而用多种饲料原料按一定比例配制的饲料。

4 要 求

4.1 饲料原料

4.1.1 感官指标：具有该品种应有的色、嗅、味和形态特征，无发霉、变质、结块及异嗅、异味。

4.1.2 青绿饲料、干粗饲料不应发霉、变质。

4.1.3 有毒有害物质及微生物允许量应符合 GB 13078 的规定。

4.1.4 不应在肉羊饲料中使用除蛋、乳制品外的动物源性饲料。

4.1.5 不应在肉羊饲料中使用各种抗生素滤渣。

4.2 饲料添加剂

4.2.1 感官指标：具有该品种应有的色、嗅、味和形态特征，无结块、发霉、变质。

4.2.2 饲料中使用的饲料添加剂应是农业部允许使用的饲料添加剂品种目录中所规定的品种和取得批准文号的新饲料添加剂品种。

4.2.3 饲料中使用的饲料添加剂产品应是取得饲料添加剂产品生产许可证企业生产的、具有产品批准文号的产品。

4.2.4 有毒有害物质应符合 GB 13078 的规定。

4.3 配合饲料、浓缩饲料、精料补充料和添加剂预混合饲料

4.3.1 感官指标应色泽一致，无霉变、结块及异嗅、异味。

4.3.2 有毒有害物质及微生物允许量应符合 GB 13078 的规定。

4.3.3 肉羊配合饲料、浓缩饲料、精料补充料和添加剂预混合饲料中的药物饲料添加剂使用应遵守《饲料药物添加剂使用规范》。

4.3.4 肉羊饲料中不得添加《禁止在饲料和动物饮水中使用的药物品种目录》中规定的违禁药物。

4.4 饲料加工过程

4.4.1 饲料企业的工厂设计与设施卫生、工厂卫生管理和生产过程的卫生应符合 GB/T 16764 的要求。

4.4.2 配 料

4.4.2.1 定期对计量设备进行检验和正常维护,以确保其精确性和稳定性。

4.4.2.2 微量组分应进行预稀释,并且应在专门的配料室内进行。

4.4.2.3 配料室应有专人管理,保持卫生整洁。

4.4.3 混 合

4.4.3.1 按设备性能规定的时间进行混合。

4.4.3.2 混合工序投料应按先大量、后小量的原则进行。投入的微量组分应将其稀释到配料称最大称量的 5% 以上。

4.4.4 留 样

4.4.4.1 新接收的饲料原料和各个批次生产的饲料产品均应保留样品。样品密封后留置专用样品室或样品柜内保存。样品室和样品柜应保持阴凉、干燥。采样方法按 GB/T 14699 执行。

4.4.4.2 留样应设标签,注明饲料品种、生产日期、批次、生产负责人和采样人等事项,并建立档案由专人负责保管。

4.4.4.3 样品应保留到该批产品保质期满后 3 个月。

4.5 饲料的饲喂与使用

4.5.1 肉羊饲料的饲喂与使用应遵照 NY/T 5151。

4.5.2 肉羊兽药的使用应遵照 NY 5148。

4.5.3 肉羊的疫病治疗与防疫应遵照 NY 5149。

5 检验方法

5.1 粗蛋白质:按 GB/T 6432 执行。

5.2 水分:按 GB/T 6435 执行。

5.3 钙:按 GB/T 6436 执行。

5.4 总磷：按 GB/T 6437 执行。

5.5 总砷：按 GB/T 13079 执行。

5.6 铅：按 GB/T 13080 执行。

5.7 汞：按 GB/T 13081 执行。

5.8 镉：按 GB/T 13082 执行。

5.9 氟：按 GB/T 13083 执行。

5.10 氰化物：按 GB/T13084 执行。

5.11 六六六、滴滴涕：按 GB/T 13090 执行。

5.12 沙门氏菌：按 GB/T 13091 执行。

5.13 霉菌：按 GB/T 13092 执行。

5.14 黄曲霉毒素 B_1：按 GB/T 17480 执行。

6 检验规则

6.1 感官指标、水分、粗蛋白质、钙和总磷含量为出厂检验项目，其余为型式检验项目。

6.2 在保证产品质量的前提下，生产厂可根据工艺、设备、配方、原料等的变化情况，自行确定出厂检验的批量。

6.3 试验测定值的双试验相对偏差按相应标准规定执行。

6.4 检测与仲裁判定各项指标合格与否时，应考虑允许误差。

6.5 判定规则：卫生指标、药物和违禁药物等为判定指标。如检验中有一项指标不符合标准，应重新取样进行复检，复检结果中有一项不合格即判定为不合格。

7 标签、包装、贮存和运输

7.1 标 签

商品饲料应在包装物上附有饲料标签，标签应符合 GB 10648 中的有关规定。

7.2 包 装

7.2.1 饲料包装应完整，无污染和异味。

7.2.2 包装材料应符合 GB/T 16764 的要求。

7.2.3 包装印刷油墨无毒,不应向内容物渗漏。

7.2.4 包装物不应重复使用。但是,生产方和使用方另有约定的除外。

7.3 贮 存

7.3.1 饲料的贮存应符合 GB/T 16764 的要求。

7.3.2 不合格和变质饲料应做无害化处理,不应存放在饲料贮存场所内。

7.3.3 饲料贮存场地不应使用化学灭鼠药和杀鸟剂。

7.4 运 输

7.4.1 运输工具应符合 GB/T 16764 的要求。

7.4.2 运输作业应防止污染,保持包装的完整。

7.4.3 不应使用运输畜禽等动物的车辆运输饲料产品。

7.4.4 饲料运输工具和装卸场地应定期清洗和消毒。

8 其他有关使用饲料和饲料添加剂的原则和规定

8.1 严格执行《农业转基因生物安全管理条例》有关规定。

8.2 严格执行《饲料和饲料添加剂管理条例》有关规定。

8.3 栽培饲料作物的农药使用按 GB 4285 规定执行。

规范性附录 饲料、饲料添加剂卫生指标

附表6 饲料及饲料添加剂的卫生指标

序号	安全卫生指标项目	产品名称	指　标	试验方法	备注
1	砷(以总砷计)的允许量(毫克/千克)	石粉	≤2.0	GB/T 13079	不包括国家主管部门批准使用的有机砷制剂中的砷的含量
		硫酸亚铁、硫酸镁	≤2.0		
		磷酸盐	≤20.0		
		沸石粉、膨润土、麦饭石	≤10.0		
		硫酸铜、硫酸锰、硫酸锌、碘化钾、碘酸钙、氯化钴	≤5.0		
		氧化锌	≤10.0		
		精料补充料	≤10.0		
2	铅(以Pb计)的允许量(毫克/千克)	磷酸盐	≤30.0	GB/T 13080	
		石粉	≤10.0		
3	氟(以F计)的允许量(毫克/千克)	石粉	≤2 000	GB/T 13083	
		磷酸盐	≤1 800	HG 2636	
4	汞(以Hg计)的允许量(毫克/千克)	石粉	≤0.1	GB/T 13081	
5	镉(以Cd计)的允许量(毫克/千克)	米糠	≤1.0	GB/T 13082	
		石粉	≤0.75		
6	氰化物(以HCN计)的允许量(毫克/千克)	木薯干	≤100	GB/T 13084	
		胡麻饼、粕	≤350		
7	六六六的允许量(毫克/千克)	米糠 小麦麸 大豆饼、粕	≤0.05	GB/T 13090	
8	滴滴涕的允许量(毫克/千克)	米糠 小麦麸 大豆饼、粕	≤0.02	GB/T 13090	
9	沙门氏菌	饲料	不得检出	GB/T 13091	

续附表 6

序号	安全卫生指标项目	产品名称	指　标	试验方法	备　注
10	霉菌的允限量/克(霉菌总数×10³ 个)	玉米	<40.0	GB/T 13092	限量饲用: 40~100 禁用:>100
		小麦麸、米糠			限量饲用: 40~80 禁用:>80
		豆饼(粕)、棉籽饼(粕)、菜籽饼(粕)	<50.0		限量饲用: 50~100 禁用:>100
11	黄曲霉毒素 B_1(微克/千克)	玉米、花生饼(粕)、棉籽饼(粕)、菜籽饼(粕)	≤50.0	GB/T 17480 或 GB/T 8381	
		豆粕	≤30.0		

注:①摘自 GB/T 13078 - 2001《饲料卫生标准》
　　②所列允许量均为以干物质含量为 88%的饲料为基础计算

附录四 无公害食品 肉羊饲养管理准则

NY/T 5151 - 2002

1 范围

本标准规定了无公害肉羊生产中环境、引种和购羊、饲养、防疫、废弃物处理等涉及到肉羊饲养管理的各环节应遵循的准则。

本标准适用于生产无公害羊肉的种羊场、人工授精站、胚胎移植中心、商品羊场、隔离场的饲养和管理。

2 规范性引用文件

下列文件中条款通过本标准的引用而成为本标准的条款。凡是注日期的引用文件,其随后所有的修改单(不包括勘误的内容)或修订版均不适用于本标准,然而,鼓励根据本标准达成协议的各方研究是否可使用这些文件的最新版本。凡是不注日期的引用文件,其最新版本适用于本标准。

GB 16548 畜禽病害肉尸及其产品无害化处理规范

GB 16549 畜禽产地检疫规范

GB 16567 种畜禽调运检疫技术规范

GB/T 18407 农产品安全质量 无公害畜禽产地环境要求

GB 18596 畜禽养殖业污染物排放标准

NY/T 388 畜禽场环境质量标准

NY 5027 无公害食品 畜禽饮用水水质

NY 5148 无公害食品 肉羊饲养兽药使用准则

NY 5149 无公害食品 肉羊饲养兽医防疫准则

NY 5150 无公害食品 肉羊饲养饲料使用准则

种畜禽管理条例

饲料和饲料添加剂管理条例

3 术语和定义

下列术语和定义适用于本标准。

3.1 肉羊 meat purpose sheep and goat

在经济或体型结构上用于生产羊肉的品种(系)。

3.2 投入品 input

饲养过程投入的饲料、饲料添加剂、水、疫苗、兽药等物品。

3.3 净道 non – pollution road

羊群周转、饲养员行走、场内运送饲料的专用道路。

3.4 污道 pollution road

粪便等废弃物出场的道路。

3.5 羊场废弃物 farm waste

主要包括羊粪、尿、尸体及相关组织、垫料、过期兽药、残余疫苗、一次性使用的畜牧兽医器械及包装物和污水。

4 羊场环境与工艺

4.1 羊场环境应符合 GB/T 18407 的规定。

4.2 场址用地应符合当地土地利用规划的要求,充分考虑羊场的放牧和饲草、饲料条件,羊场应建在地势干燥、排水良好、通风、易于组织防疫的地方。

4.3 羊场周围 3 千米以内无大型化工厂、采矿场、皮革厂、肉品加工厂、屠宰场或畜牧场等污染源。羊场距离干线公路、铁路、城镇、居民区和公共场所 1 千米以上,远离高压电线。羊场周围有围墙或防疫沟,并建立绿化隔离带。

4.4 羊场生产区要布置在管理区主风向的下风或侧风向,羊舍应布置在生产区的上风向,隔离羊舍、污水、粪便处理设施和病、死羊处理区设在生产区主风向的下风或侧风向。

4.5 场区内净道和污道分开,互不交叉。

4.6 按性别、年龄、生长阶段设计羊舍,实行分阶段饲养、集中肥育的饲养工艺。

4.7 羊舍设计应能保温隔热,地面和墙壁应便于消毒。

4.8 羊舍设计应通风、采光良好,空气中有毒有害气体含量应符合 NY/T 388 的规定。

4.9 饲养区内不应饲养其他经济用途动物。

4.10 羊场应设有废弃物处理设施。

5 羊只引进和购入

5.1 引进种羊要严格执行《种畜禽管理条例》第 7、8、9 条,并按照 GB 16567 进行检疫。

5.2 购入羊要在隔离场(区)观察不少于 15 天,经兽医检查确定为健康合格后,方可转入生产群。

6 饲养

6.1 饲料和饲料添加剂

6.1.1 饲料和饲料原料应符合 NY 5150 的规定。

6.1.2 不应在羊体内埋植或者在饲料中添加镇静剂、激素类等违禁药物。

6.1.3 商品羊使用含有抗生素的添加剂时,应按照《饲料和饲料添加剂管理条例》执行休药期。

6.1.4 放牧羊群实行轮牧、休牧制度。

6.2 饮水

6.2.1 水质应符合 NY 5027 的规定。

6.2.2 定期清洗消毒饮水设备。

6.3 疫苗和使用

6.3.1 羊群的防疫应符合 NY 5149 的规定。

6.3.2 防疫器械在防疫前后应彻底消毒。

6.4 兽药和使用

6.4.1 治疗使用药剂时,应符合 NY 5148 的规定。

6.4.2 肉羊育肥后期使用药物治疗时,应根据所用药物执行休药期。达不到休药期的,不应作为无公害肉羊上市。

6.4.3 发生疾病的种羊在使用药物治疗时,在治疗期或达不到休药期的不应作为食用淘汰羊出售。

7 卫生消毒

7.1 消毒剂

选用的消毒剂应符合 NY 5148 的规定。

7.2 消毒方法

7.2.1 喷雾消毒 用规定浓度的次氯酸盐、有机碘混合物、过氧乙酸、新洁尔灭、煤酚等,进行羊舍消毒、带羊环境消毒、羊场道路和周围以及进入场区的车辆消毒。

7.2.2 浸液消毒 用规定浓度的新洁尔灭、有机碘混合物或煤酚的水溶液,洗手、洗工作服或胶靴进行消毒。

7.2.3 紫外线消毒 人员入口处设紫外线灯照射至少 5 分钟。

7.2.4 喷洒消毒 在羊舍周围、入口、产房和羊床下面撒生石灰或火碱液进行消毒。

7.2.5 火焰消毒 用喷灯对羊只经常出入的地方、产房、培育舍,每年进行 1~2 次火焰瞬间喷射消毒。

7.2.6 熏蒸消毒 用甲醛等对饲喂用具和器械在密闭的室内或容器内进行熏蒸。

7.3 消毒制度

7.3.1 环境消毒 羊舍周围环境定期用 2% 火碱或撒生石灰消毒。羊场周围及场内污染池、排粪坑、下水道出口,每月用漂白粉消毒 1 次。在羊场、羊舍入口设消毒池并定期更换消毒液。

7.3.2 人员消毒 工作人员进入生产区净道和羊舍,要更换工作服、工作鞋,并经紫外线照射 5 分钟进行消毒。外来人员必须进入生产区时,应更换场区工作服、工作鞋,经紫外线照射 5 分钟进行消毒,并遵守场内防疫制度,按指定路线行走。

7.3.3 羊舍消毒 每批羊只出栏后,要彻底清扫羊舍,采用喷雾、火焰、熏蒸消毒。

7.3.4 用具消毒 定期对分娩栏、补料槽、饲料车、料桶等饲养用具进行消毒。

7.3.5 带羊消毒 定期进行带羊消毒,减少环境中的病原微生物。

8 管 理

8.1 日常管理

8.1.1 羊场工作人员应定期进行健康检查,有传染病者不应从事饲养工作。

8.1.2 场内兽医人员不应对外诊疗羊及其他动物的疾病,羊场配种人员不应对外开展羊的配种工作。

8.1.3 防止周围其他动物进入场区。

8.2 羊只管理

8.2.1 选择高效、安全的抗寄生虫药,定期对羊只进行驱虫、药浴,控制程序符合 NY 5148 的要求。

8.2.2 应对成年种公羊、母羊定期浴蹄和修蹄。

8.2.3 应经常观察羊群健康状态,发现异常及时处理。

8.3 饲喂管理

8.3.1 不喂发霉和变质的饲料、饲草。

8.3.2 育肥羊按照饲养工艺转群时,按性别、体重大小分群,分别进行饲养。群体大小、饲养密度要适宜。

8.3.3 每天打扫羊舍卫生,保持料槽、水槽用具干净,地面清洁。使用垫草时,应定期更换,保持卫生清洁。

8.4 灭鼠、灭蚊蝇

8.4.1 应定期定点投放灭鼠药,及时收集死鼠和残余鼠药,并应做深埋处理。

8.4.2 消除水坑等蚊蝇孳生地,定期喷洒消毒药物。

9 运 输

9.1 商品羊运输前,应经动物防疫监督机构根据 GB 16549

及国家有关规定进行检疫,并出具检疫证明,合格者方可上市或屠宰。

9.2 运输车辆在运输前和使用后应用消毒液彻底消毒。

9.3 运输途中,不应在城镇和集市停留、饮水和饲喂。

10 病、死羊处理

10.1 对可疑病羊应隔离观察、确诊。有使用价值的病羊应隔离饲养、治疗,彻底治愈后,才能归群。

10.2 因传染病和其他需要处死的病羊,应在指定地点进行扑杀,尸体应按 GB 16548 的规定进行处理。

10.3 羊场不应出售病羊、死羊。

11 废弃物处理

11.1 羊场污染物排放应符合 GB 18596 的规定。

11.2 羊场废弃物应实行无害化、资源化处理原则。

12 资料记录

12.1 所有记录应准确、可靠、完整。

12.2 引进、购入、配种、产羔、哺乳、断奶、转群、增重、饲料消耗记录。

12.3 羊群来源、种羊系谱档案和主要生产性能记录。

12.4 饲料、饲草来源、配方及各种添加剂使用记录。

12.5 疫病防治记录。

12.6 出场销售记录。

12.7 上述有关资料应长期保存,最少保留 3 年。

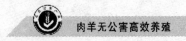

附录五　无公害食品　肉羊饲养兽药使用准则

NY 5148-2002

1　范　围

本标准规定了在生产无公害食品的肉羊饲养过程中允许使用的兽药种类及其使用准则。本标准适用于无公害食品的肉羊饲养过程的生产、管理和认证。

2　规范性引用文件

下列文件中的条款通过本标准的引用而成为本标准的条款。凡是注日期的引用文件，其随后所有的修改单（不包括勘误的内容）或修订版均不适用于本标准，然而，鼓励根据本标准达成协议的各方研究是否可使用这些文件的最新版本。凡是不注日期的引用文件，其最新版本适用于本标准。

NY/T 388　畜禽场环境质量标准

NY 5149　无公害食品　肉羊饲养兽医防疫准则

NY 5150　无公害食品　肉羊饲养饲料使用准则

NY 5151　无公害食品　肉羊饲养管理准则

中华人民共和国动物防疫法

兽药管理条例

中华人民共和国兽药典（2000 年版）

中华人民共和国兽药规范（1992）

中华人民共和国兽用生物制品质量标准

进口兽药质量标准（中华人民共和国农业部农牧发［1999］2号）

兽药质量标准（中华人民共和国农业部农牧发［1999］16 号）

食品动物禁用的兽药及其他化合物清单(中华人民共和国农业部第 193 号公告)

3 术语和定义

下列术语和定义适用于本标准。

3.1 兽药 veterinary drug

用于预防、治疗和诊断畜禽等动物疾病,有目的地调节其生理机能并规定作用、用途、用法、用量的物质(含饲料药物添加剂)。包括:①血清、菌(疫)苗、诊断液等生物制品;②兽用中药材、中成药、化学原料药物及其制剂;③抗生素、生化药品、放射性药品。

3.1.1 抗菌药 antibacterial drug

能够抑制或杀灭病原菌的兽药,其中包括中药材、中成药、化学药品、抗生素及其制剂。

3.1.2 抗寄生虫药 antiparasitic drug

能够杀灭或驱除体内、体外寄生虫的药物,其中包括中药材、中成药、化学药品、抗生素及其制剂。

3.1.3 疫苗 vaccine

由特定细菌、病毒等微生物以及寄生虫制成的主动免疫制品。

3.1.4 消毒防腐药 disinfectant and preservative

用于杀灭环境中的病原微生物、防止疾病发生和传染的药物。

3.2 休药期 withdrawal period

食品动物从停止给药到许可屠宰或它们的产品(乳、蛋)许可上市的间隔时间。

4 使用准则

4.1 饲养环境应符合 NY/T 388 的规定。

4.2 使用饲料应符合 NY/T 5150 的规定。

4.3 饲养管理应符合 NY/T 5151,加强饲养管理,采取各种措施以减少应激,增强动物自身的免疫力。

4.4 应严格按《中华人民共和国动物防疫法》和 NY 5149 的

规定,进行动物免疫,预防疾病。

4.5 必要时进行预防、治疗和诊断疾病所用的兽药必须符合《中华人民共和国兽药典》、《中华人民共和国兽药规范》、《兽药质量标准》和《进口兽药质量标准》的相关规定。

4.6 优先使用符合《中华人民共和国兽用生物制品质量标准》、《进口兽药质量标准》的疫苗预防肉羊疾病。

4.7 允许使用消毒预防剂对饲养环境厩舍和器具进行消毒,并应符合 NY 5151 的规定。

4.8 允许使用《中华人民共和国兽药典》(二部)及《中华人民共和国兽药规范》(二部)收载的用于羊的兽用中药材、中成药方制剂。

4.9 允许使用国家畜牧兽医行政管理部门批准的微生态制剂。

4.10 允许使用规范性附录中的抗菌药和抗寄生虫药,并应注意以下几点:

a.严格遵守规定的作用与用途、用法与用量及其他注意事项。

b.严格遵守规范性附录中规定休药期。

4.11 所用兽药必须来自具有《兽药生产许可证》和产品批准文号的生产企业,或者具有《进口兽药许可证》的供应商。所用兽药的标签必须符合《兽药管理条例》的规定。

4.12 建立并保存免疫程序记录;建立并保存全部用药的记录,治疗用药记录包括肉羊编号、发病时间及症状、药物名称(商品名、有效成分、生产单位)、给药途径、给药剂量、疗程、治疗时间等;预防或促生长混饲用药记录包括药品名称(商品名、有效成分、生产单位及批号)、给药剂量、疗程等。

4.13 禁止使用未经国家畜牧兽医行政管理部门批准的兽药和已经淘汰的兽药。

4.14 禁止使用《食品动物禁用的兽药及其他化合物清单》中的药物。

规范性规定附录 无公害食品肉羊饲养允许使用的
抗寄生虫药、抗菌药及使用规定

附表7 无公害食品肉羊饲养允许使用的抗寄生
虫药、抗菌药及使用规定

类别	名 称	制 剂	用法与用量(用量以有效成分计)	休药期(天)
抗寄生虫药	阿苯达唑 albendazole	片剂	内服,一次量,10~15mg/kg体重	7
	双甲脒 amltraz	溶液	药浴、喷洒、涂刷,配成0.025%~0.05%的乳液	21
	溴酚磷 bromphenophos	片剂、粉剂	内服,一次量,12~16mg/kg体重	21
	氯氰碘柳胺钠 closantel sodium	片剂	内服,一次量,10mg/kg体重	28
		注射液	皮下注射,一次量,5mg/kg体重	28
		混悬液	内服,一次量,10mg/kg体重	28
	溴氰菊酯 deltamethrin	溶液剂	药浴,5~15mg/L水	7
	三氮脒 diminzene aceturate	注射用粉针	肌内注射,一次量,3~5mg/kg体重,临用前配成5%~7%溶液	28
	二嗪农 dimpylate	溶液	药浴,初液,250mg/L水;补充液,750mg/L水(均按二嗪农计)	28
	非班太尔 febantel	片剂、颗粒剂	内服,一次量,5mg/kg体重	14
	芬苯达唑 fenbendazole	片剂、粉剂	内服,一次量,5~7.5mg/kg体重	6
	伊维菌素 ivermectin	注射液	皮下注射,一次量,0.2mg(相当于200单位)/kg体重	21
	盐酸左旋咪唑 levamisole hydrochloride	片剂	内服,一次量,7.5mg/kg体重	3
		注射液	皮下、肌内注射,7.5mg/kg体重	28

肉羊无公害高效养殖

续附表 7

类别	名 称	制 剂	用法与用量(用量以有效成分计)	休药期(天)
抗寄生虫药	硝碘酚腈 nitroxynilum	注射液	皮下注射,1 次量,10mg/kg 体重,急性感染,13mg/kg 体重	30
	吡喹酮 praziquantel	片剂	内服,1 次量,10~35mg/kg 体重	1
	碘醚柳胺 rafoxanide	混悬液	内服,1 次量,7~12mg/kg 体重	60
	噻苯咪唑 thiabendazole	粉剂	内服,1 次量,50~100mg/kg 体重	30
	三氯苯唑 tricalbendazole	混悬液	内服,1 次量,5~10mg/kg 体重	28
抗菌药	氨苄西林钠 ampicillin sodium	注射用粉针	肌内、静脉注射,1 次量,10~20mg/kg 体重	12
	苄星青霉素 benzathine benzylpenicillin	注射用粉针	肌内注射,1 次量,3 万~4 万单位/kg 体重	14
	青霉素钾 benzylpenicillin potassium	注射用粉针	肌内注射,1 次量,2 万~3 万单位/kg 体重,1 日 2~3 次,连用 2~3 天	9
	青霉素钠 benzylpenicillin sodium	注射用粉针	肌内注射,1 次量,2 万~3 万单位/kg 体重,1 日 2~3 次,连用 2~3 天	9
	硫酸小檗碱 berberrine sulfatis	粉剂	内服,1 次量,0.5~1g	0
		注射液	肌内注射,1 次量,0.05~0.1g	0
	恩诺沙星 enrofloxacin	注射液	肌内注射,1 次量,2.5mg/kg 体重,1 日 1~2 次,连用 2~3 天	14
	土霉素 oxytetracycline	片剂	内服,1 次量,羔,10~15mg/kg 体重(成年反刍兽不宜内服)	5
	普鲁卡因青霉素 procaine benzylpenicillin	注射用粉针	肌内注射,1 次量,2 万~3 万单位/kg 体重,1 日 1 次,连用 2~3 天	9
		混悬液	肌内注射,1 次量,2 万~3 万单位/kg 体重,1 日 1 次,连用 2~3 天	9
	硫酸链霉素 streptomycin sulfate	注射用粉针	肌内注射,1 次量,10~15mg/kg 体重,1 日 2 次,连用 2~3 天	14

· 340 ·

附录六 无公害食品 肉羊饲养兽医防疫准则

NY 5149-2002

1 范 围

本标准规定了生产无公害食品的肉羊饲养场在疫病的预防、监测、控制和扑灭方面的兽医防疫准则。

本标准适用于生产无公害食品的肉羊饲养场的兽医防疫。

2 规范性引用文件

下列文件中的条款通过本标准的引用而成为本标准的条款。凡是注日期的引用文件,其随后所有的修改单(不包括勘误的内容)或修订版均不适用于本标准,然而,鼓励根据本标准达成协议的各方研究是否可使用这些文件的最新版本。凡是不注日期的引用文件,其最新版本适用于本标准。

GB 16548 畜禽病害肉尸及其产品无害化处理规程

GB 16549 畜禽产地检疫规范

NY/T 388 畜禽场环境质量标准

NY 5027 无公害食品 畜禽饮用水水质

NY 5143 无公害食品 肉羊饲养兽药使用准则

NY 5150 无公害食品 肉羊饲养饲料使用准则

NY/T 5151 无公害食品 肉羊饲养管理准则

中华人民共和国动物防疫法

3 术语和定义

下列术语和定义适用于本标准。

3.1 动物疫病 animal epidemic disease

动物的传染病和寄生虫病。

3.2 病原体 pathogen

能引起疫病的生物体,包括寄生虫和致病微生物。

3.3 动物防疫 animal epidemic prevention

动物疫病的预防、控制、扑灭和动物、动物产品的检疫。

4 疫病预防

4.1 环境卫生条件

4.1.1 肉羊饲养场的环境卫生质量应符合 NY/T 388 的要求,污水、污物处理应符合国家环保要求,防止污染环境。

4.1.2 肉羊饲养场的选址、建筑布局和设施设备应符合 NY/T 5151 的要求。

4.2 饲养管理

4.2.1 饲养管理按 NY/T 5151 的要求执行。

4.2.2 饲料使用按 NY 5150 的要求执行,禁止饲喂动物源性肉骨粉。

4.2.3 具有清洁、无污染的水源,水质应符合 NY 5027 规定的要求。

4.2.4 兽药使用按 NY 5148 的要求执行。

4.2.5 非生产人员不应进入生产区。特殊情况下,经消毒、更换防护服后方可入场,并遵守场内的一切防疫制度。

4.3 日常消毒

定期对羊舍、器具及其周围环境进行消毒,消毒方法和消毒药物的使用等按 NY/T 5151 的规定执行。

4.4 引进羊只

4.4.1 坚持自繁自养的原则,不从有痒病或牛海绵状脑病及高风险的国家和地区引进羊只、胚胎/卵。

4.4.2 必须引进羊只时,应从非疫区引进,并有动物检疫合格证明。

4.4.3 羊只在装运及运输过程中没有接触过其他偶蹄动物,运输车辆应做过彻底清洗消毒。

4.4.4 羊只引入后至少隔离饲养 30 天,在此期间进行观察、检疫,确认为健康者方可合群饲养。

4.5 免疫接种

当地畜牧兽医行政管理部门应根据《中华人民共和国动物防疫法》及其配套法规的要求,结合当地实际情况,制定疫病的免疫规划。肉羊饲养场根据免疫规划制定本场的免疫程序,并认真实施,注意选择适宜的疫苗和免疫方法。

5 疫病控制和扑灭

肉羊饲养场发生以下疫病时,应依据《中华人民共和国动物防疫法》及时采取以下措施:

5.1 立即封锁现场,驻场兽医应及时进行诊断,并尽快向当地动物防疫监督机构报告疫情。

5.2 确诊发生口蹄疫、小反刍兽疫时,肉羊饲养场应配合当地动物防疫监督机构,对羊群实施严格的隔离、扑杀措施。

5.3 发生痒病时,除了对羊群实施严格的隔离、扑杀措施外,还需追踪调查病羊的亲代和子代。

5.4 发生蓝舌病时,应扑杀病羊;如只是血清学反应呈现抗体阳性,并不表现临床症状时,需采取清群和净化措施。

5.5 发生炭疽时,应焚毁病羊,并对可能的污染点彻底消毒。

5.6 发生羊痘、布鲁氏菌病、梅迪—维斯纳病、山羊关节炎—脑炎等疫病时,应对羊群实施清群和净化措施。

5.7 全场进行彻底的清洗消毒,病死或淘汰羊的尸体按 GB 16548 进行无害化处理。

6 产地检疫

产地检疫按 GB 16549 和国家有关规定执行。

7 疫病监测

7.1 当地畜牧兽医行政管理部门应依照《中华人民共和国动物防疫法》及其配套法规的要求,结合当地实际情况,制定疫病监测方案。由当地动物防疫监督机构实施,肉羊饲养场应积极予以配合。

7.2 肉羊饲养场常规监测的疾病至少应包括:口蹄疫、羊痘、蓝舌病、炭疽、布鲁氏菌病。同时需注意监测外来病的传入,如痒病、小反刍兽疫、梅迪—维斯纳病、山羊关节炎—脑炎等。除上述疫病外,还应根据当地实际情况,选择其他一些必要的疫病进行监测。

7.3 根据实际情况由当地动物防疫监督机构定期或不定期对肉羊饲养场进行必要的疫病监督抽查,并将抽查结果报告当地畜牧兽医行政管理部门,必要时还应反馈给肉羊饲养场。

8 记 录

每群肉羊都应有相关的生产记录,其内容包括:羊只来源,饲料消耗情况,发病率、死亡率及发病死亡原因,无害化处理情况,实验室检查及其结果,用药及免疫接种情况,消毒情况,羊只发运目的地等。所有记录应妥善保存。

附录七　无公害食品　羊肉

NY 5147-2002

1　范　围

本标准规定了无公害羊肉的技术要求、检验方法和标志、包装、贮存和运输。

本标准适用于来自非疫区的无公害活羊,屠宰加工后经兽医卫生检疫检验合格的羊肉。

2　规范性引用文件

下列文件中的条款通过本标准的引用而成为本标准的条款。凡是注日期的引用文件,其随后所有的修改单(不包括勘误的内容)或修订版均不适用于本标准,然而,鼓励根据本标准达成协议的各方研究是否可使用这些文件的最新版本。凡是不注日期的引用文件,其最新版本适用于本标准。

GB 191　　包装储运图示标志

GB 4789.2　食品卫生微生物学检验　菌落总数测定

GB 4789.3　食品卫生微生物学检验　大肠菌群测定

GB 4789.4　食品卫生微生物学检验　沙门氏菌检验

GB 4789.5　食品卫生微生物学检验　志贺氏菌检验

GB 4789.10　食品卫生微生物学检验　金黄色葡萄球菌检验

GB 4789.11　食品卫生微生物学检验　溶血性链球菌检验

GB/T 5009.11　食品中总砷的测定方法

GB/T 5009.12　食品中铅的测定方法

GB/T 5009.15　食品中镉的测定方法

GB/T 5009.17　食品中总汞的测定方法

GB/T 5009.19　食品中六六六、滴滴涕残留量的测定方法

GB/T 5009.44　肉与肉制品卫生标准的分析方法

GB/T 6388　运输包装收发货标志

GB 7718　食品标签通用标准

GB 9687　食品包装用聚乙烯成型品卫生标准

GB 9961　鲜、冻胴体羊肉

GB 11680　食品包装用原纸卫生标准

GB/T 14931.1　畜禽肉中土霉素、四环素、金霉素残留量测定方法(高效液相色谱法)

GB/T 14962　食品中铬的测定方法

NY 5148　无公害食品　肉羊饲养兽药使用准则

NY 5149　无公害食品　肉羊饲养兽医防疫准则

NY 5150　无公害食品　肉羊饲养饲料使用准则

NY/T 5151　无公害食品　肉羊饲养管理准则

关于发布动物源食品中兽药残留检测方法的通知(农牧发[2001]38号)

3　技术要求

3.1　原料

3.1.1　屠宰前的活羊应来自非疫区,其饲养规程符合 NY 5148,NY 5149,NY 5150,NY/T 5151 的要求,屠宰加工应符合 GB 9961 规定,并经检疫检验合格。

3.1.2　进口羊肉应有中华人民共和国卫生检疫部门检疫合格证明,未通过检疫的产品不得进口。

3.2　感官指标

感官指标应符合附表 8 规定。

附表 8　无公害羊肉感官指标

项　目	指　标
色泽	肌肉呈红色,有光泽,脂肪呈白色或淡黄色
组织状态	肌纤维致密,有韧性,富有弹性
粘度	外表微干或有风干膜,切面湿润、不粘手

续附表8

项　　目	指　　标
气味	具有羊肉固有气味,无异味
煮沸后肉汤	澄清透明,脂肪团聚于表面,具羊肉固有的香味
肉眼可见异物	不应检出

3.3　理化指标

理化指标应符合附表9规定。

附表9　无公害羊肉理化指标

项　　目	指　　标
挥发性盐基氮(毫克/千克)	$\leqslant 15$
汞(以 Hg 计)(毫克/千克)	$\leqslant 0.05$
铅(以 Pb 计)(毫克/千克)	$\leqslant 0.10$
砷(以 As 计)(毫克/千克)	$\leqslant 0.50$
铬(以 Cr 计)(毫克/千克)	$\leqslant 1.0$
镉(以 Cd 计)(毫克/千克)	$\leqslant 0.10$
滴滴涕(毫克/千克)	$\leqslant 0.20$
六六六(毫克/千克)	$\leqslant 0.20$
金霉素(毫克/千克)	$\leqslant 0.10$
土霉素(毫克/千克)	$\leqslant 0.10$
四环素(毫克/千克)	$\leqslant 0.10$
磺胺类(以磺胺类总量计)(毫克/千克)	$\leqslant 0.10$

3.4　微生物指标

微生物指标应符合附表10规定。

附表 10　无公害羊肉微生物指标

项　目		指　标
菌落总数(cfu/g)		$\leqslant 5 \times 10^5$
大肠菌群(MPN/100g)		$\leqslant 1 \times 10^3$
致病菌	沙门氏菌	不应检出
	志贺氏菌	不应检出
	金黄色葡萄球菌	不应检出
	溶血性链球菌	不应检出

4. 检验方法

4.1　感官检验

按 GB/T 5009.44 规定方法检验。

4.2　理化检验

4.2.1　挥发性盐基氮：按 GB/T 5009.44 规定方法测定。

4.2.2　汞：按 GB/T 5009.17 规定方法测定。

4.2.3　铅：按 GB/T 5009.12 规定方法测定。

4.2.4　砷：按 GB/T 5009.11 规定方法测定。

4.2.5　铬：按 GB/T 14962 规定方法测定。

4.2.6　镉：按 GB/T 5009.15 规定方法测定。

4.2.7　六六六、滴滴涕：按 GB/T 5009.19 规定方法测定。

4.2.8　金霉素、土霉素、四环素：按 GB/T 14931.1 规定方法测定。

4.2.9　磺胺类：按《关于发布动物源食品中兽药残留检测方法的通知》(农牧发[2001]38 号文)规定方法测定。

4.3　微生物检验

4.3.1　菌落总数：按 GB 4789.2 规定方法检验。

4.3.2　大肠菌群：按 GB 4789.3 规定方法检验。

4.3.3　沙门氏菌：按 GB 4789.4 规定方法检验。

4.3.4 志贺氏菌：按 GB 4789.5 规定方法检验。

4.3.5 金黄色葡萄球菌：按 GB 4789.10 规定方法检验。

4.3.6 溶血性链球菌：按 GB 4789.11 规定方法检验。

5 标志、包装、贮存、运输

5.1 标志

产品标志应符合 GB 7718 的规定,箱外标志应符合 GB 191 和 GB/T 6388 的规定。

5.2 包装

5.2.1 包装材料应符合 GB 11680 和 GB 9687 的规定。

5.2.2 包装印刷油墨无毒,不应向内容物渗漏。

5.2.3 包装物不应重复使用。生产方和使用方另有约定的除外。

5.3 运输、贮存

5.3.1 运输：产品运输时应使用符合食品卫生要求的冷藏车(船)或保温车,不应与有毒、有害、有气味的物品混放。

5.3.2 贮存：产品不应与有毒、有害、有异味、易挥发、易腐蚀的物品同处贮存。冷却羊肉在 −1℃ ~ 4℃ 下贮存,冻羊肉在 −18℃ 以下贮存。

附录八　食品动物禁用的兽药及其他化合物清单

为保证动物源性食品安全,维护人民身体健康,根据《兽药管理条例》的规定,中华人民共和国农业部制定了《食品动物禁用的兽药及其他化合物清单》(附表11)(以下简称《禁用清单》),现公告如下:

一、《禁用清单》序号1至18所列品种的原料药及其单方、复方制剂产品停止生产,已在兽药国家标准、农业部专业标准及兽药地方标准中收载的品种,废止其质量标准,撤消其产品批准文号;已在我国注册登记的进口兽药,废止其进口兽药质量标准,注销其《进口兽药登记许可证》。

二、截止2002年5月15日,《禁用清单》序号1至18所列品种的原料药及其单方、复方制剂产品停止经营和使用。

三、《禁用清单》序号19至21所列品种的原料药及其单方、复方制剂产品不准以抗应激、提高饲料报酬、促进动物生长为目的在食品动物饲养过程中使用。

附表11　食品动物禁用的兽药及其他化合物清单

序号	兽药及其他化合物名称	禁止用途	禁用动物
1	β-兴奋剂类:克仑特罗 Clenbuterol、沙丁胺醇 Salbutamol、西马特罗 Cimaterol 及其盐、酯及制剂	所有用途	所有食品动物
2	性激素类:己烯雌酚 Diethylstilbestrol 及其盐、酯及制剂	所有用途	所有食品动物
3	具有雌激素样作用的物质:玉米赤霉醇 Zeranol、去甲雄三烯醇酮 Trenbolone、醋酸甲孕酮 Mengestrol Acetate及制剂	所有用途	所有食品动物
4	氯霉素 Chloramphenicol succinate 及其盐、酯(包括:琥珀氯霉素及制剂)	所有用途	所有食品动物

续附表 11

序号	兽药及其他化合物名称	禁止用途	禁用动物
5	氨苯砜 Dapsone 及制剂	所有用途	所有食品动物
6	硝基呋喃类:呋喃唑酮 Furazolidone、呋喃它酮 Furaltadone、呋喃苯烯酸钠 Niurstyrenate sodium 及制剂	所有用途	所有食品动物
7	硝基化合物:硝基酚钠 Sodium nitrophenolate、硝呋烯腙 Nitrovin 及制剂	所有用途	所有食品动物
8	催眠、镇静类:安眠酮 Methaqualone 及制剂	所有用途	所有食品动物
9	林丹(丙体六六六)Lindane	杀虫剂	所有食品动物
10	毒杀芬(氯化烯)Camahechlor	杀虫剂、清塘剂	所有食品动物
11	呋喃丹(克百威)Carbofuran	杀虫剂	所有食品动物
12	杀虫脒(克死螨)Chlordimeform	杀虫剂	所有食品动物
13	双甲脒 Amitraz	杀虫剂	水生食品动物
14	酒石酸锑钾 Antimony potassium tartrate	杀虫剂	所有食品动物
15	锥虫胂胺 Tryparsamide	杀虫剂	所有食品动物
16	孔雀石绿 Malachite green	抗菌、杀虫剂	所有食品动物
17	五氯酚酸钠 Pentachlorophenol sodium	杀螺剂	所有食品动物
18	各种汞制剂包括:氯化亚汞(甘汞)Calomel、硝酸亚汞 Mercurous nitrate、醋酸汞 Mercurous acetate、吡啶基醋酸汞 Pyridyl mercurous acetate	杀虫剂	所有食品动物
19	性激素类:甲基睾丸酮 Methyltestosterone、丙酸睾酮 Testosterone propionate、苯丙酸诺龙 Nandrolone phenylpropionate、苯甲酸雌二醇 Estradiol Benzoate 及其盐、酯及制剂	促生长	所有食品动物
20	催眠、镇静类:氯丙嗪 Chlorpromazine、地西泮(安定)Diazepam 及其盐、酯及制剂	促生长	所有食品动物
21	硝基咪唑类:甲硝唑 Metronidazole、地美硝唑 Dimetronidazole及其盐、酯及制剂	促生长	所有食品动物

附录九 允许使用的饲料添加剂品种目录

1999年7月26日中华人民共和国农业部发布公告,公布了《允许使用的饲料添加剂品种目录》(附表12)。

附表12 允许使用的饲料添加剂品种目录

类　别	饲料添加剂名称
饲料级氨基酸7种	L-赖氨酸盐酸盐;DL-蛋氨酸;DL-羟基蛋氨酸;DL-羟基蛋氨酸钙;N-羟甲基蛋氨酸;L-色氨酸;L-苏氨酸
饲料级维生素26种	β-胡萝卜素;维生素A;维生素A乙酸酯;维生素A棕榈酸酯;维生素D_3;维生素E;维生素E乙酸酯;维生素K_3(亚硫酸氢钠甲萘醌);二甲基嘧啶醇亚硫酸甲萘醌;维生素B_1(盐酸硫胺);维生素B_1(硝酸硫胺);维生素B_2(核黄素);维生素B_6;烟酸;烟酰胺;D-泛酸钙;DL-泛酸钙;叶酸;维生素B_{12}(氰钴胺);维生素C(L-抗坏血酸);L-抗坏血酸钙;L-抗坏血酸-2-磷酸酯;D-生物素;氯化胆碱;L-肉碱盐酸盐;肌醇
饲料级矿物质、微量元素43种	硫酸钠;氯化钙;磷酸二氢钠;磷酸氢二钠;磷酸二氢钾;磷酸氢二钾;碳酸钙;氯化钙;磷酸氢钙;磷酸二氢钙;磷酸三钙;乳酸钙;七水硫酸镁;一水硫酸镁;氧化镁;氯化镁;七水硫酸亚铁;一水硫酸亚铁;三水乳酸亚铁;六水柠檬酸亚铁;富马酸亚铁;甘氨酸铁;蛋氨酸铁;五水硫酸铜;一水硫酸铜;蛋氨酸铜;七水硫酸锌;一水硫酸锌;无水硫酸锌;氧化锌;蛋氨酸锌;一水硫酸锰;氯化锰;碘化钾;碘酸钙;六水氯化钴;一水氯化钴;亚硒酸钠;酵母铜;酵母铁;酵母锰;酵母硒
饲料级酶制剂12类	蛋白酶(黑曲霉,枯草芽孢杆菌);淀粉酶(地衣芽孢杆菌,黑曲菌);支链淀粉酶(嗜酸乳杆菌);果胶酶(黑曲霉);脂肪酶;纤维素酶(reesei木霉);麦芽糖酶(枯草芽孢杆菌);木聚糖酶(insolens腐质酶);β-聚葡糖酶(枯草芽孢杆菌,黑曲酶);甘露聚糖酶(缓慢芽孢杆菌);植酸酶(黑曲酶、米曲酶);葡萄糖氧化酶(青酶)
饲料级微生物添加剂12种	干酪乳杆菌;植物乳杆菌;粪链球菌;尿链球菌;乳酸片球菌;枯草芽孢杆菌;钠豆芽孢杆菌;嗜酸乳杆菌;乳链球菌;啤酒酵母菌;产朊假丝酵母;沼泽红假单孢菌

续附表 12

类　别	饲料添加剂名称
饲料级非蛋白氮 9 种	尿素;硫酸铵;液氮;磷酸氢二铵;磷酸二氢铵;缩二脲;异丁叉二脲;磷酸脲;羟甲基脲
抗氧化剂 4 种	乙氧基喹啉;二丁基羟基甲苯(BHT);丁基羟基茴香醚(BHA);没食子酸丙酯
防腐剂、电解质平衡剂 25 种	甲酸;甲酸钙;甲酸铵;乙酸;双乙酸钠;丙酸;丙酸钙;丙酸钠;丙酸铵;丁酸;乳酸;苯甲酸;苯甲酸钠;山梨酸;山梨酸钠;山梨酸钾;富马酸;柠檬酸;酒石酸;苹果酸;磷酸;氢氧化钠;碳酸氢钠;氯化钾;氢氧化铵
着色剂 6 种	β-阿朴-8′-胡萝卜素醛;辣椒红;β-阿朴-8′-胡萝卜素酸乙酯;虾青素;β-胡萝卜素-4,4-二酮(斑蝥黄);叶黄素(万寿菊花提取物)
调味剂、香料 6 种(类)	糖精钠;谷氨酸钠;5′-肌苷酸二钠;5′-鸟苷酸二钠;血根碱;食品用香料均可作饲料添加剂
粘结剂、抗结块剂和稳定剂 13 种(类)	α-淀粉;海藻酸钠;羟甲基纤维素钠;丙二醇;二氧化硅;硅酸钙;三氧化二铝;蔗糖脂肪酸酯;山梨醇脂肪酸钠;甘油脂肪酸酯;硬脂酸钙;聚氧乙烯 20 山梨醇酐单油酸酯;聚丙烯酸树脂Ⅱ
其他 10 种	糖萜素;甘露低聚糖;肠膜蛋白素;果寡糖;乙酰氧肟酸;天然类固醇萨洒皂角苷(YUCCA);大蒜素;甜菜碱;聚乙烯聚吡咯烷酮(PVPP);葡萄糖山梨醇

参考文献

1　赵有璋主编．肉羊高效益生产技术．北京：中国农业出版社，1998

2　赵有璋主编．羊生产学(第二版)．北京：中国农业出版社，2002

3　赵有璋．新西兰肉羊考察报告．甘肃农业大学学报，1994(4)：342-347

4　国家质量监督检验检疫总局．农产品安全质量．北京：中国标准出版社，2001

5　中华人民共和国农业部．无公害食品．北京：中国标准出版社，2001

6　中华人民共和国农业部．无公害食品(第二批)养殖业部分．北京：中国标准出版社，2002

7　史贤明主编．食品安全与卫生学．北京：中国农业出版社，2003

8　张彦明，佘锐萍主编．动物性食品卫生学．北京：中国农业出版社，2002

9　张晓东，杜文兴编著．无公害畜产品生产手册．北京：科学技术出版社，2002

10　李正明，吕宁，俞超编著．无公害安全食品生产技术．北京：中国轻工业出版社，1999

11　张庆安主编．无公害农产品生产技术指南．兰州：甘肃科学技术出版社，2000

12　黄永宏主编．肉羊高效生产技术手册．上海：上海科技出版社，2003

13　李建国，田树军主编．羊肉标准化生产技术．北京：中国

农业大学出版社,2003

14 尹长安,孔学民主编.肉羊无公害饲养综合技术.北京:中国农业出版社,2003

15 陈圣偶,刘宁主编.养羊全书(第二版).成都:四川科技出版社,2000

16 刘培桐主编.环境学概论(第二版).北京:高等教育出版社,1995

17 蒋志学,邓士谨主编.环境生物学.北京:中国环境科学出版社,1989

18 孔繁翔主编.环境生物学.北京:高等教育出版社,2000

19 蔡宏道主编.现代环境卫生学.北京:人民卫生出版社,1995

20 沈正达主编.羊病防治手册.北京:金盾出版社,1998

21 赵兴绪主编.家畜产科学(第三版).北京:中国农业出版社,2002

22 赵兴绪,魏彦明主编.畜禽疾病处方指南.北京:金盾出版社,2003

23 陆承平主编.兽医微生物学(第三版).北京:中国农业出版社,2001

24 蔡宝祥主编.家畜传染病学(第四版).北京:中国农业出版社,2001

25 孔繁瑶主编.家畜寄生虫学(第二版).北京:中国农业大学出版社,1997

26 黄有德,刘宗平主编.动物中毒与营养代谢病学.兰州:甘肃科学技术出版社,2001

27 陈新谦,金有豫主编.新编药物学(第十四版).北京:人民卫生出版社,2001

28 刘建,杨潮主编.兽药和饲料添加剂手册.上海:上海科

学技术文献出版社,2001

29 中国标准出版社第一编辑室.中国食品工业标准汇编 肉、禽、蛋及其制品卷.北京:中国标准出版社,1999

30 刘占杰,龚大勋编著.肉品卫生检验手册.兰州:甘肃科 学技术出版社,1986

31 薛慧文编著.肉品卫生监督与检验手册.北京:金盾出 版社,2003

32 马美湖,刘焱主编.无公害肉制品综合生产技术.北京: 中国农业出版社,2003

33 马俪珍,蒋福虎,刘会平编著.羊产品加工新技术.北 京:中国农业出版社,2002

34 李怀林主编.食品安全控制体系.北京:中国标准出版 社,2002

35 曾庆孝,许喜林编著.食品生产的危害分析与关键控制 点.广州:华南理工大学出版社,2000

36 中华人民共和国国家标准.食品卫生检验方法 理化部 分.北京:中国标准出版社,1996

37 中华人民共和国国家标准.食品卫生检验方法 微生物 学部分.北京:中国标准出版社,1995

38 许怀让主编.家畜繁殖学.南宁:广西科学技术出版社, 1992

39 郭志勤主编.家畜胚胎工程.北京:中国科学技术出版 社,1998

40 陈怀涛主编.羊病诊断与防治原色图谱.北京:金盾出 版社,2003

41 李志农主编.中国养羊学.北京:农业出版社,1993

42 吕效吾主编.养羊学.北京:农业出版社,1992

43 徐桂芳主编.肉羊饲养技术手册.北京:中国农业出版

社,2000

44 王长青主编.肉用山羊养殖新技术.北京:科学技术文献出版社,2003

45 熊朝瑞主编.良种肉用山羊养殖技术.北京:金盾出版社,2000

46 蔡辉益主编.常用饲料添加剂无公害使用技术.北京:中国农业出版社,2003

47 罗方妮,将志伟编著.饲料卫生学.北京:化学工业出版社,2003

48 刘继业.饲料安全工作手册.北京:中国农业科技出版社,2001

49 张英杰主编.养羊手册.北京:中国农业大学出版社,2000

50 毛杨毅主编.农户舍饲养羊配套技术.北京:金盾出版社,2002

51 Barrington WJ. Environmental Biology. New York : Wiley, 1980

52 Thornton H. and GRACEY JF. Textbook of meat hygiene (6th), London: Balilliere Tindall, 1974

53 Lund BM. Baird – Parker TC. and Gould GW. The Microbiological Safety and Quality of Food, Voume II. Marland: Aspen Publishers Inc, 2000

54 U.S.FDA, USDA and NACMCF .Bad Bug Book, Hazard Analysis and Critical Control Point Principles and Application Guidelines, 1997

55 Williams PEV. Animal production and European pollution problem. Animal feed Science and Technology, 1995, 53:135 – 144

金盾版图书,科学实用,
通俗易懂,物美价廉,欢迎选购

（第 2 版）	18.00	技术（第 2 版）	11.00
怎样自配兔饲料	10.00	肉鸡良种引种指导	13.00
实用家兔养殖技术	17.00	肉鸡标准化生产技术	12.00
家兔养殖技术问答	18.00	肉鸡高效益饲养技术	
兔产品实用加工技术	11.00	（第 3 版）	19.00
科学养鸡指南	39.00	肉鸡健康高效养殖	17.00
家庭科学养鸡（第 2 版）	20.00	肉鸡养殖技术问答	10.00
怎样经营好家庭鸡场	17.00	怎样养好肉鸡（第 2 版）	12.00
鸡鸭鹅饲养新技术（第 2 版）	16.00	怎样提高养肉鸡效益	12.00
蛋鸡饲养技术（修订版）	6.00	优质黄羽肉鸡养殖技术	14.00
蛋鸡标准化生产技术	9.00	新编药用乌鸡饲养技术	12.00
蛋鸡良种引种指导	10.50	怎样配鸡饲料（修订版）	5.50
图说高效养蛋鸡关键技术	10.00	鸡饲料科学配制与应用	10.00
蛋鸡高效益饲养技术（修		怎样应用鸡饲养标准与	
订版）	11.00	常用饲料成分表	13.00
蛋鸡养殖技术问答	12.00	雉鸡养殖（修订版）	9.00
节粮型蛋鸡饲养管理技术	9.00	雉鸡规模养殖技术	13.00
怎样提高养蛋鸡效益		怎样提高养鸭效益	6.00
（第 2 版）	15.00	科学养鸭（修订版）	15.00
蛋鸡蛋鸭高产饲养法		家庭科学养鸭与鸭病防治	15.00
（第 2 版）	18.00	科学养鸭指南	24.00
蛋鸡无公害高效养殖	14.00	图说高效养鸭关键技术	17.00
土杂鸡养殖技术	11.00	稻田围栏养鸭	9.00
生态放养柴鸡关键技术问		肉鸭高效益饲养技术	12.00
答	12.00	北京鸭选育与养殖技术	9.00
山场养鸡关键技术	11.00	蛋鸭养殖技术问答	9.00
果园林地生态养鸡技术	6.50	鸭鹅良种引种指导	6.00
肉鸡肉鸭肉鹅高效益饲养		鸭鹅饲料科学配制与应用	14.00

以上图书由全国各地新华书店经销。凡向本社邮购图书或音像制品，可通过邮局汇款，在汇单"附言"栏填写所购书目，邮购图书均可享受 9 折优惠。购书 30 元（按打折后实款计算）以上的免收邮挂费，购书不足 30 元的按邮局资费标准收取 3 元挂号费，邮寄费由我社承担。邮购地址：北京市丰台区晓月中路 29 号，邮政编码：100072，联系人：金友，电话：(010) 83210681、83210682、83219215、83219217（传真）。